高等学校教材

计算机网络应用基础

Jisuanji Wangluo Yingyong Jichu

张 博 编著

高等教育出版社·北京

内容提要

本书是为高等学校非计算机专业的学员编写的，在照顾到计算机网络理论体系的基础上，侧重计算机网络应用知识和应用技能的讲授。在内容组织上，本书分为9章，第1章介绍计算机网络基础知识；第2章介绍计算机网络中的主要硬件——各种联网设备；第3章介绍以太网基本原理以及小型有线和无线网络的组网方法；第4章介绍计算机网络中使用的主要网络协议——TCP/IP；第5章介绍各种网络接入技术及其配置方法；第6章介绍Internet技术及Internet的使用；第7章介绍网络在不同领域中的应用；第8章介绍网络安全知识和网络安全防护技术；第9章介绍网络故障诊断与排除方法。

本书可作为高等院校非计算机专业学生的计算机网络教材，也可作为社会人员学习计算机网络的普及读物。

图书在版编目（CIP）数据

计算机网络应用基础／张博编著. —北京：高等教育出版社，2019.1

ISBN 978-7-04-050423-1

Ⅰ．①计… Ⅱ．①张… Ⅲ．①计算机网络–高等学校–教材 Ⅳ．①TP393

中国版本图书馆 CIP 数据核字（2018）第185527号

策划编辑 武林晓	责任编辑 武林晓	封面设计 张 志	版式设计 徐艳妮
插图绘制 于 博	责任校对 殷 然	责任印制 陈伟光	

出版发行 高等教育出版社	网 址	http://www.hep.edu.cn
社 址 北京市西城区德外大街4号		http://www.hep.com.cn
邮政编码 100120	网上订购	http://www.hepmall.com.cn
印 刷 中青印刷厂		http://www.hepmall.com
开 本 850mm × 1168mm 1/16		http://www.hepmall.cn
印 张 19.5		
字 数 480千字	版 次	2019年1月第1版
购书热线 010 – 58581118	印 次	2019年1月第1次印刷
咨询电话 400 – 810 – 0598	定 价	43.00 元

物 料 号 50423 – 00

计算机网络
应用基础

张博 编著

1 计算机访问http://abook.hep.com.cn/1859020，或手机扫描二维码、下载并安装 Abook 应用。

2 注册并登录，进入"我的课程"。

3 输入封底数字课程账号（20位密码，刮开涂层可见），或通过 Abook 应用扫描封底数字课程账号二维码，完成课程绑定。

4 单击"进入课程"按钮，开始本数字课程的学习。

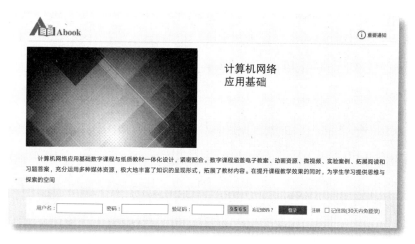

計算机网络应用基础数字课程与纸质教材一体化设计，紧密配合。数字课程涵盖电子教案、动画资源、微视频、实验案例、拓展阅读和习题答案，充分运用多种媒体资源，极大地丰富了知识的呈现形式，拓展了教材内容。在提升课程教学效果的同时，为学生学习提供思维与探索的空间

课程绑定后一年为数字课程使用有效期。受硬件限制，部分内容无法在手机端显示，请按提示通过计算机访问学习。

如有使用问题，请发邮件至 abook@hep.com.cn。

电子教案
动画资源
微视频
实验案例
拓展阅读
习题答案

扫描二维码
下载 Abook 应用

http://abook.hep.com.cn/1859020

○ 前　言

目前，计算机网络应用已经十分普及，校园网、企业网、因特网的应用处处可见，网络已经成为人们生活和工作中不可或缺的工具和平台，网络知识的普及、网络应用技能的培养已经成为当务之急。作者一向认为，应该在大学生中普及网络知识，就像普及计算机基础知识一样，不管是什么专业都应该不同程度地了解计算机网络基础知识。

一讲到计算机网络，人们就想起数据通信、网络体系结构、各种协议，笔者也曾经这样给非计算机专业的学生开设过计算机网络课程，但是，讲不了多久，学生就已经厌倦了，因为这与他们想要学习的网络知识相去甚远，他们不是计算机网络的建设者、管理者，更不是计算机网络的研究者，他们只是计算机网络的使用者。而这些理论知识对他们工作和生活中使用网络没有帮助。他们需要的是与日常使用网络密切相关的网络知识，能够帮助他们解决一些实际问题的网络知识，能够使他们在使用网络过程中知其然，又知其所以然的网络知识。

本书就是一部为非计算机专业本科学生和社会大众编写的普及网络基础知识的教材。本书是站在网络使用者的角度来编写的，对网络使用者来说，他所接触到的是网络设备、网络协议、局域网、因特网、因特网的接入方法以及网络安全和网络故障排除等问题，本书正是以此为主线来介绍网络基础知识，解决用户在使用网络过程中遇到的各种实际问题。由于是本科生使用的教材，所以，本书要兼顾计算机网络的理论体系。在内容组织上，对网络基础知识、网络体系结构、数据通信技术做了概念性地介绍；对与网络应用密切相关的网络设备、TCP/IP 协议做了比较详细的介绍；对局域网及其组网方法、接入网及其主要配置、因特网的主要实现技术和主要应用都做了比较详细的介绍；对如何组建网络、如何使用网络、如何进行网络参数配置、如何对网络加以防护，如何排除简单的网络故障都做了详细的介绍；本书还介绍了一些网络在企业经营、商务领域、政务领域、金融领域里的应用以及网络搜索和文件检索等日常应用。本书还站在非计算机网络技术人员的角度，借助第三方服务商来帮助中小企业解决网站建设和企业服务器实现的问题。由于本书的目的不是培养网络工程师或网络管理员，所以，没有涉及各种网络设备的配置和 Internet 各种服务器的实现等问题。

本书由以下几个单元构成：网络基础知识（第 1 章 计算机网络概论），网络应用基础（第 2 章 计算机网络设备、第 4 章 TCP/IP 协议），网络技术与应用（第 3 章 计算机局域网、第 5 章 接入网与网络接入技术、第 6 章 Internet 基础、第 7 章 Internet 在各领域的应用），网络安全（第 8 章 计算机网络安全、第 9 章 计算机网络常见故障诊断）。本书可以作为各高等院校开设计算机网络基础选修课程的教材，也可以供社会人员自学计算机网络基础知识使用。本书规划讲授 32 课时。

各章学时分配建议如下：

章　节	学　时	章　节	学　时
第 1 章　计算机网络概论	4	第 6 章　Internet 基础	3
第 2 章　计算机网络设备	4	第 7 章　Internet 在各领域的应用	4
第 3 章　计算机局域网	6	第 8 章　计算机网络安全	3
第 4 章　TCP/IP	4	第 9 章　计算机网络常见故障诊断	2
第 5 章　接入网与网络接入技术	2	合　计	32

由于作者学识水平有限，书中不足之处在所难免，敬请专家、同行和读者指正。

作　者

2018. 6

○ 目　　录

第1章　计算机网络概论

　　计算机网络应用已经渗透到各个角落，给人们的工作方式和生活方式都带来了深刻的变化，对当代社会的发展产生着深远的影响。本章主要介绍计算机网络基础知识，包括计算机网络的发展过程，计算机网络的定义、功能与分类，计算机网络的拓扑结构、体系结构的基本概念、数据通信基本概念等。通过本章的学习，使读者对网络有一个初步的认识。

电子教案：
第1章

1.1　计算机网络的发展过程

1.1.1　计算机网络的产生与发展

1. 主机-终端远程通信形成计算机通信网

在 20 世纪 50 年代，世界上的计算机都是多用户的大中型计算机，一个主机分时为多个终端提供服务。这些计算机放置在计算中心的机房中，数量很少，价格昂贵，即使美国那样的发达国家，也只有在少数的几个计算中心才有。人们要想用计算机解决问题，必须到计算中心排队。这给人们使用计算机带来诸多不便，于是，科学工作者们就开始研究如何让计算机拥有远程通信能力，通过通信线路直接将远端的输入输出设备连接到主机上，远程用户通过终端直接将需要处理的数据传输给主机，主机将处理后的结果送给远程终端，后来人们实现了通过 modem（调制解调器）和 PSTN（公用电话网）把计算机和远程终端连接起来，如图 1-1 所示。

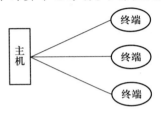

图 1-1　具有远程通信
能力的单机系统

这一阶段的典型例子有两个，一个是 1951 年美国军方开始研制的半自动地面防空系统（SAGE），该系统通过分布于不同地点的雷达观测站将收集的信号送给中心计算机，由计算机程序辅助指挥员决策。第二个例子是 1963 年 IBM 公司研制的全美航空订票系统（SABRAI），该系统通过设置在全美各地的 2 000 多个终端，将订票信息送给航空公司的主机，由主机统一处理订票信息。

具有远程通信能力的单机系统中，由于主机除了完成数据处理功能外，还要承担通信处理任务，负担比较重，为了减轻主机负担，20 世纪 60 年代专门研制了通信控制处理机（CCP），专门负责通信处理，另外为了降低租用通信线路的费用，在终端集中的地方设置集中器，让多个终端共同利用一条高速通信线路，从而形成具有远程通信功能的多机系统，如图 1-2 所示。

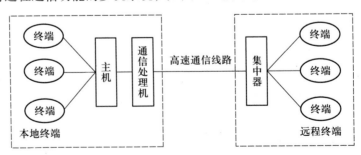

图 1-2　具有通信功能的多机系统

这一阶段的主要特征是主机-远程终端互联，解决了主机与远程终端互连的问题，实现了远程用户共享有一个主机资源的目标，但是并没有在不同的主机之间共享资源，从共享资源的角度看，这一阶段不属于计算机网络。

2. 主机-主机互连催生计算机网络

20 世纪 60 年代中期，随着通信技术的进步，以及用户对共享资源的需求，出现主机-主机互连型的网络，这种网络是先铺设一个通信网，然后将需要共享资源的主机都连接在通信网上，这样终端用户不仅可以使用本地主机资源，而且也可以共享其他主机上的资源，真正实现了不同主机之间的资源共享，如图 1-3 所示。

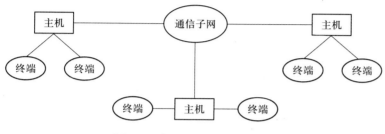

图 1-3 主机-主机互连的网络

在这个阶段，提出了网络采用分层设计的思想和网络体系结构的概念，出现了分组交换技术，形成了通信子网和资源子网的概念。计算机网络要完成两大任务，数据处理和通信处理，人们把完成通信处理任务的那些硬件软件的集合叫通信子网，通信子网主要由传输介质、各种通信处理设备组成；人们把完成数据处理任务的硬件软件的集合称为资源子网，资源子网主要由主机、主机上的各种外设以及主机上的资源和各种终端组成。通信子网与资源子网概念的出现简化了网络的设计，对网络技术的发展起到极大的推动作用，这种设计思想一直沿用至今。

这个阶段的典型代表是 20 世纪 60 年代后期，美国国防部高级情报局出于军事科研的目的而研发的 ARPANet，在 ARPANet 中采用了通信子网和资源子网分层设计的思想，在通信子网中采用了分组交换技术。该网络最早连接了加利福尼亚大学洛杉矶分校、加利福尼亚大学圣巴巴拉分校、犹他州州立大学、斯坦福大学中的四台主机，到 1990 年退出运营时，已经连接了全世界十几万台主机，该网络从技术上奠定了现代计算机网络的基础，该网络也是 Internet 的前身。

这一阶段的主要特征是主机与主机之间实现了互连，终端用户可以共享不同主机上的资源，真正实现了资源共享。

3. OSI 参考模型促进网络标准化

到 20 世纪 60 年代末 70 年代初，许多公司都致力于网络技术的研究，世界上出现了许多计算机网络，每种网络都有自己的网络体系结构，每种网络产品都采用自己的标准。例如 IBM 公司提出了网络体系结构 SNA，DEC 公司提出的网络体系结构为 DNA 等。由于各公司采用的网络体系结构不同、标准不同，所以就导致彼此的产品不能相互兼容，彼此的网络不能够相互通信，用户的利益也得不到保障。因此，统一网络标准已经成为十分迫切的任务。

1977 年，国际标准化组织（ISO）的主持下，开发了一个网络体系结构，称为开放系统互联参考模型，简称 OSI 参考模型。OSI 参考模型在现有网络的基础上，提出了不基于具体机型、操作系统或公司的网络体系结构，它规定了网络的应具有的层次结构以及各层的任务，并对各层协议做了说明。OSI 参考模型力图将全世界的网络统一到一个标准上来，但是由于其制定的模型过于复杂，最终没有得到企业界的支持。

4. TCP/IP 协议成为网络互联标准

拓展阅读 1-1：
温顿·瑟夫
拓展阅读 1-2：
罗伯特·卡恩

1974 年，IP（Internet 协议）和 TCP（传输控制协议）问世，合称 TCP/IP，研制人是温顿·瑟夫（Vinton G. Cerf，如图 1-4 所示）和罗伯特·卡恩（Robert E. Kahn，如图 1-5 所示）。这两个协议定义了一种在计算机网络间传送报文的方法，最早用于 ARPANet。随后，美国国防部决定向全世界无条件地免费提供 TCP/IP，即向全世界公开 TCP/IP 的核心技术。

图 1-4　温顿·瑟夫

图 1-5　罗伯特·卡恩

到 20 世纪 80 年代，世界上既有使用 TCP/IP 的美国军方的 ARPANet，也有很多使用其他通信协议的各种网络。为了将这些网络连接起来，美国人温顿·瑟夫（Vinton Cerf）提出一个想法：在每个网络内部各自使用自己的通信协议，在和其他网络通信时使用 TCP/IP。这个设想最终受到企业界的支持，导致了互联网的诞生和大发展，并确立了 TCP/IP 在网络互联方面不可动摇的地位。

2004 年 Vinton Cerf 和 Robert E. Kahn 一起被授予图灵奖，以表彰其在互联网领域先驱性的贡献。

5. 局域网的兴起形成分布式计算模式

20 世纪 70 年代中后期，世界上出现了微型机，微型机是个人计算机，一个主机只连接一个终端，这极大地方便了用户的使用，低廉的造价，使得微型机迅速普及，在企业、政府机关出现了大量的微型机。出于工作的需要，人们希望能够将企业或学校内部的这些微型机互联成网，彼此共享一些资源，于是出现了局域网。

局域网的发展也导致了计算模式的变革，早期的计算机网络以主机为中心，数据处理主要由主机完成，网络控制和管理也集中在主机上，这种模式人们称为集中计算模式。随着微型机功能的增强，数据处理任务和管理工作可以在不同的微型机上完成，形成了分布式计算模式。

1980 年 2 月，国际电信电话咨询委员会 IEEE 制定了局域网的标准，并被接纳为国际标准。

6. Internet 实现世界范围内的网络互联

20 世纪 80 年代以后 Internet 成为最受人瞩目和发展最快的网络技术。Internet 是将世界上大大小小的网络互连而成的，在 Internet 主干网上连接了各国家和地区的主干网，国家和地区的主干网又连接了企业、学校、政府的网络。

Internet 起源于 ARPAnet，ARPAnet 是 20 世纪 60 年代后期由美国国防部出于军事科研的目的开发研制的，最早只连接 4 台主机；1986 年，美国国家科学基金会（NSF）为了让全国的科学家能够共享计算机中心的资源，决定利用 Internet 的通信能力连接美国的 6 个超级计算机中心和各个大学，但是通信速率太低，所以 NSF 决定采用 ARPAnet 的技术，重新组建一个网络，这个网络叫 NSFNet；1994 年美国政府宣布放弃对 NSFNet 的监管，同时正式更名为 Internet。

在因特网的发展过程中，不断有其他国家的计算机网络加入，先是加拿大，然后是欧洲、日本，我国也于 1989 年接入因特网。目前，因特网已经覆盖了全球大部分地区，而且不断有新成员加入其中。

丰富的资源、便捷的通信方式使得 Internet 的应用从最早的通信和共享信息资源迅速向各行各业、各个领域扩展，现在 Internet 已经成为人们工作和生活离不开工具和帮手，是人们获取信息的主要渠道，是人们相互沟通交流的重要手段，是进行商务活动的重要平台、也是娱乐消遣的重要场所。

7. WWW 技术的出现使 Internet 迅速普及

在 20 世纪 90 年代之前，计算机网络的使用仅限于专业技术人员，使用网络需要掌握许多命令，很不方便。

1989 年 10 月，蒂姆·伯纳斯·李（Tim Berners-Lee，如图 1-6 所示）从牛津大学物理系毕业后，在日内瓦附近的欧洲粒子物理实验室（CERN）工作了六个月。期间写了一个叫作"内部问询"（enquire within）的计算机程序，试图把大量的数据资料按照内容的关联组织起来，以方便用户查找资料和相关文件。实现他的按内容组织和访问文件的思想。他把这种技术叫作"全球网"（world wide web，简称 WWW 或 Web，中文翻译为"万维网"）。到了 1990 年 12 月，他完成了世界上第一个万维网的服务器程序和浏览器的编码工作，万维网正式诞生了。

拓展阅读 1-3：
蒂姆·伯纳斯·李

图 1-6　蒂姆·伯纳斯·李

到了 1991 年，万维网已在 CERN 内部广泛使用。同时，伯纳尔斯-李在因特网上公开了万维网的全部技术资料和软件源码，供国际社会免费使用。

伯纳斯·李主要发明了两个软件技术，一是万维网服务器软件，它用在远程计算机上，负责处理 HTTP，把用户所需要的文件传出来。另一个软件是客户端的 HTML 浏览器。它用在本地计算机上，负责向万维网服务器发出 HTTP 请求，将所链接到的万维网服务器传回来的文件在本地显示出来。人们今天用到的浏览器都是伯纳斯-李的浏览器的后代。

伯纳斯·李提出了四个基本概念和机理，即超文本（hypertext）概念，通用资源定位（universal resource locator，URL）概念，超文本传输协议（hyperText transfer protocal，HTTP），以及超文本置标语言（hypertext markup language，HTML）。

WWW 技术的发明，将互联网上浩如烟海的各类信息组织在一起，通过浏览器的图形化界面呈现给用户，大大降低了信息交流和共享的技术门槛，使得互联网不再是专业人员的专用工具，普通百姓也可以方便地使用这个平台进行信息交流。

8. Web 2.0 的出现使得普通百姓成为互联网的主人

进入 21 世纪，宽带、无线移动通信等技术的发展，为互联网应用的丰富和拓展创造了条件。在网络规模和用户数量持续增加的同时，互联网开始向更深层次的应用领域扩张。2004 年以博客、播客等为代表的具有自组织、个性化特性的第二代万维网（Web 2.0）新技术、新应用的出现，标志着普通用户不再是互联网信息的单纯受众，而是成为互联网信息内容的提供者，用户既是网站内容的浏览者也是网站内容的制造者。Web 2.0 网站为用户提供了更多参与的机会，更加注重交互性，不仅用户在发布内容过程中实现与网络服务器之间交互，而且，也实现了同一网站不同用户之间的交互，以及不同网站之间信息的交互。博客等应用的出现激发了公众参与的热情，网络内容日益繁荣，为互联网今后的进一步发展提供了更广阔的空间。

1.1.2　现代计算机网络结构

早期的计算机网络资源子网由主机、终端、信息资源组成，通信子网主要由通信控制处理机和通信线路组成。随着微型机及的普及和局域网的大量使用，现在的计算机网络资源子网以局域网和微型机以及信息资源为主，主机-终端型的用户在不断减少，通信子网则由路由器、交换机和通信线路组成。

由于现在的计算机几乎都要连入网络，企业、学校、政府等机构的计算机要先连成局域网，然后再接入 Internet，个人家庭的计算机也要通过某种专线接入 Internet，因此从宏观上看，全世界的计算机都通过 Internet 连在一起，组成一个覆盖全球的"大网"，其基本结构如图 1-7 所示。

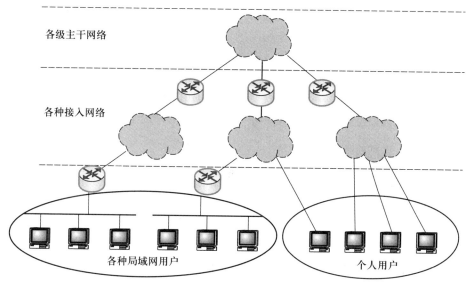

图 1-7　现代计算机网络结构

1.2　计算机网络定义

1.2.1　计算机网络定义

根据计算机网络发展的不同阶段，或者是从不同的角度，人们对计算机网络提出不同的定义，这些定义反映了当时的计算机网络技术发展水平以及人们对网络的认知程度。其中资源共享的观点能够比较准确的描述计算机网络的特征，被广泛地接受和使用，从资源共享的观点将计算机网络定义为："以能够相互共享资源的方式互连起来的自治计算机系统的集合"，但是这个定义侧重应用，没有指出网络的结构，因此不够全面。本书采用以下定义："将地理位置不同的两台以上的具有独立功能的计算机，通过通信设备和通信介质连接起来，以功能完善的网络软件，实现资源共享的计算机系统。"

这个定义从以下四个方面描述了计算机网络。

① 网络中必须有两台以上的计算机，地理位置不限，机型不限。所谓独立功能是指这个计算机自己可以独立工作，有数据处理能力，不是一定依赖于网络才能工作。这一点很关键，现代计算机网络强调是功能独立的计算机之间的互联，按照这样的观点，早期的主机-终端型的网络以及无盘工作站连接而成的网络不属于现代计算机网络。

② 计算机之间要通过通信介质和通信设备互连。通信介质包括双绞线、光纤、同轴电缆、无线介质等，通信设备包括路由器、交换机、网桥、集线器等，只有互连才能够将一台计算机上的信号传输到另一台计算机上。

③ 网络中要有网络软件，网络软件主要有三类，第一类是网络协议软件，联网的计算机以及通信设备必须遵守相同的协议。第二类是网络操作系统，通过网络操作系统对网络进行管理和控制，实现各种放服务功能。第三类是网络应用软件，帮助用户访问网络，为用户使用网络服务功能提供便利。

④ 联网的目的是实现资源共享，计算机网络中的资源包括硬件资源和软件资源，联网后，用户可以通过自己的计算机使用网络上其他计算机上的硬件和软件资源。

1.2.2　计算机网络功能

计算机网络有许多方面的应用，这些应用可以归并为以下几大功能。

1. 通信

该功能可以实现计算机与计算机、计算机与终端之间的数据传输，是计算机网络最基本的功能之一。通信功能的例子如 IP 电话、电子邮件、即时聊天、实时信息传输等。

2. 资源共享

网络上的资源有硬件资源和软件资源，硬件资源共享如共享打印机、共享硬盘、共享主机数据处理能力等，软件共享包括共享网上信息，传输共享文件、通过网络使用共享软件，共享公共数据库中的数据等。

3. 协同处理

协同处理就是利用网络技术把许多小型机或微机连接成具有高性能的计算机系统，多台相连的计算机各自承担同一工作任务的不同部分，以并行方式处理复杂问题。分布式计算、网格计算、云计算都是计算机协同处理方面的应用。

4. 提高计算机的可靠性和可用性

在计算机网络中，每台计算机都可以依赖计算机网络互为后备机，一旦某台计算机出现故障，其他计算机可以马上承担起故障计算机所担负的任务，从而使计算机可靠性大大提高。当计算机网络上某台计算机负载过重时，计算机网络能够进行智能判断，并将新的任务转交给网络中比较空闲的计算机去完成，这样就可以均衡负载，提高每台计算机的可用性。

1.2.3　计算机网络分类

计算机网络从不同的角度有不同的分类方法。

1. 按网络覆盖的范围划分

按照网络的覆盖范围，可将网络分为局域网、广域网和城域网。

（1）局域网

局域网（LAN）用于将有限范围内（如一个办公室、一幢大楼、一个校园、一个企业园区）的各种计算机、终端及外部设备连接成网络，彼此高效的共享资源，例如，共享文件和打印机。

局域网有以下技术特点。

① 覆盖范围有限，一般覆盖几千米。

② 结构简单、容易实现。

③ 速度快，其数据传输速率可以达到 10 Mbps～10 000 Mbps。

④ 私有性，局域网都是由企业或学校自己出资建设，供单位内部使用。

（2）广域网

广域网（WAN）覆盖的地理范围一般在几十千米以上，覆盖一个地区、一个国家或者更大范围，它可以将分布在不同地区的计算机系统连接起来，达到资源共享的目的。广域网一般是公用网络，采用网状拓扑结构，用户用租用专线的方法来使用。

当然，局域网与广域网不仅仅在覆盖范围上不同，更重要的使两者使用的网络技术是完全不同的，广域网主要采用分组交换技术，而局域网则采用广播或帧交换技术。

（3）城域网

城域网（MAN）是介于局域网和广域网之间的网络，覆盖范围在几十千米内，用于将一个城市、一个地区的企业、机关、学校的局域网连接起来，实现一个区域内的资源共享。城域网主要采用局域网技术。

2. 按照网络的用途划分

按照网络的用途，可将网络分为主干网、接入网和用户网络。

（1）主干网

主干网是一种大型的传输网路，它用于连接小型传输网络，是数据传输的"高速公路"，如连接国家与国家之间的网络、连接省与省之间的网络。中国有四大主干网，分别是中国公用计算机网互联网（ChinaNET）、中国教育科研网（CERNET）、中国科学技术网（CSTNET）、中国金桥信息网（ChinaGBN）。

局域网也有主干网，它是企业内部网络的"高速公路"。

（2）接入网

所谓接入网是指主干网络到用户终端之间的所有设备。其长度一般为几百米到几公里，因而被形象地称为"最后一公里"。由于主干网一般采用光纤结构，传输速度快，因此，接入网便成了整个网络系统的瓶颈。接入网的接入方式包括通过电话线接入（拨号接入、ISDN、ADSL 等）、局域网+专线接入、光纤同轴电缆（有线电视电缆）混合接入和无线接入等几种方式。

（3）用户网络

用户网络是用户最终使用的网络和终端设备，如家庭网络、企事业单位的局域网、用户终端设备等。

1.3 计算机网络的拓扑结构

1.3.1 网络拓扑结构的定义与意义

拓扑是从图论演变而来的，是一种研究与大小形状无关的点、线、面特点的方法。网络拓扑是抛开网络中的具体设备，把网络中的计算机、各种通信设备抽象为"点"，把网络中的通信介质抽象为"线"，从拓扑学的观点去看计算机网络，就形成了由"点"和"线"组成的几何图形，从而抽象出网络系统的具体结构。这种采用拓扑学方法描述各个节点之间的连接方式的图形称为网络的拓扑结构图。网络的基本拓扑结构有总线型结构、环形结构、星形结构、树形结构、网形结构等。在实际构造网络时，多数网络拓扑是这些基本拓扑形状的结合。

网络拓扑结构不同，网络的工作原理就不同，网络性能也不一样。

1.3.2　常见的网络拓扑结构

1. 总线型结构

总线型结构是将网上设备均连接在一条总线上，任何两台计算机之间不再单独连接，如图 1-8 所示。

总线型结构的工作方式是网上计算机共享总线，任意时刻只有一台计算机用广播方式发送数据，其他计算机处于接收状态，如果数据中的目的地址与本站地址相同就接收数据，否则就丢弃。由于任意时刻只允许一个节点发送数据，因此要通过某种仲裁机制决定谁可以发送信息，这种机制叫介质访问控制方法。

总线型结构的优点是结构简单、易于安装、易于扩充。总线结构的缺点是总线任务重，容易产生瓶颈问题，总线本身的故障网络将瘫痪。总线结构在早期的以太网中使用，随着双绞线技术的成熟，总线型网络逐步被淘汰。

2. 环形结构

环形结构是将网上计算机连接成一个封闭的环，如图 1-9 所示。

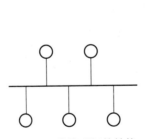
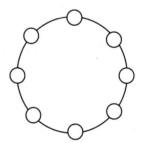

图 1-8　总线型拓扑结构　　　　图 1-9　环形拓扑结构

环形网络的工作方式是网上计算机共享通信介质，任意时刻只有一台计算机发送信息，信号沿环单向传递经过每一台计算机，每台计算机都会收到信息，如果信息中的目的地址与本站地址相同就接收信息，然后再向下一站传输，否则直接传给下一站。

环形网络的特点是两台计算机间有唯一通路，没有路径选择问题，信息流控制简单。缺点是不便于扩充，一台计算机出现故障会影响全网。令牌环网、FDDI等网络都是环形结构。

3. 星形结构

星形网络是将多台计算机连在一个中心节点（如集线器）上，如图 1-10 所示。

星形结构的工作方式是计算机之间通信必须通过中心节点，具体工作方式根据中心节点设备的工作方式不同而不同，如果中心节点采用集线器，工作方式与总线型网络相同，任意时刻只能由一个节点发送数据，其他节点处于接收状态；如果采用交换机，则可以实现多点同时发送和接收数据。

星形结构的优点是结构简单、便于管理、扩展容易、容易检查、隔离故障。缺点是网络性能依赖中心节点，一旦中心节点出现故障，就会导致全网瘫痪，另外，每个节点都需要用一条专用线路与中心节点连接，线路利用率低，连线费用大。随着双绞线技术的成熟，星形结构广泛应用于家庭网络、办公室网络等小型局域网。

4. 树形结构

树形结构是星形结构的扩展，具有星形结构连接简单、易于扩充、易于进行故障隔离等特点，如图 1-11 所示。许多校园网、企业网都采用树形结构。

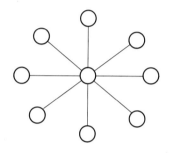
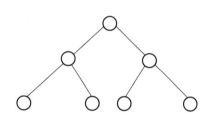

图 1-10　星形拓扑结构　　　　图 1-11　树形拓扑结构

5. 网形结构

网形结构是一种不规则的连接，通常一个节点与其他节点之间有两条以上的通路，如图 1-12 所示。其特点是容错能力强，可靠性高，一条线路故障，可以经其他线路连接目的节点，但费用高、布线困难，一般用于广域网或大型局域网的主干网。

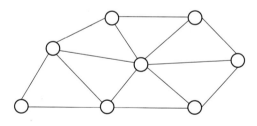

图 1-12　网形拓扑结构

1.4　网络操作系统

1.4.1　网络操作系统基本概念

网络系统是由多个相互独立的计算机系统通过通信介质连接起来的。各计算机都具有一个完整独立的操作系统，网络操作系统（network operating system，NOS）是建立在这些独立的操作系统基础上用以扩充网络功能的系统。

网络操作系统是为使网络用户能方便而有效地共享网络资源而提供的各种服务的软件及相关规程的集合。网络操作系统是整个网络的核心，它通过对网络资源的管理，使网上用户能方便、快捷、有效地共享网络资源。

网络操作系统是一种运行在硬件基础上的网络操作和管理软件，是网络软件系统的基础，它建立一种集成的网络系统环境，为用户方便而有效地使用和管理网络资源提供网络接口和网络服务。网络操作系统除了具有一般的操作系统所具有的处理机管理、存储器管理、设备管理和文件管理功能外，还提供高效而可靠的网络通信环境和多种网络服务。

1.4.2　网络操作系统的功能

随着计算机网络的发展，网络操作系统的功能也日趋完善。常用的网络操作系统一般具有以下功能和特征。

① 网络文件和目录共享服务。网络操作系统支持多任务处理，提供标准的文件管理操作和多用户并发访问功能。网络用户可访问文件服务器上的程序和文件，实现文件和目录的共享。

② 网络安全性和访问控制。网络操作系统提供完备的安全和访问控制措施，以控制用户对网络资源的访问。

③ 网络可靠性和系统容错。网络操作系统可提供较强的可靠性措施和系统容错功能，最大限度地保证网络系统稳定和可靠地运行。系统容错技术可保证在网络部件出现故障时仍能维持网络继续工作，如通过冗余技术确保服务器能够连续不断的工作。

④ 网络通信环境。网络操作系统支持主要的网络通信协议，如 TCP/IP、IPX/SPX、NetBEUI 和 AppleTalk 等，提供开放的网络系统接口，允许多种网络通信协议共存于同一网络系统中，使用户能透明地访问网络资源。

⑤ 网络互联和扩展。网络操作系统支持通过网桥和路由器实现网络互联，通过网关实现不同协议系统间的互联，提供和支持网络用户在更大范围内的资源共享和数据传输。

⑥ 网络客户系统。网络操作系统支持广泛的客户系统平台，允许用户使用各种不同的客户操作系统（如 DOS、OS/2、Windows、UNIX、Macintosh 等）入网，共享网络资源。

⑦ 网络管理和监控。网络操作系统可为网络管理员管理网络系统和资源提供必要的管理工具和管理实用程序。网络管理员利用这些工具和程序，跟踪和监视网络的活动，进行系统备份、安全管理和过程控制等。

⑧ 网络服务。网络操作系统为用户方便而有效地使用网络资源提供各种网络服务，如文件服务、打印服务、记账服务、数据库服务等，并允许新的服务不断集成到系统中。

⑨ 支持 Internet 和 Intranet。随着 Internet 的普及和 Intranet 的应用，网络操作

系统开发商为保持其行业竞争地位，纷纷在其网络操作系统中增加 Internet 和 Intranet 服务功能，如支持 TCP/IP，支持域名服务、WWW、FTP 服务等。

1.4.3 常用的网络操作系统

目前，常用的网络操作系统有 Microsoft 公司的 Windows Server 系列、Novell 公司的 NetWare、SCO 公司的 UNIX 和 RedHat 公司的 Linux。大多数网络都是采用这几种网络操作系统。

1. UNIX

UNIX 起源于 Bell 实验室，1970 年，在美国电报电话公司（AT&T）的贝尔（Bell）实验室里研制出了一种新的计算机操作系统，这就是 UNIX。UNIX 是一种分时操作系统，主要用在大型机、超级小型机、RISC（精简指令集计算机）和高档微机上。在整个 20 世纪 70 年代它得到了广泛的普及和发展。许多工作站、生产厂家使用 UNIX 作为其工作站的操作系统。在 20 世纪 80 年代，由于世界上各大公司纷纷开发并形成自己的 UNIX 版本，出现了分裂局面，加之受到了 NetWare 的极大冲击，UNIX 曾一度衰败。20 世纪 90 年代，开发和使用 UNIX 的各大公司再次加强了合作和 UNIX 的统一进程，并加强了 UNIX 系统网络功能的深入研究，不断推出了功能更强大的新版本，并以此拓展全球网络市场。20 世纪 90 年代中期，UNIX 作为一种成熟、可靠、功能强大的操作系统平台，特别是对 TCP/IP 的支持以及大量的应用系统，使得它继续拥有相当规模的市场，并保持了市场份额连续数年的两位数字的增长。

UNIX 系统的再次成功取决于它将 TCP/IP 运行于 UNIX 操作系统上，使之成为 UNIX 操作系统的核心，从而构成了 UNIX 网络操作系统。UNIX 操作系统在各种机器上都得到了广泛的应用，它已成为最流行的网络操作系统之一和事实上标准的网络操作系统。UNIX 系统服务器可以与 Windows 及 DOS 工作站通过 TCP/IP 连接成网络。UNIX 具有稳定性强、可靠性高等优点。

2. NetWare

NetWare 是美国 Novell 公司推出的一种多任务、高性能的操作系统，在 20 世纪 90 年代曾风靡全球，在局域网市场曾经有过"一枝独秀"的辉煌时期，其 NetWare 3. x 和 NetWare 4. x 在很长时间内成为世界上最流行的网络操作系统，占据了局域网的大部分市场份额，最多时达 70% 以上。NetWare 于 1989 年被确定为网络工业标准。

但是，NetWare 的辉煌只是昙花一现，在 Windows NT 操作系统出现之后，.NetWare 的大部分市场被 Windows NT 抢占，NetWare 的市场占有率急剧萎缩。其主要原因：一是 NetWare 的界面不够友好，原来是基于 DOS 操作系统的，而在 Windows 95 出现以后，PC 单机操作系统迅速被 Windows 取代，现在除极少数特殊应用外，PC 都采用了 Windows 操作系统，基于 Windows 的 Windows NT 当然受到青睐；二是 NetWare 对 Internet 的支持不够，在 20 世纪 90 年代中后期，Internet 迅速发展，上网用户急剧增加，Windows NT 支持 Internet 功能，比较方便用户入网，而 NetWare 是在数年之后才具备了支持 Internet 的功能。

尽管如此，NetWare 仍不失为一个优秀的网络操作系统，到目前仍有一定数量的用户采用 NetWare 操作系统。

3. Windows 操作系统

Windows 操作系统是功能强大的网络操作系统，既适合于大型业务机构的实时、分时数据处理；又能为工作组、商业和企业的不同机构提供一种优化的文件和打印服务的网络环境；其客户/服务器平台还可以集成各种新技术，通过该平台为信息存取提供优越的环境。

Windows 网络操作系统秉承了 Windows 操作系统的功能和特色，能在桌面及各种窗口方式下对系统进行操作和管理以及实现网络与通信的操作，它将网络与单机管理方式相互兼容，使得用户既能在网络方式下工作，又能在单机状态下工作。

Windows 网络操作系统是一个通用的网络操作系统，它既能满足文件和打印需求，又能满足应用服务器的需要。

Windows 网络操作系统为网络管理提供了完善的解决方案；具备担负大型项目需求的能力；提供了健全的安全保护能力和具有独特的支持多平台的优势等。

微软先后发布了 Windows NT、Windows Server 2000、Windows Server 2000、Windows Server 2003、Windows Server 2008、Windows Server 2012、Windows Server 2016 等操作系统，每种操作系统又有不同的版本以支持各种规模的企业对服务器不断变化的需求。

4. Linux

Linux 是一种类似 UNIX 操作系统的自由软件，它是由一位芬兰赫尔辛基大学的一位叫 Linus 的大学生发明的。1991 年 8 月，Linus 在 Internet 上公布了他开发的 Linux 的源代码。由于 Linux 具有结构清晰、功能简捷和完全开放等特点，许多大学生和科研机构的研究人员纷纷将其作为学习和研究对象。他们在修改原 Linux 版本中错误的同时，也不断为 Linux 增加新的功能。在全世界众多热心者的努力下，Linux 操作系统得以迅速发展，成为一个稳定可靠、功能完善的操作系统，并赢得了许多公司的支持，包括提供技术支持、开发 Linux 应用软件，并将其应用推广，这也大大加快了 Linux 系统商业化的进程。国际上许多著名 IT 厂商和软件商纷纷宣布支持 Linux。Linux 很快被移植到 Alpha、PowerPC、Mips 和 Sparc 等平台上；从 Netscape、IBM、Oracle、Informix 到 Sybase 均已推出 Linux 产品。Netscape 对 Linux 的支持，大大加强了 Linux 在 Internet 应用领域中的竞争地位；大型数据库软件公司对 Linux 的支持，则对其进入大中型企业信息系统建设和应用领域奠定了基础。

1.5 计算机网络体系结构

为了便于网络产品的开发，使网络软件、硬件的生产有标准可以遵循，使网络产品具有通用性，各大计算机公司分别制定了自己的网络标准。由于计算机网络是一个复杂的系统，网络上的两台计算机通信时要完成很多工作，为了使复杂的工作变得简单化，方便网络产品的制造，计算机网络中采用了分层的设计方法，即将网络通信过程中完成的功能分解到不同的层次上，每个层次都制定相应的标准，这种分层标准的集合叫网络体系结构。本节介绍网络体系结构相关知识。

1.5.1 网络协议

在计算机网络中，有各种各样的计算机系统，有大型机、中型机、小型机和微型机，计算机上运行的软件也各不相同，网络中还有各种各样的通信设备，总之，网络中的各种设备存在很大差异。要把这些有差异的设备连接在一个网络中，彼此要相互通信，而且要求接收方能够正确地理解发送方发送的信息的含义，因此就需要制定网络中各种计算机和通信设备通信时共同遵守的规则或约定，这种规则或约定就是网络协议。

网络协议作为一种规则一般要约定三个方面的内容，称之为网络协议三要素，即语法、语义和时序。

1. 语义

语义是指在数据传输中加入哪些控制信息。在网络通信中，传输的内容不仅仅是数据本身，为了控制数据准确无误地送达到接收端，还要加入许多控制信息，如地址信息、差错控制信息、同步信息等，那么，在一个协议中，究竟加入哪些控制信息？接收方收到这些信息后作何应答？这是语义要约定的内容。

以 HDLC 协议为例，Data 是要传输的数据，为了保证数据正确送达目的端，还要加入地址信息（Address）、差错控制信息（FCSS）和同步信息（Flag）等，如图 1-13 所示。

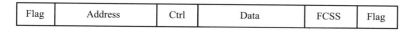

| Flag | Address | Ctrl | Data | FCSS | Flag |

图 1-13　HDLC 协议的格式

2. 语法

语法是指传输数据的格式，网络通信中传输的既有数据又有控制信息，那么，这些数据和控制信息组装成什么样的格式？这是语法要约定的内容。例如，HDLC 协议的格式如图 1-13 所示。

3. 时序

时序是指数据传输的次序或步骤，约定数据传输时先做什么，后做什么。例如在 HDLC 协议中约定在通信之前要先建立一个连接，并约定通信方式，然后传输数据，数据传输完毕再终止连接。

1.5.2 网络体系结构

如前所述，网络通信过程非常复杂，涉及计算机技术和通信技术的多个方面，如果将这些复杂的通信功能靠一个两个协议实现是不可能的，为了使复杂问题简单化，人们采用了将复杂问题分解为简单问题的方法，将网络完成的任务分解成一个个小的子任务，然后针对每个子任务分别制定相应的协议，在网络术语中将这样一种任务分解的方法叫分层。

网络分层后，各层之间是有密切联系的，下层要为上层提供服务，上层的任务必须建立在下层服务的基础之上。层与层之间要设置接口，用于相邻层之间的通信。

人们把网络的这种分层结构，相邻层之间的接口以及同等层之间的协议的集合称之为网络体系结构。网络体系结构对网络应该实现的功能进行了精确的定义，对数据在网络中的传输过程做了全面的描述，通信双方必须具有相同的网络体系结构才能够进行通信。当然，网络体系结构只是对网络各层功能的描述，是抽象的，要实现这些功能还需要开发具体的软件和硬件，从实际情况看，低层协议主要靠硬件实现，高层协议主要靠软件实现。

1.5.3　OSI 参考模型

1. OSI 参考模型

网络技术经过近 20 年的发展，各大计算机厂商都意识到网络标准的重要性，到了 20 世纪 70 年代，各大计算机公司都制定了自己的网络体系结构，1974 年，IBM 公司宣布了它研制的网络体系结构 SNA，不久后，DEC 公司也宣布了自己的网络体系结构 DNA，其他公司也相继研制了自己的网络体系结构，网路体系结构不同意味着网络标准的不同，在一个网络中只能使用一个厂商的网络产品，不同的厂商的网络产品之间不能兼容，使用不同的厂商的产品组建的网络不能互相连通。从用户角度来看，一旦用户购买了某个公司的网络产品组建网络，那么它以后只能依赖于这个公司，自身的利益无法得到保障。如果这样的局面不能得到改变，在这个世界上就会出现很多信息网络的孤岛，这既不符合全球用户的需求，也不利于网络技术自身的发展。

拓展阅读 1-4：
国际标准化组织
ISO

在这种背景下，国际标准化组织（ISO）于 1977 年成立一个专门的机构（SC16 委员会），研究如何将网络标准统一起来，使不同体系结构的计算机网络之间能够实现互联。这个委员会在现有网络体系结构的基础上，制定了开放系统互联参考模型，简称 OSI 参考模型。这里的开放系统的含义是如果用户的系统是符合 OSI 标准的，那么你的系统就是开放的，你的系统就可以与其他开放的系统实现互联。OSI 只是一个概念性的框架，不是一个具体的标准，它只是描述了开放系统的层次结构，对各层功能做了精确的定义，但是它没有涉及各层协议实现的技术细节。

OSI 参考模型将网络分成 7 个层次，如图 1-14 所示。

动画演示 1-1：
OSI 各层实现设备

在这个 7 层模型中，低 3 层（1～3 层）面向通信子网，主要解决通信问题，负责网络中的数据传输，与通信设备有关。高 3 层（5～7 层）面向资源子网，主要解决数据处理问题，负责使接收方理解发送方发送数据的含义，与通信设备无关。传输层（第 4 层）是通信子网与资源子网的接口层，保证数据正确送达。

在计算机网络中只有主机既要进行通信处理又要进行数据处理，需要有 7 层结构，对通信网和通信设备而言，由于它们的作用就是正确地传输信号，不需要对信号进行理解，所以，只需要有低 3 层（1～3 层）结构就可以了。

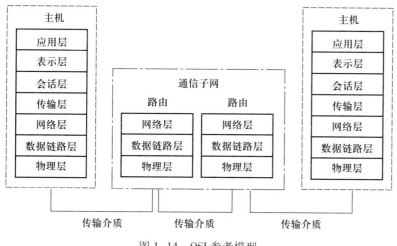

图 1-14　OSI 参考模型

2. 各层的作用

第 1 层：物理层。

物理层为数据链路层提供比特传输服务，确保比特在通信子网中从一个节点传输到另一个节点上。为了确保比特传输，要求在相邻节点间应该具有相同的传输介质接口。物理层协议主要定义传输介质接口的电气的、机械的、过程的和功能的特性，包括接口的形状、传输信号电压的高低、数据传输速率、最大传输距离、引脚的功能、动作的次序等。

第 2 层：数据链路层。

数据链路层在物理层连接的基础上，为网络层提供通信子网中两个相邻的通信节点间的可靠的帧（帧是数据链路层的传输单位）传输服务。物理层负责在相邻节点间传输比特，数据链路层要对传输的比特以帧为单位检查错误，如果出现错误，要求发送端重发整个帧。数据链路层还要根据物理地址寻找下一个通信节点，另外数据链路层还要处理相邻节点间流量控制（由于发送端发送速度快接收端来不及接收）问题。

第 3 层：网络层。

网络层为传输层提供分组（分组是网络层数据传输单位）传输服务，保证报文分组能够从一个主机通过通信子网送达到另一个主机上。网络层把传输层送来的数据流分割成一个个的分组，根据分组要送达的目的主机地址（网络层地址），通过路由选择算法为每个分组选择一个最佳路径，使分组能够沿着这条路径通过通信子网到达接收端的主机，并处理网络中可能出现的拥塞（由于通信量大而引起的网络拥堵、死锁等）问题。

第 4 层：传输层。

传输层为会话层提供可靠数据传输服务。应用层、表示层和会话层关心的是应用程序，而传输层以下的 4 层则是处理与数据传输相关的问题。传输层把会话层传来的数据分段并组装成数据流，传输层为数据的传输提供可靠的服务，对上层屏蔽数据传输的具体细节。为了提供可靠的服务，传输层提供建立、维护端到端

动画演示 1-2：
OSI 各层功能

（一个主机到另一个主机）的传输连接、端到端的传输差错校验和恢复以及信息流量控制（防止从一个系统到另外一个系统的数据传输过载）等机制。

第 5 层：会话层。

会话层为表示层提供服务，在传输连接的基础上具体实施通信双方应用程序的会话，包括会话建立、会话管理和终止的机制。这种会话是由两个或多个表示层实体之间的对话构成，会话层也同步表示层实体之间的对话，管理它们之间的数据交换。

第 6 层：表示层。

表示层为应用层提供服务，表示层保证一个系统应用层发出的信息能被另一个系统的应用层读出。如果发送方和接收方数据表示格式不一致，表示层将使用一种通用的数据表示格式在多种数据表示格式之间进行转换。

第 7 层：应用层。

应用层是 OSI 模型中最靠近用户的一层，它通过用户应用程序接口为用户应用层序提供服务，使用户通过网络应用程序将对网络的请求送到网络中来；对应用程序进行识别并证实目的通信方的可用性；使协同工作的应用程序之间同步，建立传输错误纠正和数据完整性控制方面的机制。

动画演示 1-3：OSI 7 层模型的数据封装

3. 数据在 OSI 参考模型中的流动过程

数据在 OSI 参考模型中的数据流动过程如图 1-15 所示。假设主机 A 通过网络与主机 B 通信，在发送端（包括①③⑤端）数据从高层依次向低层传输，每经过一层都根据该层协议加入该相应的控制信息，说明该层数据如何传输，在接收端（包括②④⑥端），数据从低层向高层传输，每经过一层，都执行该层的通信协议，然后去掉控制信息。数据在网络中的传输过程好比是一个用户 A 给另一个用户 B 写了一封信，在通过网络传输时，发送端每经过一层就套上一层信封，在接收端，每经过一层就拆掉一层信封，信封的作用是控制信息的传输，最终用户 B 收到用户 A 发送的信息。

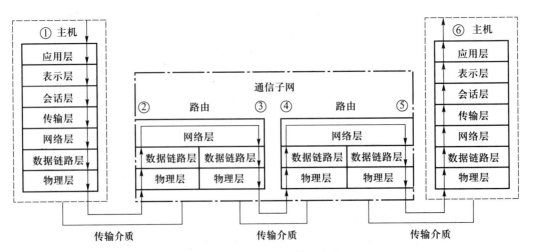

图 1-15 OSI 参考模型中数据流动过程

4. OSI 参考模型的评价

OSI 参考模型是各国通信组织、各企业博弈的结果，在制定 OSI 参考模型时，要兼顾到现有网络拥有者的利益，因此，OSI 是妥协的产物。这个模型推出后，受到广泛的批评，人们批评它层次分得太多，有的层次任务过重，有的层次几乎无事可做。该模型事实上也没有受到企业界的支持，但是，这个模型对网络功能和网络中的数据流程做了完整精确的描述，因此在理论上具有指导意义。

真正完成将不同网络互连起来的大任的是 TCP/IP 体系结构，该体系结构是一个具体的标准，它不仅规定了网络划分的层次，而且每层都有具体的协议标准，加之 TCP/IP 采用了技术开放的策略，受到企业界的广泛支持，经过几十年的发展，TCP/IP 已经成为事实上的工业标准。

1.6 数据通信基础知识

通信是人与人之间通过某种媒体进行的信息交流与传递，从广义上说，无论采用何种方法，使用何种媒质，只要将信息从一地传送到另一地，均可称为通信。数据通信是通信技术和计算机技术相结合而产生的一种新的通信方式，是在两个计算机之间传输表示各种信息的 0、1 比特的通信方式。本节介绍数据通信基础知识。

1.6.1 数据通信概念

1. 信息、数据、信号

信息是信息论中的一个术语，常常把消息中有意义的内容称为信息。信息是人们对客观事物的变化和特征的反映，又是事物之间相互作用和联系的表征，它是人类认识客观事物的前提和基础。

在计算机中数据是指能够输入到计算机中并能为计算机所处理的数字、文字、字符、声音、图片、图像等。

数据与信息关系密切，数据是信息的载体，信息要靠数据来承载，生活中数字、文字、声音、图片、活动影像都可以用来表示各种信息。反过来说，孤立的数据没有意义，而一组有相互关系的数据可以表达特定的信息。数据通信的目的是交换信息，而数据是信息的载体，因此数据通信就是交换数据。

在数据通信中，要表示数据、传播信息必须用物理量表示数据，人们把表示数据的物理量叫信号，例如在计算机中人们用电压的高低表示二进制数 1 和 0。只有把数据表示成信号，才能够对数据或信息进行处理和传输。

2. 模拟信号与数字信号

用于表示数据的信号有两种类型，一种是模拟信号，一种是数字信号。模拟信号是随时间连续变化的，用随时间连续变化的物理量表示实际的数据，例如在电话网中用于传输语音的信号。数字信号是随时间离散的、跳变的，例如在计算机中是用两种不同的电平去表示数字 0 和 1，再用不同的 0、1 比特序列组合表示不同的数据。

模拟信号和数字信号的波形如图 1-16 所示。

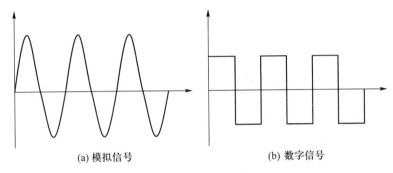

(a) 模拟信号　　　　　　　　(b) 数字信号

图 1-16　模拟信号与数字信号波形

3. 数据通信与数据通信系统

数据通信是指在不同计算机之间传送表示字母、数字、符号的二进制 0、1 比特序列的模拟或数字信号的过程。按照在通信系统中传输的信号类型，通信系统分为模拟通信系统与数字通信系统两种，如图 1-17 所示。

（1）模拟通信系统

如果通信子网只允许传输模拟信号，这样的通信系统叫模拟通信系统，由于现代计算机中都是用数字信号表示数据，所以如果用模拟通信系统传输，需要在发送端将数字信号转换成模拟信号，在接收端再将模拟信号转换成数字信号。实现模拟信号与数字信号变换的设备叫调制解调器，将模拟信号转换成数字信号的过程叫调制，将数字信号转换成模拟信号的过程叫解调。模拟通信系统如图 1-17（a）所示。

（2）数字通信系统

如果通信子网允许传输数字信号，这样的通信系统叫数字通信系统，尽管计算机中的信号也是数字信号，但是为了改善通信的质量，在发送端需要对计算机中传输的原始数字信号进行变换，这个过程称为编码，在接收端需要进行反变换，这个过程称为解码。数字通信系统如图 1-17（b）所示。

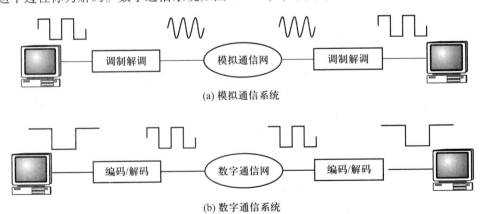

(a) 模拟通信系统

(b) 数字通信系统

图 1-17　模拟通信系统与数字通信系统

1.6.2　数据通信指标

衡量通信系统的性能指标主要有数据传输速率、码元速率、带宽等。

1. 数据传输速率

数据传输速率是描述数据传输系统的重要技术指标之一，它定义为每秒传输的比特数。

$$R = 1/T(\text{bps})$$

式中，R 为数据传输速率；T 为脉冲宽度（一个 bit 的持续时间）。

例如：在信道上发送一个比特的时间是 0.104 ms，则传输速率为 9 600 bps。

常用的数据传输速率单位有：Kbps、Mbps、Gbps 与 Tbps。

其中：1 Kbps = 1×10^3 bps

　　　　1 Mbps = 1×10^6 bps

　　　　1 Gbps = 1×10^9 bps

　　　　1 Tbps = 1×10^{12} bps

2. 码元速率 C

又称调制速率、信号传输速率、波特率、传码率等。是指调制或信号变换过程中，每秒波形转换次数或每秒传输波形（信号）的个数。它定义为：

$$C = 1/t(\text{baud})$$

式中：C 为码元速率；t 为传输一个码元所需时间，单位为波特（baud）。

码元：可以看成是一个数字脉冲，数据传输时，一个码元携带的信息量可以是不同的。如果用一个码元代表一位二进制数，则一个码元有两种状态，就说一个码元可取 2 个离散值（0，1），这种调制称为两相调制，如果让一个码元携带多位二进制数信息，叫多项调制，例如，让一个码元携带两位二进制数信息，两位二进制数有四种组合（00，01，10，11），所以一个码元有四种状态，或可取四个离散值，如果让一个码元携带三位二进制数信息，三位二进制数有八种组合（000，001，…，111），所以一个码元就有八种状态，可以取八个离散值。

3. 码元速率与数据传输速率的关系

$$R = C \times \log_2 M$$

M 为一个码元所取的离散值的个数，一个码元取 0、1 两个离散值时（$M = 2$）时，$R = C$，这时数据传输速率与码元速率相等；一个码元可以取 00、01、10、11 四个离散值时，$N = 4$，$R = 2C$，数据传输速率是码元速率的两倍。照此类推，若码元速率不变，当一个码元可取的离散值增加时，数据传输速率可以成倍地提高。但是随着 M 值的提高，信道噪声也会增加，又会抑制传输速率的增加，所以 M 值要受到限制。

4. 信道的带宽

带宽是指信道允许传送的信号的最高频率与最低频率之差，单位为赫兹（Hz），但是在许多场合人们把带宽的单位也看成是 bps（比特/秒），可以这样理解：每传输一个比特需要耗用一个 Hz 的带宽。

带宽用于衡量一个信道的数据传输能力，与数据传输速率成正比，在其他条件不变的情况下，带宽越大，数据传输速率越高，正因为如此，人们有时对速率和带宽不加区分，将带宽看成是速率的代名词。带宽还可以表达信道允许通过的信号的频率范围，当信号有用的频谱分布范围超过信道带宽时，将产生失真。

5. 信道容量

信道容量是理想情况下，即没有传输损耗，没有噪声干扰的情况下信道的最大数据传输速率。奈奎斯特（Nyquist）在研究了信道带宽对传输速率的影响后提出了奈奎斯特准则。

$$C = 2B(\text{baud})$$

式中，B 为信道带宽；C 为码元速率。

换算成数据传输速率：

$$R\text{max} = 2B\log_2 M$$

Nyquist 公式为估算已知带宽信道的最高数据传输速率提供了依据。例如，普通电话线路的带宽约为 $3.1\,\text{kHz}$，当 $M=2$ 时，根据上式计算的信道最大数据传输速率为：

$$R\text{max} = 2 \times 3\,100 \times \log_2 2 = 6\,200(\text{bps})$$

1.6.3 数据通信技术

1. 数据编码技术

前面讲到数据通信系统有两种，一种是模拟通信系统，另一种是数字通信系统。在现代计算机中主要用数字信号表示数据，如果将计算机中的表示 0、1 的数字信号在模拟通信系统中传输，在发送端需要进行数字信号到模拟信号的变换，称之为调制，在接收端需要将模拟信号变换成数字信号，称之为解调。调制方法可以分为幅度调制，即用不同的幅度的正弦（或余弦，下同）信号表示数据的 0 或 1；频率调制，即用不同频率的正弦信号表示数字 0 或 1；相位调制，即用不同初始相位的正弦信号表示 0 或 1。

拓展阅读 1-5：
将数字信号转换为模拟信号

如果将计算机中的数字信号在数字通信系统中传输，为了改善传输特性，减少直流分量，在发送端也需要对信号进行变换，称之为编码，在接收端要进行反变换，称之为解码。如曼彻斯特编码和差分曼彻斯特编码。

拓展阅读 1-6：
数字信号编码

在数据通信中，有时也需要在数字系统中传输用模拟信号表示的数据，这就需要将模拟数据用数字信号加以表示，也需要编码和解码。如脉冲编码调制。

拓展阅读 1-7：
脉冲编码调制

总之，在数据通信中，不管传输的何种类型的数据，也不管在那种通信系统中进行传输，都需要对信号进行变换和反变换，都需要编码和解码。

2. 差错控制技术

（1）差错控制概念

差错是数据通信中接收端收到的数据与发送端发送的数据不一致的现象。在数据通信中，差错是不可避免的，一个实用的通信系统必须对通信过程中出现的差错进行检测和恢复，把差错限制在可以接受的范围内。

（2）差错产生的原因

由于通信线路上总有噪声存在，在数据通信过程中噪声电压与有用信号叠加，就会使正常传输的有用信号波形产生畸变，最后使接收端不能正确地判断收到的数据是 1 还是 0，于是就产生了差错。

噪声可以分为两类，热噪声和冲击噪声。热噪声是由通信线路的固有特性引起的，它常常会引起随机性的错误，即某位出错是随机的，与其他位没有必然的联系；冲击噪声是外部电磁干扰造成的，会引起突发性的错误，即连续多位出现错误。

（3）差错控制方法

由于差错的产生原因是无法消除的，要消除通信中的差错只能是在接收端检查出可能存在的差错，然后予以纠正。常用的纠错方法有前向纠错和反馈重发。所谓前向纠错是接收端在检查出差错后，直接纠正出错的比特，这对检错提出较高的要求，即要求能够检测出究竟哪一位出现了错误。反馈重发是指接收端只负责检查收到的数据块中是否存在错误，只要出现错误就要求发送端重发一遍，直到正确为止。由于前向纠错检错复杂，耗费较大，所以在实际通信系统中较少使用；而反馈重发由于检错比较简单，虽然有重发环节，但是由于通信系统中出错毕竟是小概率事件，所以综合来说效率较高，得到广泛应用。

（4）检错方法

这样看来，差错控制问题的关键就是如何检查差错。而检查数据传输中的差错，只靠传输的数据本身是不行的，必须在原始数据的基础上增加一些冗余位，这些冗余位叫检错码。检错码是运用某种算法对传输的数据进行运算得到的，其基本原理是在发送端运用某种算法对传输的数据进行运算得到冗余码，然后将冗余码加在传输的数据的后面一起发送。在接收端用同样的算法对收到的数据部分进行相同的运算，也得到一个冗余码，然后，将两个冗余码进行比较，如果结果相同就没有错误，否则，就判定出现了错误。

常用检错方法有奇偶检验、循环冗余校验、海明码等。

拓展阅读 1-8：
循环冗余码计算

3. 数据交换技术

数据交换是广域网中的通信技术。在远程通信中，数据要经过通信子网中的多个节点一站一站的传输才能送到接收端，那么，数据是用什么方式通过通信子网的呢？是怎样在通信子网中一站一站地传输的？这就是数据交换问题。人们把这样一种在节点间转发的通信方式叫交换，数据交换有以下几种交换方式。

（1）线路交换

线路交换又称为电路交换，交换数据之前，通信双方的计算机之间必须约定通信的信道，事先建立物理连接，然后在约定的信道上传输数据，如图1-18所示。

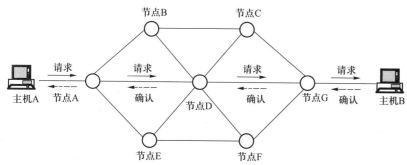

图1-18 线路交换建立连接的过程

（2）报文交换

主机 A 将发送的数据和源地址、目的地址以及其他控制信息组装成报文，然后发送到通信子网中的节点 A，节点 A 先接收报文并存储，然后对报文进行检错纠错，根据报文中的目的地址选择一条最佳路径，如果所选路径空闲就将报文发送出去，如果所选路径忙（别的通信在使用）就存储。其他节点（如图 1-19 中的 B、D、F、G）等也按照接收报文，缓存报文，对报文纠错、选择最佳路径然后发送报文的顺序对报文进行处理和传输，如图 1-19 所示。

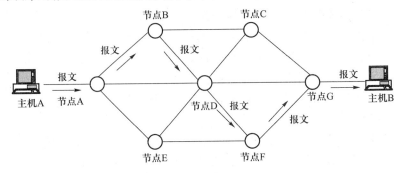

图 1-19　报文交换基本原理

（3）数据报交换方式

数据报交换方式如图 1-20 所示。主机 A 先将报文分成一个个的分组，每个分组都独立携带地址信息和其他控制信息，将分组按顺序依次发送到通信子网中的节点 A，节点 A 依次接收分组并存储，检查每个分组中的错误，并为每个分组单独选择路径，由于通信子网的工作状态是不断变化的，所以节点 A 为每个分组选择的路径可能是不同的，如果路径空闲节点 A 将每个分组按照选好的路径发送给下一节点，如果所选路径忙就存储，其他节点也和节点 A 一样，完成同样的工作。

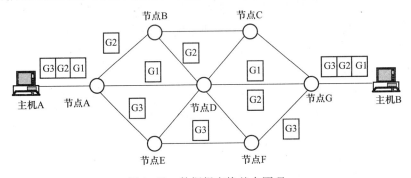

图 1-20　数据报交换基本原理

（4）虚电路交换方式

虚电路交换基本原理如图 1-21 所示。首先，主机 A 与主机 B 建立一个连接。但是这个连接不独占通信线路，而是为所有的分组"约定"一条到达目的端的通路。当有数据传输时，这条"电路"就存在，当没有数据传输时，这条路径中的信道就为其他数据传输服务，"电路"就消失，这就是虚电路中"虚"的含义。虚电路建立好后，主机 A 将报文分组依次发送到虚电路上，分组将按发送顺序到达主机 B。

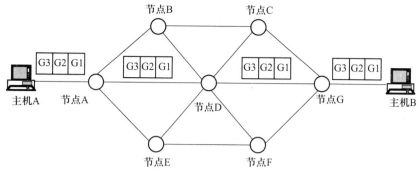

图 1-21 虚电路交换基本原理

4. 多路复用技术

数据通信中，两个节点间的通信线路都有一定的带宽，如果在一条线路上只传输一路信号则通信线路利用率就太低了。为了提高线路利率，可以考虑让多个数据源合用一条传输线路，这样的技术叫多路复用技术。从电信的角度看，多路复用技术就是把多路用户信息用单一的传输设备在单一的传输线路上进行传输的技术。多路复用技术应用非常广泛，例如，现在几乎每个家庭都有电话，如果每两个电话用户都用一条专线连接显然是不可能的，这时就需要使用多路复用技术，将多个用户话路复用在一条通信线路上，然后进行远程传输。这样就极大地节省了传输线路，从而提高了线路利用率。

多路复用一般形式有频分多路复用（FDM）、时分多路复用（TDM）、波分多路复用（WDM）和码分多路复用（CDM）等。

拓展阅读 1-9:
频分多路复用
拓展阅读 1-10:
时分多路复用
拓展阅读 1-11:
波分多路复用
拓展阅读 1-12:
码分多路复用

习题

习题答案:
第 1 章

一、选择题

1. Internet 最早起源于_____。

    A. 以太网　　　　　B. ARPANet　　　　　C. NSFNet　　　　　D. 环状网

2. 一座大楼内的一个计算机网络系统，属于_____。

    A. 局域网　　　　　B. 城域网　　　　　C. 网际网　　　　　D. 广域网

3. 将多台计算机连在一个中心节点（如集线器）上，所有的计算机之间通信必须通过中心节点，这种结构的网络属于_____拓扑结构。

    A. 树形结构　　　B. 网形结构　　　C. 总线型结构　　　D. 星形结构

4. 计算机网络中可共享的资源包括_____。

    A. 硬件、软件、数据和通信信道　　　　　B. 主机、外设和通信信道

    C. 硬件、软件和数据　　　　　D. 主机、外设、数据和通信信道

5. 在 OSI 参考模型中，网络层、数据链路层和物理层传输的数据单元分别

是_____。

      A. 报文、帧、比特   B. 分组、报文、比特

      C. 分组、帧、比特   D. 信元、帧、比特

6. 码元速率是 1 200 波特，每个码元有 8 种离散值，数据传输速率是_____。

      A. 1 200 bps   B. 3 600 bps   C. 4 800 bps   D. 9 600 bps

7. 当通信子网采用什么数据交换方式时，需要在通信双方之间建立逻辑连接_____。

      A. 线路交换   B. 虚电路   C. 数据报   D. 无线连接

二、填空题

1. 计算机网络技术是_____技术和_____技术的结合。

2. 从逻辑功能上，计算机网络可以分成_____子网和_____子网两个部分。

3. _____网络从技术上奠定了现代计算机网络的基础，该网络也是 Internet 的前身。

4. 网络协议由 3 个要素组成，分别是_____、_____和_____。

5. 网络体系结构是_____结构、相邻层间的_____和同等层间的_____的集合。

6. 通信系统分为_____通信系统与_____通信系统两种。

7. 信道带宽指的是_____，信道容量指的是_____。

8. 数据交换方式有_____、_____、_____。

9. 多路复用方式有_____多路复用、_____多路复用_____多路复用和码分多路复用。

三、简答题

1. 简述计算机网络定义并解释其含义。

2. 简述计算机网络发展过程以及每个阶段分别有什么特点。

3. 局域网、城域网与广域网的主要特征是什么？

4. 计算机网络的功能主要有哪些？根据自己的兴趣和需求，举出几种应用实例。

5. 网络拓扑结构有哪些？各有什么特点？

6. 目前有哪些流行的网络操作系统？

7. 解释网络协议及其要素的含义，用生活中的例子说明协议及其要素的含义。

8. 什么是网络体系结构？说明分层、协议、接口的作用。

9. 简述 OSI 参考模型中各层主要作用。

第2章　计算机网络设备

在计算机网络中，联网的计算机要通过传输介质、网络设备才能够连接起来，这些网络设备负责信号的传输、差错的纠正、流量的控制、网络的互联、路径的选择等，确保发送端主机发送的数据能够正确到达目的端的主机。 本章讨论通信子网中的传输介质和网络设备，介绍它们在计算机网络中的作用、简单工作原理和主要特性。

电子教案：
第2章

2.1　传输介质

传输介质是计算机网络最基础的通信设施，是连接网络上个节点的物理通道。网络中传输介质可以分为两类：有线介质和无线介质，有线介质包括同轴电缆、双绞线和光纤，无线介质包括无线电波、微波、红外线、卫星通信等。

2.1.1　同轴电缆

1. 同轴电缆的结构与分类

同轴电缆的结构如图 2-1（a）所示，它由内导体铜芯、绝缘层、外导体屏蔽层和塑料保护层组成。联网时还需要使用专用的连接器件，图 2-1（b）是细同轴电缆使用的 BNC 头和 T 形头。

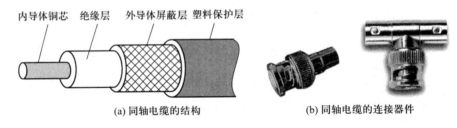

(a) 同轴电缆的结构　　　　　　(b) 同轴电缆的连接器件

图 2-1　同轴电缆及其连接器件

同轴电缆主要有以下型号。

① RG-8 或 RG-11。匹配阻抗为 50 Ω，用于 10Base5 以太网，又叫粗缆网。

② RG-58A/U，匹配阻抗为 50 Ω，用于 10Base2 以太网，又叫细缆网。

③ RG-59/U，匹配阻抗为 75 Ω，用于 ARCnet（早期一种令牌总线型的网络）和有线电视网。

④ RG-62A/U，匹配阻抗为 93 Ω，用于 ARCnet。

同轴电缆又分为基带同轴电缆和宽带同轴电缆，基带同轴电缆屏蔽层使用网状铜丝织成，其特性阻抗为 50 Ω，适合传输数字信号；宽带同轴电缆屏蔽层使用铝箔缠绕而成，其特性阻抗为 75 Ω 或 93 Ω，主要用于传输模拟信号。

在局域网络中最常使用的是特性阻抗为 50 Ω 的基带同轴电缆，数据传输率为 10 Mbps。

2. 同轴电缆主要特性

根据同轴电缆的直径粗细，50 Ω 的基带同轴电缆又可分为细缆（RG-8 和 RG-11）和粗缆（RG-58）两种。

粗缆的连接距离较长，在使用中继器的情况下，粗缆的最大传输距离可达 2 500 m（单段最远 500 m，最多 5 段）。由于安装时不需要切断电缆，因此可以根据需要灵活调整计算机的入网位置。但粗缆网络必须安装收发器和收发器电缆，安装难度也大，所以总体造价高。

细缆连接距离较短，在使用中继器的情况下，细缆的最大传输距离可达925 m，（单段最远 185 m），安装比较简单、造价低，但由于安装过程中要切断电缆，两头装上基本网络连接（BNC）头，然后接在 T 形连接器两端，所以当接头多时容易产生接触不良的隐患，这是目前运行中的细缆以太网最常见故障之一。

同轴电缆有较强的抗干扰能力，为了保证同轴电缆具有良好的电气特性，电缆屏蔽层必须接地，同时两头要有 50 Ω 的终端适配器来削弱信号反射作用。

用粗缆和细缆连接的网络都是总线型拓扑结构，即一根线缆上接多台计算机，这种拓扑结构适用于机器密集的环境。但是当任一连接点发生故障时，故障会影响到串接在整根电缆上所有的机器，故障的诊断和修复都很麻烦。所以，它正逐步被双绞线或光缆所替代。

2.1.2 双绞线

1. 双绞线的结构与分类

双绞线是由两根绞合的绝缘铜线外部包裹橡胶外皮而构成，有两对线型和四对线型，两对线型的接插头称为 RJ-11，四对线型的接插头称为 RJ-45，如图 2-2 所示。

(a) 双绞线　　　　　　　　(b) RJ-45 接头

图 2-2　双绞线与 RJ-45 接头

双绞线电缆分为屏蔽双绞线 STP 和非屏蔽双绞线 UTP 两大类。屏蔽双绞线因为有屏蔽层，所以造价高、安装复杂，只在特殊情况（电磁干扰严重或防止信号向外辐射）下使用，非屏蔽双绞线 UTP 无金属屏蔽材料，只有一层绝缘胶皮包裹，价格相对便宜，安装维护也容易，得到广泛使用。

按照传输特性分，双绞线分为以下 7 类。

① 1 类线：主要用于传输语音（一类标准主要用于 20 世纪 80 年代初之前的电话线缆），不用于数据传输。

② 2 类线：用于语音传输和最高传输速率 4 Mbps 的数据传输，早期用于 4 Mbps 的令牌环网。

③ 3 类线：该电缆的带宽为 16 MHz，用于语音传输及最高传输速率为 10 Mbps 的数据传输，主要用于 10 兆以太网（10Base-T）。

④ 4 类线：该电缆的带宽为 20 MHz，用于语音传输和最高传输速率为 16 Mbps 的数据传输，主要用于 16 兆的令牌环局域网和 10 兆以太网。

⑤ 5 类线：该类电缆增加了绕线密度，外套一种高质量的绝缘材料，带宽为 100 MHz，用于语音传输和最高传输速率为 100 Mbps 的数据传输，主要用于百兆以太网（100Base-T）以及 10Base-T 网络，是最常用的电缆。

⑥ 超 5 类线：超 5 类具有衰减小，串扰少，并且具有更高的衰减与串扰的比值（ACR）和信噪比、更小的时延误差，性能得到很大提高。超 5 类线带宽 200~300 MHz，主要用于千兆位以太网（1000Base-T）。

⑦ 6 类线：该类电缆的带宽 350~600 MHz，它提供 2 倍于超五类的带宽。六类布线的传输性能远远高于超五类标准，最适用于传输速率高于 1 Gbps 的应用。

双绞线电缆主要用于星形网络拓扑结构，即以集线器或网络交换机为中心、各网络工作站均用一根双绞线与之相连，这种拓扑结构非常适合结构化综合布线，可靠性较高，任何一个连线发生故障时，故障不会影响到网络中其他计算机，故障的诊断与修复也比较容易。

2. 双绞线的主要特性

① 传输距离一般不超过 100 m，传输速度随双线类型而异；

② 价格低，重量轻，易弯曲，安装维护容易；

③ 可以将串扰减至最小或加以消除，屏蔽双绞线抗外界干扰能力强；

④ 具有阻燃性；

⑤ 适用于结构化综合布线。

3. 双绞线的接线方式

常用的 5 类双绞线有四对线，八种颜色，分别是橙色、橙白色、绿色、绿白色、蓝色、蓝白色、棕色、棕白色，每种颜色的线都与对应的相间色的线扭绕在一起。从传输特性上看，8 条线没有区别。连接计算机网络时，只需要 4 根线就可以了，究竟用哪 4 根线？如何连接？电子工业协会 EIA（后与其他组织合并形成电信工业协会 TIA）做出了规定，这就是 EIA/TIA568A 和 EIA/TIA568B 标准，简称 T568A 或 T568B 标准。这两个标准规定，联网时使用橙色、橙白色、绿色、绿白色这两对线，将它们连接在 RJ-45 接头的 1、2、3、6 四个线槽上，其他四根线可以在结构化布线时，用于连接电话等设备。具体接线线序如表 2-1 和表 2-2 所示。

表 2-1　EIA/TIA568A 接线标准

RJ-45 线槽	1	2	3	4	5	6	7	8
色彩标记	绿白	绿	橙白	蓝	蓝白	橙	棕白	棕

表 2-2　EIA/TIA568B 接线标准

RJ-45 线槽	1	2	3	4	5	6	7	8
色彩标记	橙白	橙	绿白	蓝	蓝白	绿	棕白	棕

双绞线接线可以根据需要制作成直连线（或直通线、正接线）和交叉线（或反接线）。直连线是指双绞线两端接线线序一致，都用 T568A 或都用 T568B，由于习惯的关系，多数直连线用 T568B 标准；交叉线是指双绞线两端分别使用不同的

接线标准，一端用 T568A，另一端用 T568B。

两种接线方法分别用于不同的场合，直连线用于连接不同类型的设备，不同类型的设备其内部接线的线序不同，如计算机网卡与交换机或集线器连接，交换机与路由器连接，集线器普通口与集线器级联口（UPlink 口）的连接等；交叉线用于连接相同类型的设备，相同类型的设备内部接线线序相同，如两个计算机通过网卡连接，两个集线器或两个交换机之间用普通口连接，集线器普通口与交换机普通口的连接等。实际上，不管是哪种接线，都是为了保证一端的发送端（1 橙白、2 橙）连接另一端的接收端（3 绿白、6 绿）。当两个不同类型的设备相连时，由于设备内部线序不一致，用直连线恰好实现一端的发送线槽与另一端的接收线槽的相连，当两个相同类型的设备相连时，由于其内部线序一致，所以用交叉线恰好实现一端的发送与另一端的接收相连。

2.1.3 光纤

光纤是网络传输介质中传输性能最好的一种介质，在大型网络系统的主干网几乎都用光纤作为传输介质，光纤也是发展最为迅速的、最有前途的传输介质。

1. 光纤的结构

光纤的横截面为圆形，由纤芯、包层两部分构成。两者由两种光学性能不同的介质构成。其中，纤芯为光通路，包层由多层反射玻璃纤维构成，用来将光线反射到纤芯上。实用的光缆外部还须有加固纤维（尼龙丝或钢丝）和 PVC 保护外皮，用以提供必要的抗拉强度，以防止光纤受外界温度、弯曲、外拉等影响而折断。光纤结构如图 2-3 所示。

动画演示 2-1：
光纤的结构

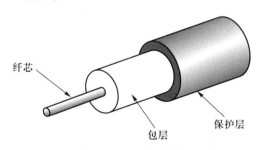

图 2-3 光纤的结构

2. 光纤传输原理

光纤传输系统的结构如图 2-4 所示。在发送端先将电信号通过发光二极管转换为光信号。在接收端使用光电二极管将光信号转换成电信号。

动画演示 2-2：
光通信原理

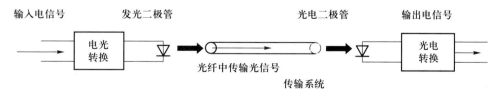

图 2-4 光纤传输系统的结构

光纤分为单模光纤和多模光纤两种类型。

单模光纤内径<10 μm，只传输单一频率的光，光信号沿轴路径直线传输，速率高，可达几百吉字节，用红外激光管作光源（ILD）。传输距离远，达数十千米、成本高，如图 2-5（a）所示。

多模光纤纤芯直径为 50~62.5 μm，可以传输多种频率的光，光信号在光纤壁之间波浪式反射，多频率（多色光）共存，用发光二极管作光源（LED）。传输距离近，约 2 km，损耗大，成本低，如图 2-5（b）所示。

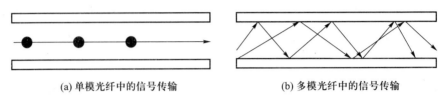

(a) 单模光纤中的信号传输   (b) 多模光纤中的信号传输

图 2-5   光信号传输过程

3. 光纤的主要特性

① 信道带宽大，传输速率快，可达 1 000 Mbps 以上。

② 传输距离远，就单段光纤的传输距离而言，单模光纤可达几十千米，多模光纤可达几千米。

③ 抗干扰能力强，传输质量高。由于光纤中传输光信号，所以不受外部电磁场干扰。

④ 信号串扰小，保密性好。

⑤ 光纤尺寸小、重量轻，便于敷设和运输。

⑥ 光纤的材料是制作塑料和玻璃的材料，材料来源丰富，环境保护好。

⑦ 无辐射，难于窃听。

⑧ 光缆适应性强，寿命长。

2.1.4   无线传输介质

无线传输就是利用大气层和外层空间传输电磁信号，地球上的大气层为大部分无线传输提供了物理通道，就是常说的无线传输介质。无线传输所使用的频段很广，目前主要的无线传输方式有无线电波、微波、卫星和红外线。

1. 无线电波

无线电是指频率范围在 10 kHz~1 GHz 电磁波谱。这一频率范围被分为短波波段、超高频波段和甚高频波段，无线电波主要用于无线电广播和电视节目以及手提电话通信，无线电波也可用于传输计算机数据。

2. 地面微波通信

地面微波一般使用 4 ~ 28 GHz 的频率范围，采用定向式抛物面形天线收发信号。由于微波信号具有极强的方向性，直线传播，遇到阻挡就被反射或被阻断，所以要求与其他地点之间的通路没有障碍或视线能及。而地球是圆的，所以在传输距离超过 50 km（有高架天线时可以更远些）或遇到高山阻隔时，需要设置中继站，将信号放大再进行传输。

地面微波系统的主要用途是完成远距离的通信任务，适合在不便于铺设电缆的场合使用。由于其频带宽、容量大、可以用于各种电信业务的传送，如电话、电报、数据、传真以及彩色电视等均可通过微波电路传输。

3. 卫星微波

动画演示 2-3：
卫星通信原理

卫星通信系统实际上也是一种微波通信，它以卫星作为中继站转发微波信号，在多个地面站之间通信，卫星通信的主要目的是实现对地面的"无缝隙"覆盖，由于卫星工作于几百、几千、甚至上万千米的轨道上，因此覆盖范围远大于一般的移动通信系统，三颗卫星可以覆盖地球表面。卫星通信广泛应用于视频、电话、数据等的远程传输。

4. 红外线通信

红外线通信是指利用红外线作为传输手段的通信方式。红外通信系统中红外线的传输方式主要有两种：一是点对点方式；二是广播方式。使用点对点红外介质的优点是可以减少衰减，使侦听更困难，但实施时，注意保证发射器和接收器处于同一直线上，中间不能有任何阻隔；而红外广播系统是向一个广大的区域传送信号，并且允许多接收器同时接收信号。

红外通信主要应用于掌上电脑、笔记本电脑、个人数字处理设备和桌面计算机之间的文件交换；计算机装置之间传送数据、控制电视、盒式录像机和其他设备。

2.2 网络连接设备

实验案例 2-1：
网络设备认知

2.2.1 集线器

1. 集线器（hub）及其作用

集线器是将网络中的站点连接在一起的网络设备。在局域网上，每个站点都需要通过某种介质连接到网络上，在使用双绞线联网时，由于其 RJ-45 接头的特殊性，使得将多个工作站连接在一起必须通过一个中心设备。这样的中心设备就称为集线器或集中器，由于大多数集线器都有信号再生或放大作用，且有多个端口，所以集线器有时还称为多端口中继器，如图 2-6 所示。集线器的作用是将网络中的计算机连接在一起，如图 2-7 所示。

图 2-6 集线器

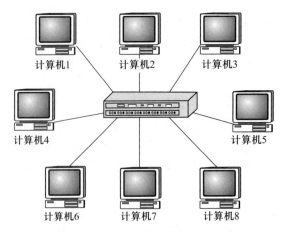

图 2-7 使用集线器将计算机集中在一起

2. 集线器的工作原理

下面以普通共享式以太网集线器为例，介绍集线器的工作原理。

从网络体系结构上看，集线器工作在物理层，因此，它只能机械地接收比特，经过信号再生后，再将比特转发出去。集线器不能够识别源地址和目的地址，没有地址过滤功能，所以当集线器收到比特时，为了使比特能够传送到目的站点，采用广播方式，即从一个端口接收数据，向除入口之外的所有端口广播，如图 2-8 所示。

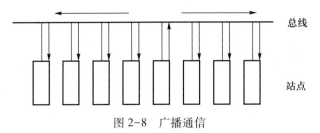

图 2-8 广播通信

从内部结构看，集线器只有一条背板总线，集线器上的所有端口都挂接在这条总线上，一个站点传输数据时，要独占整个总线的带宽，其他站点只能处于接收状态。多个站点要都想发送数据就得用竞争的方法来获得介质访问的权利。这种竞争的工作方式，使得集线器的每个端口获得的实际带宽只有集线器总带宽的 $1/N$（N 为集线器端口数量）。以一台 8 口 100 Mbps 集线器为例，假设每个端口上的站点发送数据的机会是均等的，那么，由于背板总线被 8 个站点轮流占用，某站点发送数据时独享 100 Mbps 带宽，而在其他站点发送数据时，其所占带宽为零，所以在一个发送周期内，每个端口获得的平均带宽只有 12.5 Mbps，如图 2-9 所示。

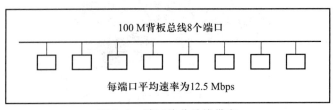

图 2-9 端口均分总线带宽

当局域网站点很多，一个集线器端口不能将所有站点连入网络时，可以采用集线器级联的方法，有些集线器有级联口（UPLink 口），可以用直连线一端连一个集线器的级连口，另一端连接另一个集线器的普通端口，如果集线器没有级联口，则可以用交叉线连接两个集线器的普通口。集线器级联后，相当于增加了集线器的端口数量，降低了每个端口的平均速率，扩大了广播的范围，也扩大了冲突的范围。

3. 集线器的分类

按照集线器能提供的端口数来分，目前主流集线器主要有 8 口、16 口和 24 口等大类；按照集线器所支持的带宽，通常可分为 10 Mbps、100 Mbps、10/100 Mbps自适应三种。其他分类方法不再赘述。

2.2.2　调制解调器

1. 调制解调器及其作用

调制解调器也叫 modem，它是一个通过电话拨号接入 Internet 必备的硬件设备。通常计算机内部使用的是数字信号，而通过电话线路传输的信号是模拟信号。调制解调器的作用就是当计算机发送信息时，将计算机内部使用的数字信号转换成可以用电话线传输的模拟信号，通过电话线发送出去；接收信息时，把电话线上传来的模拟信号转换成数字信号传送给计算机，供其接收和处理。

2. 调制解调器的分类

调制解调器有外置式和内置式两种。外置式调制解调器放置于机箱外，有比较美观的外包装；内置式调制解调器是一块印制电路板卡，在安装时需要拆开机箱，插在主板上，较为烦琐。也有 USB 接口的调制解调器。

2.2.3　网卡

1. 网卡及其作用

网卡又叫网络接口卡或网络适配器，是组建网络必不可少的设备，每台联网计算机至少要有一块网卡。网卡一端有与计算机总线结构相适应的接口，另一端则提供与传输介质的接口，通过网卡，可以将计算机与传输介质的连接。从网络体系结构角度看，在 OSI 参考模型中，主机应该具有七层结构，网卡提供 OSI 参考模型的物理层和数据链路层服务功能，使计算机具有通信功能，实现低层通信协议。网卡还给计算机带来了一个地址，使计算机在网络中有唯一标识，这个地址叫物理地址或 MAC 地址。网卡有许多种类型，但由于以太网是当前市场的主流产品，所以本节主要结合以太网卡来介绍网卡的基础知识。图 2-10 列出了几个网卡的图片。

2. 网卡的功能

网卡的功能结构如图 2-11 所示。在网络通信中，网卡主要完成以下功能。

① 连接计算机与网络。网卡是局域网中连接计算机和网络的接口，它通过总线接口连接计算机，通过传输介质接口连接网络。多数网卡支持一种传输介质，但是也有同时支持多种介质的网卡，如二合一网卡、三合一网卡。

内置网卡　　　　　　　　　外置网卡　　　　　　　　　无线网卡

图 2-10　网卡

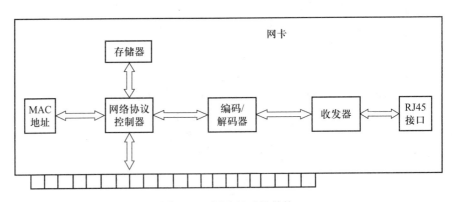

图 2-11　网卡的功能结构

② 进行串行/并行转换。网卡和局域网之间的通信是通过同轴电缆或双绞线以串行传输方式进行的，而网卡和计算机之间的通信则是通过计算机主板上的 I/O 总线以并行传输方式进行。因此，网卡的一个重要功能就是要进行串行/并行转换。在发送端，要将来自计算机的并行数据转换成串行在网络里传输，在接收端，网卡要将从网络中传来的比特串转换成并行数据交给计算机。

③ 实现网络协议。不同类型的网络，其介质访问控制方法以及发送接收流程是不同的，传输的帧的格式也是不同的，使用什么协议进行通信，取决于网卡上的协议控制器，协议控制器决定了网络中传输的帧的格式和介质访问控制方法。在发送端网卡负责将数据组装成帧，加上帧的控制信息，在接收端，网卡负责识别帧，并负责卸掉帧的控制信息。

④ 差错检验。网卡以帧为单位检查数据传输错误，在发送端发送数据时，网卡负责计算检错码，并将其附加到数据的后面，在接收端，网卡负责检查错误，如果收到错误的帧，就丢弃，如果收到正确的帧就送主机。

⑤ 数据缓存。在发送端，主机将发送的数据送给网卡，网卡发送数据并将发送的数据暂存在自己的缓存中，如果接收端发来确认信息，网卡就将缓存中的数据清除掉，腾出缓存发送新的数据，如果接收端没有正确收到，网卡就从缓存中重发数据，直到正确收到为止。在接收端，缓存用于暂存已经到达但还没有处理的数据，每处理完一帧数据，就将该数据从缓存中清除，准备接收新的数据。

⑥ 编码解码。为改善传输质量，发送端网卡在发送数据的时候，需要对传输

的数据重新编码。以以太网为例，在发送数据时，要将数据用曼彻斯特编码后送传输介质传输；在接收端，网卡从传输介质接收曼彻斯特编码，并将其还原成原来的数据。

⑦ 发送接收。网卡上装有发送器和接收器，用于发送信号和接收信号。

3. 网卡的种类

网卡有很多种，在组装时是否能正确选用、连接和设置网卡，往往是能否正确连通网络的前提和必要条件。下面从不同角度介绍网卡类型。

① 按网卡支持的网络类型分：不同的网卡，支持不同协议（类型）的网络。现在流行的是以太网，所以以太网卡是主流产品，其他还有令牌环网，FDDI、ATM 网等。

② 按网卡支持的传输速率分：以以太网为例，可选择的速率就有 10 Mbps，100 Mbps，1 000 Mbps，甚至 10 Gbps 等多种，但不是速率越高就越好。例如，为连接在只具备 100 Mbps 传输速度的双绞线的计算机上配置 1 000 Mbps 的网卡就是一种浪费，因为其至多也只能实现 100 Mbps 的传输速率。

③ 按网卡支持的总线类型：计算机中常见的总线插槽类型有 ISA、EISA、VESA、PCI 和 PCMCIA 等。在服务器上通常使用 PCI 或 EISA 总线的智能型网卡，工作站则采用可用 PCI 或 ISA 总线的普通网卡，在笔记本电脑则用 PCMCIA 总线的网卡或采用并行接口的便携式网卡。

④ 按网卡支持的电缆接口：网卡最终是要与网络进行连接，所以也就必须有一个接口使网线通过它与其他计算机网络设备连接起来。不同的网络接口适用于不同的网络类型，目前常见的接口主要有以太网的 RJ-45 接口、细同轴电缆的 BNC 接口和粗同轴电 AUI 接口、FDDI 接口、ATM 接口等。而且有的网卡为了适用于更广泛的应用环境，提供了两种或多种类型的接口，如有的网卡会同时提供 RJ-45、BNC 接口或 AUI 接口。

4. 网卡地址

每块网卡都有一个世界上独一无二的地址，这个地址叫物理地址，又叫 MAC 地址，这个地址在网卡的生产过程中被写入到网卡的只读存储器中。以太网卡的物理地址是由 48 位二进制数组成的。但是，由于二进制数不便于书写和记忆，所以实际表示时用十二位十六进制数来表示。十六进制到二进制的转换很简单，即将每四位二进制数写成一位十六进制数就行了。

例如：网卡地址：0000 0000 0110 0000 0000 1000 0000 0000 1010 0110 0011 1000

用十六进制数表示：00-60-00-08-00-A6-38

这 48 位二进制数中，前 24 位为企业标识，后 24 位是企业给网卡的编号。

为了统一管理以太网的物理地址，保证每个网卡物理地址在全世界唯一，不与其他地址重复，IEEE 注册管理委员会（RAC）为每一个网卡生产商分配一个 24 位的企业标识，这就意味着生产厂商获得一个企业标识后，它可以生产 2^{24}（16777216）块网卡。

要查看网卡地址可以使用 IPCONFIG /ALL 命令，具体步骤如下。

①　单击"开始"菜单，选择"运行"选项；

②　在"运行"对话框中输入 CMD 命令，然后单击"确定"按钮，调出命令提示符窗口；

③　在命令提示符窗口中输入命令 IPCONFIG/ALL 命令即可查看网卡上的物理地址，如图 2-12 所示。

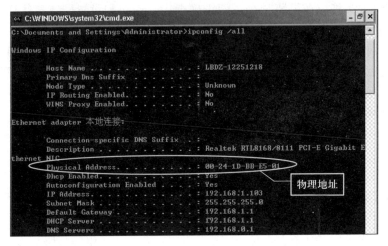

图 2-12　查看网卡地址

2.3　实现局域网互联的网络设备

2.3.1　网桥

1. 网桥及其作用

网桥是一个将网络互连起来的设备，它可以在数据链路层上连接两个局域网，使之相互通信。网桥设备如图 2-13 所示。从网络体系结构角度看，网桥是数据链路层的设备，它可以识别帧和物理地址，相对于物理层上的互联（用中继器或集线器连接两个局域网）而言，网桥有地址过滤功能，它能够识别哪些地址属于一个网络，如果源地址和目的地址属于同一个网络，网桥就丢弃数据帧，不会向其他网络转发，如果源地址与目的地址不属于同一个网络，网桥就会转发数据帧。

图 2-13　网桥

2. 网桥的工作原理

网桥的工作原理可以概括为先建立桥接表，根据桥接表转发数据帧。网桥的工作原理可以用图 2-14 加以说明。图中，局域网 1 和局域网 2 用网桥相连，用 101、102、201、202 分别代表四个主机的地址，1 和 2 是网桥的端口。

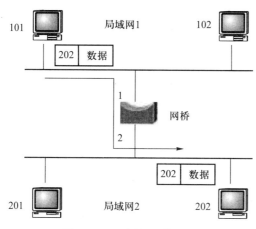

图 2-14　网桥的工作原理

（1）建立桥接表

某站点发送数据帧时，网桥收到这个数据帧后，就读取帧中的源地址和目的地址，并将源地址和接收该帧的端口记录在桥接表中，如此，经过一段时间后，桥接表中就会逐渐填满记录，形成一张完整的信息表，这个表的内容是动态的，如果某个站点长期不发送数据，它的记录将被清除。网桥的这种自己建立桥接表的功能，叫自学习功能。网桥的桥接表如表 2-3 所示。这个桥接表就是网桥过滤数据、转发数据的依据。

表 2-3　网桥的桥接表

端　　口	MAC 地址
1	101
1	102
2	201
2	202

（2）转发数据

网桥依据桥接表转发数据，当网桥收到一个数据帧时，就读取帧中的源地址和目的地址，然后去查桥接表，根据桥接表中记录的信息，网桥可能采用以下几种策略。

① 如果源地址和目的地址对应的端口是同一端口，网桥认为这是一个网络内部的通信，网桥会丢弃数据帧。

② 如果源地址和目的地址对应的端口号不同，网桥就唯一地向目的地址对应的端口转发数据帧。

③ 如果读取的目的地址在桥接表中没有相对应的记录，网桥为了能够将数据送达接收站，将向除接收端口外的所有端口广播数据帧。

2.3.2 二层交换机

1. 局域网交换机及其作用

局域网交换机如图 2-15 所示。在以往采用集线器的以太网中，多个站点共享同一条总线，一个站点传送数据时，其他所有站点都必须等待，因而站点的实际传输速率大为下降，如图 2-16（a）所示。在这种情况下，人们提出了交换式网络的概念。交换式网络的核心是局域网交换机，交换机内部有多条背板总线，一个百兆交换机，它的每一个端口带宽都是百兆，假如有一个 8 端口 100 Mbps 的以太网交换机，如果每个端口都同时工作，那么它的总带宽就是 8×100 Mbps = 800 Mbps。交换机支持并行通信，在图 2-16（b）中，当计算机 A 与 C 通信时，交换机利用一条总线连接端口 1 和 3，若与此同时计算机 B 与 D 通信交换机则利用另一条总线连接端口 2 和 4。两对通信同时进行，互不干扰，因而大幅度提高了网络性能。

图 2-15 局域网交换机

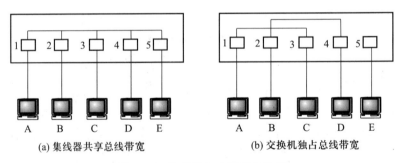

(a) 集线器共享总线带宽　　　　(b) 交换机独占总线带宽

图 2-16 集线器与交换机的比较

除了可以取代集线器组建局域网外，二层交换机还可以像网桥一样连接两个局域网，可以实现在不同的局域网间转发数据帧，隔离冲突，消除回路等网桥功能。高级交换机还提供了更先进的功能，如虚拟局域网（VLAN）以及更高的性能和更丰富的管理功能。图 2-17 给出了交换式局域网的结构。

2. 二层交换机的工作原理

从网络体系结构角度看，二层交换机具有物理层和数据链路层，因此，二层

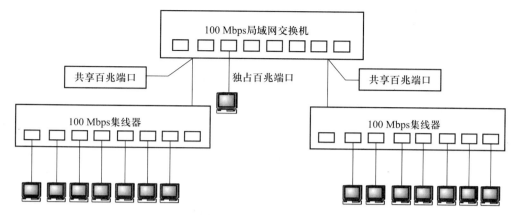

图 2-17　交换式局域网

交换机和网桥一样可以识别物理地址，其工作原理与网桥类似，也是根据所接收的帧的源 MAC 地址构造转发表，根据所接收帧的目的地址进行过滤和转发操作，但是其转发延迟比网桥小，其端口数量比网桥要多，可以将二层交换机看成是一个多端口的网桥。

当交换机接收到一个数据帧时，首先取出数据帧中的目标 MAC 地址，根据内存中所保存的 MAC 地址表来判断该数据帧应该发送到哪个端口，然后就把数据帧直接发送到目标端口。如果没有在 MAC 地址表中找到目标端口，则发送一个广播帧至所有端口，只要目标端口所连接的计算机响应，则交换机就"记住"这个端口和 MAC 地址的对应关系，因此，交换机具有学习功能。当下一次接收到一个拥有相同的目标 MAC 地址的数据帧时，这个数据帧会立即被转发到相应的端口上，而不用再发广播包。这样就使得数据传输效率大大提高，且不易出现广播风暴，也不会有被其他节点侦听的安全问题。而集线器不具有这个地址表，所以 HUB 接收到一个数据后，便将该数据发送到所有端口上，所以容易引起广播风暴，且易被其他节点侦听。

MAC 地址表在交换机刚刚启动时，是空白的。当它所连接的计算机通过它的端口进行通信时，交换机即可根据所接收或发送的数据来得知 MAC 地址和端口的对应关系，从而更新 MAC 地址表的内容。交换机使用的时间越长，学到的 MAC 地址就越多，未知的 MAC 地址就越少，从而广播就越少，速度就越快。

可以把集线器和交换机都比作一个邮递员，那么集线器这个邮递员是个不认识字的"傻瓜"，要他去送信，他不认识信件上的地址和收信人的名字，只会拿着信分发给所有的人，然后让接收的人根据地址信息来判断是不是自己的。而交换机则是一个"聪明"的邮递员，交换机在收到某个网卡发过来的"信件"时，会根据上面的地址信息，以及自己掌握的"常住居民地址簿"快速将信件送到收信人的手中。万一收信人的地址不在"地址簿"上，交换机才会像集线器一样将信分发给所有的人，然后从中找到收信人。而找到收信人之后，交换机会立刻将这个人的信息登记到"地址簿"上，这样以后再为该客户服务时，就可以迅速将信件送达了。

3. 局域网交换机的分类

（1）根据传输速度划分

可以分为以太网交换机（10 Mbps）、快速以太网交换机（100 Mbps）、千兆以太网交换机（1 000 Mbps）、10/100 Mbps 自适应交换机、100/1 000 Mbps 自适应交换机。

（2）根据交换机规模和容量划分

企业级交换机、部门级交换机和工作组交换机。各厂商划分的尺度并不完全一致。一般，从应用的规模来看，支持 500 个信息点以上大型企业应用的交换机为企业级交换机，支持 300 个信息点以下的交换机为部门级交换机，而支持 100 个信息点以内的交换机为工作组级交换机。

（3）根据交换机端口结构划分

分为固定端口交换机、模块化交换机。不带扩展槽的固定端口交换机仅支持一种类型的网络（一般是以太网），可应用于小型企业或办公室环境下的局域网，价格最便宜，应用也最广泛。带扩展槽的固定配置式交换机是一种有固定端口并带少量扩展槽的交换机，这种交换机在支持固定端口类型网络的基础上，还可以通过扩展其他网络类型模块来支持其他类型的网络。

2.4 实现网络互联的网络设备

2.4.1 路由器

动画演示 2-4：
路由器工作原理

1. 路由器及其作用

路由器工作在 OSI 模型中的网络层。路由器的一个作用是连接多个网络，包括局域网和广域网，在网络之间传输报文分组；另一个作用是在网络互连环境中为报文分组选择最佳路径。路由器是互联网的主要节点设备，是不同网络之间相互连接的枢纽，如图 2-18 所示。

路由器的作用与网桥类似，但是，网桥工作在数据链路层，在链路层上是根据物理端口划分网段，根据物理地址转发数据帧；在网络层，整个网络逻辑上被划分成一个个的子网络，每个子网络都被赋予一个网络号，网络中的主机都被赋予一个带有网络号的逻辑地址，例如，在 TCP/IP 协议中的 IP 地址。路由器根据网络号来转发数据包。以 IP 路由器为例，当路由器从一个网络收到一个数据包后，就检查数据包中 IP 地址中的目的网络号，然后从路由表中找到到达目的网络的路径，然后把数据包转发给下一个路由器或目的网络。数据包到达目的网络后，再根据主机地址和物理地址将数据包交给目的主机，不过这已经不是路由器的工作范围了。

人们可以把网桥和路由器都比喻作邮局，网桥投递信件是以收信者姓名（物理地址）为依据，每到一个邮局（网桥），就查询桥接表，要将信件交给这个收信

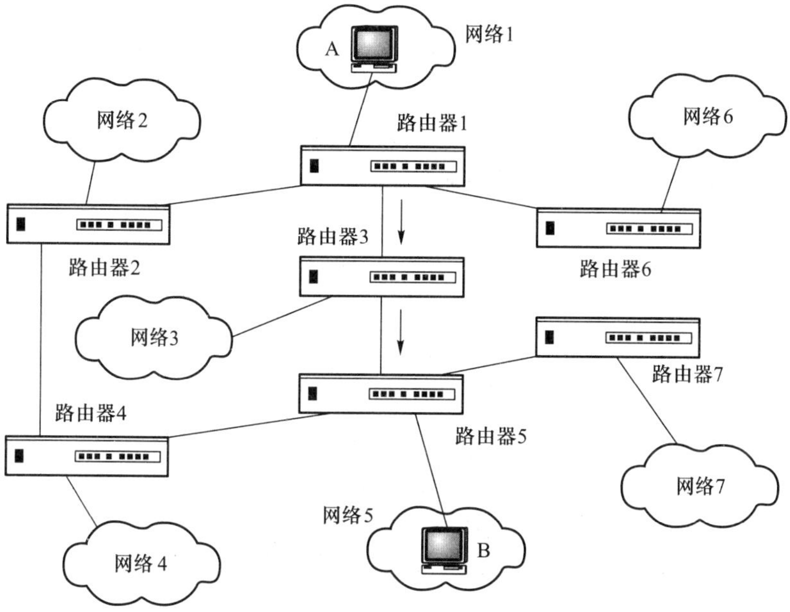

图 2-18   路由器的作用

者，下一站交给哪个网桥。而路由器不关心收信者的姓名，它只关心收信者所住的区域，它从收信者地址信息中提取区域信息（网络号），然后查询路由表，下一站交给哪一个路由器（邮局）。到达目的区域后再根据人名（物理地址）将信件交给接收者。

2. 路由表的基本概念

路由器转发数据要依赖路由表，路由表是通过某种路由协议软件在对网络流量进行分析计算的基础上得到的，每个路由器都在路由表中保存着从本路由器到达目的网络的路由信息，以及从本路由器到达目的网络的距离信息。如果目的网络与本路由器直接相连，路由器就把数据包丢给目的网络，如果目的网络不与本路由器直接相连，就把数据包交给下一个路由器，由下一个路由器继续做路由选择。

拓展阅读 2-1：
路由表的概念

路由表又分为静态路由表和动态路由表，静态路由表是系统管理员根据网络互连情况设置好的，它不会随网络结构的改变而改变，也不会根据网络通信状况的改变而改变，所以静态路由只适用于网络结构基本不变，网络互连规模比较小的情况，如校园网或企业网内部的路由器。

动态路由表是路由器根据网络系统的运行情况而自动调整的路由表。路由器通过路由选择协议，自动收集和记忆网络运行情况，综合考虑跳数（经过的路由器个数）、带宽、时延、负载、可靠性、开销等因素，自动计算出数据传输的最佳路径。在大型网络互连环境中，都使用动态路由。

3. 路由器的路由选择过程

路由器在路由选择之前先要计算分组校验和（检错），如果发现分组错误，路由器就丢弃这个分组，如果没有错误，路由器将按照以下顺序选择路由。

　　① 如果目的网络与本路由器直接相连，就将数据直接交给目的网络。

　　② 如果目的网络没有与本路由器直接相连，就根据路由表将分组转发给下一个路由器。

　　③ 如果路由器没有目的网络的记录，就交给路由器设置的默认网关。

　　④ 如果路由器中没有设置默认网关就将分组丢弃。

　　由上述路由选择过程可见，无论什么情况，路由器都不会广播。所以，用路由器连接网络不仅可以隔离冲突，而且也可以隔离广播。

　　4. 路由器的分类

　　根据功能划分，可将路由器分为核心层（骨干级）路由器，企业级路由器和访问层（接入级）路由器。路由器设备如图 2-19 所示。

图 2-19　路由器

2.4.2　三层交换机

　　1. 三层交换的基本概念

　　在网桥基础上，结合硬件交换技术，出现了二层交换机。它实现了网桥的功能，同时提高了网桥的性能。人们自然会考虑将硬件交换技术与路由器技术相结合，研究三层交换机。三层交换机本质上是用硬件实现的一种高速路由器，它根据网络层地址实现了三层分组的转发。三层交换机既能快速转发报文分组，又有路由器一些的控制功能，因此得以广泛应用。

　　然而，三层交换机设计的目标主要是快速转发分组，它提供的功能比路由器少，适于那些不需要路由器额外功能的网络应用。

　　2. 三层交换机的应用

　　三层交换机对那些更需要高分组转发速度，而不是对网络管理和安全有很高要求的应用场合，如内部网络主干部分，使用三层交换机是最佳选择。然而，当应用于 Internet 接入，需要能对性能和安全性进行更好地控制时，路由器仍然是最好的选择。

拓展阅读 2-2：
路由器和交换机
在网络中的使用

2.5　无线网络设备

　　无线网络与有线网络在硬件构成上并无太大差别，同样需要网络连接设备、传输介质和网卡，在无线网络中网络连接设备是无线接入点（AP）和无线路由器，传输介质是无线电波或红外线，网卡是无线网卡。

2.5.1 无线网卡

对于一台在无线网络上通信的计算机来说，必须配备一个无线网卡，另外还需要一个可以连接的无线网络，如果计算机所处位置被无线路由器或者无线 AP 覆盖，就可以通过无线网卡以无线的方式连入无线网络。

在选择网卡时除了选择一个与计算机相匹配的网卡类型，还要注意网卡支持的无线标准要与无线网络连接设备支持的标准保持一致。目前无线局域网主要使用 IEEE 802.11b 和 IEEE 802.11g 这两个标准。

2.5.2 无线网络连接设备

1. 无线接入点

无线接入点（AP）又叫无线访问点，是将其覆盖范围内所有的无线网卡连接起来的设备，相当于有线网络中的集线器或交换机，如图 2-20 所示。

无线接入点包括一个无线电收发机，用于使用射频信号与无线网卡通信；一个有线以太网接口，用于连接有线网络；以及桥接电路或者桥接软件。无线接入点汇集其作用范围以内的无线网卡的信号，并且把它们连接到有线网络。无线接入点提供无线工作站与有线局域网之间的相互访问，以及接入点覆盖范围内的无线工作站之间的相互通信，是无线网和有线网之间沟通的桥梁。但是，无线 AP 只能把无线客户连接起来，不能通过它共享上网。

IEEE802.11b 和 IEEE 802.11g 的覆盖范围是室内 100 m、室外 300 m。这个数值仅是理论值，在实际应用中，会碰到各种障碍物，其中以玻璃、木板、石膏墙对无线信号的影响最小，而混凝土墙壁和铁对无线信号的屏蔽最大。所以通常实际使用范围是：室内 30 m、室外 100 m（没有障碍物）。

2. 无线路由器

无线路由器是带有无线覆盖功能的路由器，是单纯型 AP 与宽带路由器的一种结合体；既有路由器的功能，又有无线 AP 的功能，如图 2-21 所示。

图 2-20 无线 AP

图 2-21 无线路由器

无线路由器不仅可以把无线节点连接起来，还可以把通过它进行无线和有线连接的终端都分配到一个子网，这样子网内的各种设备交换数据就非常方便。

　　无线路由器主要应用于用户共享上网，此外还具有其他一些网络管理的功能，如 DHCP 服务、网络地址转换、防火墙、MAC 地址过滤等功能。

习题答案：
第 2 章

习题

一、选择题

1. 在常用的传输介质中，_____的带宽最宽，信号传输衰减最小，抗干扰能力最强。

  A. 双绞线   B. 同轴电缆   C. 光纤   D. 微波

2. 下面关于卫星通信的说法，_____是错误的。

  A. 卫星通信通信距离大，覆盖的范围广

  B. 使用卫星通信易于实现广播通信和多址通信

  C. 卫星通信的好处在于不受气候的影响，误码率很低

  D. 通信费用高，延时较大是卫星通信的不足之处

3. 利用电话线接入 Internet，客户端必须有_____。

  A. 路由器   B. 调制解调器   C. 集线器   D. 网卡

4. 如果一个网络采用一个具有 24 个 10 Mbps 端口的集线器作为连接设备，每个连接节点平均获得的带宽为_____。

  A. 0.417 Mbps B. 0.0417 Mbps C. 4.17 Mbps D. 10 Mbps

5. 下列_____不是网卡的作用。

  A. 连接计算机与网络   B. 发送接收数据

  C. 路由选择   D. 编码解码

6. 以下_____可能是网卡物理地址。

  A. 00-60-08-0A   B. 0060080A

  C. 00-60-08-00-0A-38   D. 202.113.16.220

7. 下列_____是网桥的作用。

  A. 隔离广播，隔离冲突   B. 隔离冲突，不能隔离广播

  C. 不能隔离冲突，可以隔离广播 D. 不能隔离冲突，不能隔离广播

8. 下面关于二层交换机的叙述错误的是_____。

  A. 每个端口独享总线带宽   B. 可以建立多个并发连接

  C. 互连两个局域网后冲突将加剧 D. 工作在数据链路层

9. 不同网络设备传输数据的延迟时间是不同的，下面设备中传输延迟时间最大的是_____。

  A. 局域网交换机 B. 网桥   C. 路由器   D. 集线器

10. 路由器转发数据是依据_____。

  A. 物理地址 B. 计算机名   C. IP 地址   D. 网络号

二、填空题

1. 在计算机网络中，有线传输介质包括_____、_____和_____。

2. 双绞线分_____类，现在在 10 Mbps 以及 100 Mbps 局域网中使用的双绞线是_____类双绞线。

3. 光纤分为_____光纤和_____光纤两种类型。_____光纤传输距离远，达数十千米、成本高。_____光纤传输距离近，约 2 km，损耗大，成本低。

4. 无线传输方式有_____、_____、_____和红外线。

5. 路由表分为_____路由表和_____路由表，_____路由表不会随网络结构的改变而改变，也不会根据网络通信状况的改变而改变，_____路由表是路由器根据网络系统的运行情况而自动调整的路由表。

三、简答题

1. 简述 EIA/TIA568A 和 EIA/TIA568B 接线标准。

2. 什么是直连线？什么是交叉线？简述它们的应用场合。

3. 简述光纤的主要特点。

4. 简述卫星通信和红外通信的特点。

5. 什么是三层交换？说明路由器和三层交换机有何异同。

6. 说明集线器、交换机、网桥、路由器在网络中的应用。

7. 简述无线 AP 和无线路由器的相同点和不同点。

第 3 章　计算机局域网

　　20 世纪 70 年代后，出现了微型机，由于价格低廉，成为一般用户能够买得起的计算机，许多机构都购买了大量的微型机，由于共享资源的需要，人们希望将这些计算机互连起来，于是出现了局域网。现在，局域网的使用已经相当普及，局域网已经成为 Internet 上的主要成员；是计算机网络应用中一个空前活跃的重要领域；是计算机网络技术的重要分支。本章介绍局域网体系结构、局域网标准；以太网的原理和介质访问控制方法；高速局域网技术；交换式以太网技术；虚拟局域网技术；无线局域网技术；以及有线和无线组网技术。

电子教案：
第 3 章

3.1 局域网及其标准

3.1.1 局域网的概述

1. 局域网的概念

局域网是在一个局部的地理范围内，将各种计算机及其外围设备互相连接起来组成的计算机通信网，简称 LAN（local area network）。在局域网中可以实现文件共享、应用软件共享、打印机共享、通信服务共享等功能。局域网是由一个单位或部门组建，仅供单位内部使用，具有覆盖地理范围有限、传输速率高、误码率低等特点。

局域网技术有多种，其中以太网是最常用的局域网组网方式。以太网可以使用的同轴电缆、双绞线、光纤等传输介质，其数据传输速率有 10 Mbps、100 Mbps、1 000 Mbps 和 10 000 Mbps 等几个序列。

其他主要的局域网类型有令牌环（token ring）和令牌总线网（token BUS）以及 FDDI（光纤分布数字接口）。令牌环网和令牌总线网现在已经很少使用。FDDI 采用光纤传输，网络带宽大，适于用作连接多个局域网的骨干网。

近年来，随着笔记本电脑和掌上电脑等移动用户的增多和 IEEE 802.11 标准的制定，无线局域网的应用成为热点。

2. 介质访问控制方法

早期的局域网都是共享传输介质的，在共享介质的网络上，信道上任意一个时刻只能有一个站点发送数据，其他站点都只能处于接收的状态，在多个站点都想发送数据的情况下，就需要解决信道的归谁占用的问题，人们把这样一种控制对信道访问的一组规则，叫介质访问控制方法。

局域网中的介质访问控制方法主要有两种类型，一种是以 CSMA/CD（带冲突检测的载波侦听、多路访问）为代表的争用型的方法，还有一种是以令牌控制为代表的轮询型的方法。

3.1.2 局域网层次模型

拓展阅读 3-1：
IEEE 简介

早期的局域网技术都是各不同厂家所专有，互不兼容。为了推动局域网技术的标准化，1980 年 2 月，国际电子电气工程师协会（IEEE）成立了一个专门的委员会，专门从事局域网标准的研究，并制定了 IEEE 802 系列标准，后来这个标准被接纳为国际标准。这使得在建设局域网时可以选用不同厂家的设备，并能保证其兼容性。这一系列标准覆盖了双绞线、同轴电缆、光纤和无线等多种传输媒介和组网方式。随着新技术的不断出现，这一系列标准仍在不断的更新变化之中。

IEEE 将局域网的体系结构分为 3 层，相当于 OSI 参考模型的低 2 层，如图 3-1 所示。这是因为在制定局域网标准时，只考虑局域网如何在一个小的范围通信的问题，因此，局域网标准只有 OSI 参考模型的低两层就行了，高层协议的实现由网络操作系统来完成。

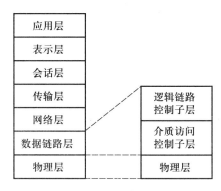

图 3-1 局域网体系结构

由于局域网可以采用多种传输介质，和可以使用多种介质访问控制方法，为了使局域网的体系结构适应不同的传输介质和不同的介质访问控制方法，IEEE 将数据链路层分为两个层次，一个是与介质访问控制方法和传输介质无关的逻辑链路控制（LLC）子层，一个是与介质访问控制方法和传输介质相关的介质访问控制（MAC）子层。所以，不同类型局域网在逻辑链路控制子层上的协议是相同的，它们的区别主要在介质访问控制子层上。

从目前局域网的实际应用情况来看，以太网（Ethernet）已经占据统治地位，几乎所有局域网（如企业网、办公网、校园网等）都采用 Ethernet 协议，因此局域网中是否使用 LLC 子层已变得不重要，很多硬件和软件厂商已经不使用 LLC 协议，而是直接将数据封装在 Ethernet 的 MAC 帧结构中，整个协议处理的过程也变得更加简洁，因此人们已经很少去讨论 LLC 协议。

3.1.3 IEEE 802 标准

IEEE 802 委员会从 1980 年开始着手制定局域网标准，到 1985 年公布了 IEEE 802 标准的五个相关标准文本，同年被 ANSI 采纳为美国国家标准，ISO 也将其作为局域网的国际标准，对应标准为 ISO 8802。以后，IEEE 802 委员会对 IEEE 802 标准又陆续进行了多次扩充，至今已经成为一个标准系列。

IEEE 802 系列中的主要标准包括以下内容。

① IEEE 802　概述和系统结构；

② IEEE 802.1　定义了寻址，网络管理和网际互联；

③ IEEE 802.2　定义了逻辑链路控制子层的功能与服务；

④ IEEE 802.3　定义了 CSMA/CD 总线访问控制及物理层规范（以太网）；

⑤ IEEE 802.4　定义了令牌总线访问控制及物理层规范（token bus）；

⑥ IEEE 802.5　定义了令牌环网访问控制及物理层规范（token ring）；

⑦ IEEE 802.6   定义了分布式队列双总线访问控制及物理层规范（DQDB）；

⑧ IEEE 802.7   定义了宽带 LAN 技术；

⑨ IEEE 802.8   定义了光纤技术（FDDI 在 802.3、802.4、802.5 中的使用）；

⑩ IEEE 802.9   定义了综合业务服务（IS）LAN 接口；

⑪ IEEE 802.10   定义了互操作 LAN/MAN 安全（SILS）；

⑫ IEEE 802.11   定义了无线局域网访问控制及物理层规范（wireless LAN）；

⑬ IEEE 802.12   定义了 DPAM 按需优先访问控制、物理层和中继器规范；

⑭ IEEE 802.14   定义了基于 Cable-TV（有线电视）的宽带通信网；

⑮ IEEE 802.15   定义了近距离个人无线网络访问控制子层与物理层的标准；

⑯ IEEE 802.16   定义了宽带无线局域网访问控制子层与物理层的标准。

这些标准中，IEEE 802.1 用于说明网络互联，以及网络管理与性能测试；IEEE 802.2 是逻辑链路控制 LLC 子层的标准，其余都是 MAC 子层的标准。在 MAC 子层标准中，目前应用最多的是 IEEE 802.3 和 IEEE 802.11。

3.2   共享介质以太网工作原理

拓展阅读 3-2：
以太网简介

拓展阅读 3-3：
以太网的发展
历程

Ethernet 是 Xerox、Digital Equipment 和 Intel 三家公司于 20 世纪 80 年代初开发的局域网组网规范，初版为 DIX1.0，1982 年修改后的版本为 DIX2.0。此规范后来提交给 IEEE 802 委员会，形成了 IEEE 的正式标准 IEEE 802.3。

以太网是一种计算机局域网组网技术。IEEE 制定的 IEEE 802.3 标准给出了以太网的技术标准。它规定了包括物理层的连线、电信号和介质访问控制子层协议的内容。以太网是当前应用最普遍的局域网技术。

3.2.1   传统以太网的组成

传统以太网是指 10 兆以太网，传统以太网都是共享介质的。最初的以太网采用同轴电缆作为传输介质，网络拓扑结构为总线型，如图 3-2（a）所示。

同轴电缆以太网有两个标准，10Base-5 和 10Base-2，10Base-5 是用粗同轴电缆为传输介质，10Base-2 用细同轴电缆为传输介质，连接以太网时还需要在每个计算机上插入一块以太网卡，网卡用于连接计算机和总线，在网卡上实现 LLC 子层和 MAC 子层的功能，并对传输的信号进行变换。另外在总线的两端需要加装端接器，如果没有端接器，信号广播到两端时会形成折射，从而对正常传输的信号带来干扰，端接器的作用是吸收信号，使信号迅速衰减掉。

1990 年推出了以双绞线为传输介质的 10Base-T 标准，其拓扑结构为星形结构，需要借助集线器将多个站点连接在一起，如图 3-2（b）所示。集线器的作用是连接各个计算机，其内部结构相当于总线型结构，也是一点发送数据，向多点广播。由于双绞线造价低、安装维护容易，使得双绞线组网迅速流行。1993 年又推出了以光纤为传输介质的 10Base-F 标准。

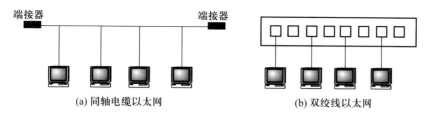

(a) 同轴电缆以太网　　　　　　　(b) 双绞线以太网

图 3-2　以太网的组成

3.2.2　共享介质以太网的介质访问控制方法

以太网的介质访问控制方法的发展经历了 4 个阶段，第一阶段叫 ALOHA，这种方法很简单，网络中的站点可以随时发送数据，发送数据后就等待确认，当多个站点一起发送数据时，信号将叠加在一起，导致任何信号都无法识别，网络中将这种现象叫冲突或碰撞，冲突将导致发送数据失败，产生冲突后，各站点随机退避一段时间，然后再次尝试发送数据，直到发送成功。

第二阶段叫时隙 ALOHA，与 ALOHA 相比，将时间分成时间片（时隙），一个时隙是发送一个数据帧所需时间，规定发送数据只能在时间片的开始发送，这样可以减轻无序竞争，缓解冲突。

第三阶段增加了载波侦听功能，叫载波侦听多路访问（CSMA），这里的载波侦听是指在发送数据前，先监听总线，如果总线忙（总线上有信号在传输）就继续监听，如果总线空闲（无信号在传输）就立即发送；这里的多路访问是指网络上的每个站点都有平等的发送数据的机会。

因为总线总有一定的长度，信号从一个站点传输到另一个站点总需要时间，因此 CSMA 中侦听的空闲可能是不可靠的，有可能出现这种情况（参见图 3-3）：站点 1 在 t0 时刻发送了数据，当信号在总线上传输还没有到达站点 2 时，在 t1 时刻站点 2 监听到总线是空闲的，于是站点 2 也发送了数据，于是两个站点发送的信号在 t2 时刻发送了碰撞，发生冲突后，由于没有冲突停止机制，所以站点 1 和站点 2 继续发送自己的数据，导致冲突时间进一步延长。

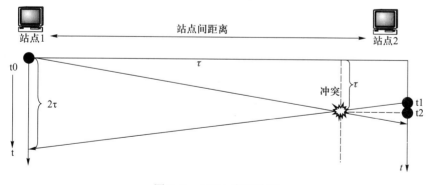

图 3-3　CSMA 中的冲突

第四阶段在 CSMA 基础上增加了冲突检测和冲突后就立即停止发送的机制，叫带冲突检测的载波侦听、多路访问（CSMA/CD）。CSMA/CD 介质访问控制方法可以叙述如下。

　　某站点要发送数据先监听总线，如果总线忙，就等待，如果总线空闲就立即发送，一边发送一边将刚发送的信号接收回来，与刚发送的信号做比较，如果一致说明没有冲突，继续发送，如果不一致，立即停止发送，并发出一串阻塞信号，瞬间加强冲突，使全网都知道网上出现了冲突，经过随机等待后，再重新尝试，直到某站点发送数据成功。

　　以太网的这种介质访问控制方法好比是大家坐在一起开会，到会的每个人都想发言，所以每个人都监听会场，当会场上有人发言时，就等待，当上一个人发言结束时就立即站起来发言，一边发言一边监听会场，若会场上只有自己一个声音，说明没有冲突，继续发言，如果会场上有两个以上的声音就立即停止发言，经过退避等待后再重新尝试，直到发言成功。

　　这种控制方法，由于引入了冲突检测和发现冲突后立即停止发送的机制，因此减少了冲突的时间，提高了网络工作的效率。

　　共享介质的以太网当网络负载增加时，网络性能将下降，当网络负载增加到一定程度时，将严重下降，所以它只适合于轻负载的场合。

3.2.3　以太网发送与接收数据流程

1. 发送数据流程

以太网发送数据流程如图 3-4 所示。

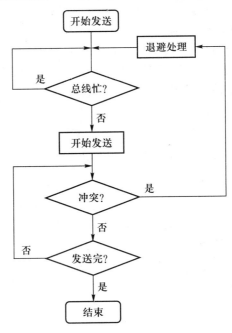

图 3-4　以太网发送数据流程

　　① 准备发送

　　② 监听总线，若总线忙则继续监听，若空闲则开始发送数据。

　　③ 一边发送一边进行冲突检测，若有冲突则停止发送进入退避等待，否则继

续发送。

④ 检查是否遇到帧的结束标记，若没有收到结束标记就继续发送，否则发送结束。

2. 接收数据流程

以太网接收数据流程如图 3-5 所示。接收过程如下。

① 在收到发送端发送的同步信号以后，启动接收器。

② 检查收到的数据帧是否小于 64 个字节？如果小于 64 个字节说明是碰撞后的帧，将其丢弃。

③ 检查数据帧中的目的地址是否是本站地址，若是本站地址则接收下来，否则丢弃。

④ 对收到的数据帧进行差错检验，如果有错则丢弃。

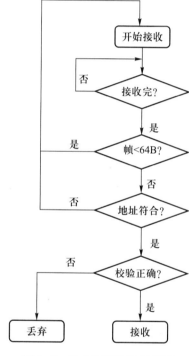

图 3-5 以太网接收数据流程

3.3 交换式以太网

3.3.1 交换式以太网

所谓交换式以太网是以以太网交换机为核心设备而建立起来的一种高速网络，近年来应用非常广泛，已经逐步取代集线器，成为主要的组网设备。

20 世纪 80 年代中后期，由于通信量的急剧增加，促使局域网技术的发展，使局域网的性能越来越高，以太网从十兆提高到百兆乃至万兆，但是由于多站点共享同一个传输介质，当网络站点增加时，网络性能就会急剧下降，因此呼唤新的网络技术的出现，20 世纪 90 年代初，交换式以太网应运而生。

交换式以太网就是在传统以太网的基础上，用以太网交换机取代共享式的集线器，从而大大提高了局域网的性能。交换式以太网不再共享介质，因此，不会产生冲突；交换机可以为每两个端口的通信单独建立连接，因而每个端口可以独享总线带宽。

以太网交换机有三种交换方式。

（1）直通式

直通方式的以太网交换机在输入端口检测到一个数据帧时，检查该帧的目的地址，在地址表中查找该地址对应的端口，然后把数据帧直接送到相应的端口，实现交换功能。它的优点是由于不需要存储，延迟非常小、交换非常快。它的缺点是不能提供检查错误能力。由于没有缓存，不能将具有不同速率的输入/输出端口直接接通，而且容易丢包。

（2）存储转发

它把接收到的数据帧先存储起来，然后进行 CRC 检查，在对错误帧处理后才取出数据帧的目的地址，通过 MAC 地址表找到对应的端口发送出去。正因如此，存储转发方式在数据处理时延时大，这是它的不足，但是它可以对进入交换机的数据帧进行错误检测，有效地改善网络性能。尤其重要的是它可以支持不同速度的端口间的转换，保持高速端口与低速端口间的协同工作。

（3）碎片隔离

这是介于前两者之间的一种解决方案。它检查数据帧的长度是否够 64 个字节，如果小于 64 字节，说明是产生碰撞后的帧（以太网帧长度不得小于 64 个字节），则丢弃该帧；如果大于 64 字节，则发送该帧。这种方式也不提供数据校验。它的数据处理速度比存储转发方式快，但比直通式慢。

3.3.2 交换式以太网的特点

1. 与共享以太网兼容

交换式以太网不需要改变网络其他硬件，包括电缆和用户的网卡，仅需要用交换机替换共享式集线器，节省用户网络升级的费用。

2. 支持不同传输速率和工作模式

可以将以太网的端口设置成支持不同的传输速率，如有分别支持 10 Mbps、100 Mbps、1 000 Mbps 的端口，交换机可在高速与低速网络间转换，实现不同网络的协同。许多交换机还提供 10/100 Mbps 自适应端口，端口能够自动检测网卡的速率和工作模式，并自动适应。

3. 支持多通道同时传输

交换机可以同时提供多个通道，传统的共享式 10/100 Mbps 以太网采用广播式通信方式，每次只能在一对用户间进行通信，如果发生碰撞还得重试，而交换式以太网允许在不同用户间同时进行传送，比如，一个 16 端口的以太网交换机允许 16 个站点在 8 条链路间通信。

4. 低交换延迟

从传输延迟时间上看，局域网交换机更显优势。如果交换机的延迟是几十微秒，那么网桥为几百微秒，路由器为几千微秒。

5. 支持虚拟网服务

交换式局域网是虚拟局域网的基础，目前，许多交换机都支持虚拟网服务。

3.4 虚拟局域网的原理与应用

3.4.1 虚拟局域网的概念

1. 虚拟局域网的概念

虚拟网络是建立在交换技术基础上的。虚拟网是将物理上属于一个局域网或多个局域网的多个站点按工作性质与需要，用软件方式将站点划分成一个个的"逻辑工作组"，一个逻辑工作组就是一个虚拟网络。一个虚拟网成员之间可以直接通信，不同虚拟网成员之间不能直接通信，需要借助路由器才能相互通信。

逻辑工作组的节点组成不受物理位置的限制，同一逻辑工作组的成员可以连接在同一个局域网交换机上，也可以连接在不同的局域网交换机上，只要这些交换机是互联的就可以。当一个节点从一个逻辑工作组转移到另一个逻辑工作组时，只需要简单地通过软件设定，而不需要改变它在网络中的物理位置。

划分虚拟网后，属于同一个 VLAN 的用户工作站可以不受地理位置的限制而像处于同一个局域网中那样相互访问，但是 VLAN 间却不能随意进行访问。图 3-6 给出了在一个交换机和两个交换机上划分虚拟网的情况。

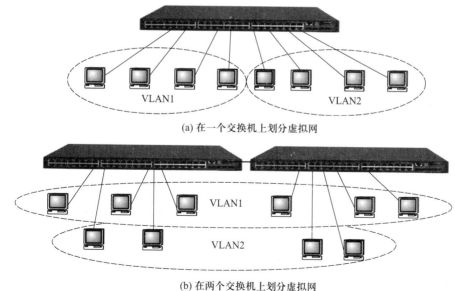

(a) 在一个交换机上划分虚拟网

(b) 在两个交换机上划分虚拟网

图 3-6 在交换机上划分虚拟网

2. 虚拟局域网的意义

在实际的计算机网络中，由于企业或学校的建筑物是历史形成的，各职能部门的计算机在建筑物中的分布可能是集中的也可能是分散的，出于业务和安全等方面的需要，通常人们希望一个职能部门的计算机能够在一个网段上直接通信，不同职能部门计算机之间可以通过路由器通信。那么，如果没有虚拟网技术的话，就需要通过物理连接布线的方法，将同一个部门的站点连接在一起，这必将会造成布线困难，而且会导致资源的大量浪费，有了虚拟网技术，人们在布线时就可以只考虑建筑物的分布和站点的分布情况，按照实际物理位置简单布线，然后通过划分虚拟网的方法，将应该属于同一网段的站点划分在一个虚拟网中。当一个站点的物理位置发生移动或将站点从一个工作组转移到另一个工作组时，只需要经过简单的设置就可以改变站点的虚拟网成员身份，不需要重新布线。从而给网络管理和布线工作都带来极大的便利。

例如，企业的各个职能部门分处在不同的楼层如图 3-7 所示，如果用物理布线的方法将每个部门的计算机单独连入一个网络，那么，布线非常复杂。实现了 VLAN 之后，每个部门都处于各自的 VLAN 中，尽管办公地点不同，部门中的所有成员都可以像处于同一个 LAN 上那样进行通信。当某个成员从一个地方移动到另一个地方时，如果其工作部门不变，那么就不用对他的计算机重新配置，或者只经过简单的设置。与此类似，如果某个成员调到了另一个部门，他可以不改变其工作地点，而只需网管人员修改一下其 VLAN 成员身份即可。

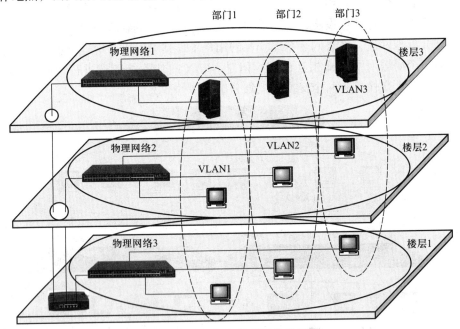

图 3-7　虚拟网与物理网络的关系

3. VLAN 的优点

（1）提高管理效率

网络的设计、布线施工往往是一次性的，用户的工作位置、性质发生变更时，重新规划网络结构就会非常困难。网络中站点的移动、增加和改变一直以来是最让网管人员头疼的问题之一，同时也是网络维护过程中相对来说开销比较大的一部分。因为站点的变化意味着需要重新进行布线，地址要重新分配，交换机和路由器也要重新配置。

虚拟局域网 VLAN 可以很好地解决上述问题。VLAN 允许用户工作站从一个地点移动至另一个地点，而无需重新布线甚至不用重新配置。另外，当用户的工作部门发生变化时，只要需要通过简单设置，改变其虚拟网成员地位即可。

（2）隔离广播

在较大规模的网络中，大量的广播信息很容易引起网络性能的急剧降低，甚至导致整个网络的崩溃。在没有虚拟网之前，人们使用路由器将大型网络分隔成多个小型网络，从而抑制广播。划分虚拟网后，由于一个虚拟网就是一个广播域，虚拟网内部的信息不会广播到其他的 VLAN 中，因此减少了广播通信量，提高了网络性能。而且，与使用路由器的解决方案相比，VLAN 技术具有传输延迟小、价格便宜、维护和管理开销小的优点。

（3）增强网络安全性

这个优点也来源于 VLAN 可以隔离广播，应为隔离广播，VLAN 成员内部的通信不会传播到 VLAN 以外，外部的用户也不能随便访问 VLAN 内部的资源，因此，可以提高网络安全性。

3.4.2 虚拟局域网的实现技术

虚拟网有三种实现方式：基于端口、基于 MAC 地址和基于网络地址。

1. 基于端口划分虚拟网

基于端口的 VLAN 划分是根据网络交换机的端口号来定义的。如图 3-8 所示，交换机 1 的端口 1、2、4、6、7 与交换机 2 的端口 1、2 组成 VLAN1，交换机 1 的端口 3、5、8 与交换机 2 的端口 3、4、5 组成 VLAN2，交换机 2 的端口 6、7、8 组成 VLAN3。

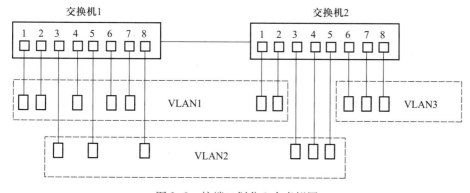

图 3-8　按端口划分 3 个虚拟网

这种划分方法属于静态 VLAN 配置，即某个端口固定属于某个 VLAN。网管人员使用网管软件或直接在交换机上进行设置端口所属的 VLAN。一旦设置好，这些端口属于哪个 VLAN 就被确定并将一直保持不变，除非网管人员重新设置。这种方法容易配置和维护，但灵活性不好，当一个用户的计算机从一个端口移动到另一个端口时，其虚拟网成员的身份就可能发生变化，需要重新设置。

2. 基于 MAC 地址划分虚拟网

这种方法是根据网卡上的 MAC 地址来划分虚拟网，让某些地址属于一个虚拟网。因为网卡安装在计算机上，所以当计算机发生移动时，虚拟网成员的地位不会发生变化。因为每一个计算机的 MAC 地址都是唯一的，所以这也可以看成是基于用户的 VLAN 划分方法。在交换机设置好虚拟网后，当交换机收到计算机开始发送来的数据帧时，交换机根据数据帧中源地址判断它属于哪个虚拟网。

这种方法特别适合于需要经常移动计算机的用户，如便携式计算机；另外，这种方法允许将一个 MAC 地址划分到多个 VLAN，这对多个 VLAN 访问共同的公共资源的场合非常适用。例如，多个 VLAN 成员均需要访问某个网络服务器，这时就可以将服务器的 MAC 地址划分到多个 VLAN 中去，以便让每个 VLAN 中的用户都可以访问到它。

这种方法的不足是，当网络规模较大时，初始的配置工作量较大。

3. 基于网络地址划分虚拟网

与基于 MAC 地址的 VLAN 定义类似，可以用 IP 地址或协议类型来划分 VLAN。即让某些 IP 地址属于一个 VLAN，而另一些 IP 地址属于另一个 VLAN。这种方法的好处是允许按照协议类型组成虚拟网，这有利于组成基于服务或应用的虚拟网；另外，由于 IP 地址存在于计算机上，所以当计算机发生移动时，也不会改变其虚拟网成员地位。这种方法的不足是与前两种方法相比，性能比较差，因为检查网络层地址比检查 MAC 地址需要更多的时间，因此速度较慢。

3.4.3 IEEE 802.1q 协议与 trunk

当一个交换机上划分了多个虚拟网，一个虚拟网又跨越多个交换机时，不同交换机上的虚拟网成员间要通过连接两个交换机的传输介质进行通信，这个传输介质所占用的端口都应该属于同一个虚拟网。这就意味着，若在两个交换机上划分了三个虚拟网，就要在两个交换机上各拿出三个端口，通过三条传输介质分别传输三个虚拟网中的信号。这将导致网络资源的浪费。IEEE 802.1q 协议解决了这个问题，该协议允许交换机用一组端口，一条电缆传输多路 VLAN 信号。这种在一根电缆上传输多个 VLAN 信息的链路被称为主干（trunk），用于连接两个交换机的端口称之为主干端口（trunk port），在 IEEE 802.1q 协议支持下，每个虚拟网成员发送信息时，都要在帧的头部加上一个标签，用于识别这个信息是哪个虚拟网中的信息，信息到达目的网段时，将标签去掉。图 3-9 描述了使用主干同时传输多个虚拟网信息的过程。

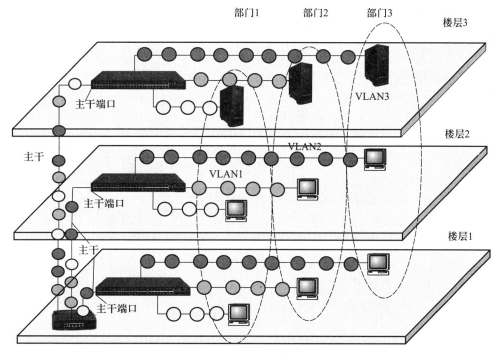

图 3-9 通过主干传输多个虚拟网信息

3.5 无线局域网

3.5.1 无线局域网概述

无线局域网（wireless local area networks，WLAN）是计算机网络与无线通信技术相结合的产物。

无线局域网是对有线局域网的一种补充和扩展，无线局域网利用电磁波发送和接收数据，无需物理传输介质即可达到网络延伸之目的。

与有线网络相比，无线局域网具有以下优点。

① 安装便捷：无线局域网不需要网络布线的施工，一般只要安放一个或多个 AP（access point，接入点）设备就可建立覆盖整个建筑或地区的局域网络。

② 使用灵活：网络设备的安放位置没有限制，在无线网的信号覆盖区域内任何一个位置都可以接入网络，进行通信。

③ 易于扩展：无线局域网有多种配置方式，既适用于只有几个用户的小型局域网，也可以用于上千用户的大型网络，并且能够提供像"漫游（roaming）"等有线网络无法提供的特性。

由于无线局域网具有多方面的优点，其发展十分迅速，已经在企业、学校、写字楼和住宅小区等场合得到了广泛的应用。

3.5.2　无线局域网标准

随着无线通信技术的发展，产生了各种无线局域网的标准。无线局域网标准主要包括 IEEE 802.11 系列标准、欧洲的 HiperLANI/HiperLAN2 系列标准和日本的 MMAC（multi-media mobile access communication，多媒体移动接入通信）系列标准。这里简单介绍 IEEE 802.11 系列标准。

IEEE 802.11 标准是一组规范，这组规范规定了在无线网络节点和网络基站之间或者两个无线网络节点之间如何传输 RF 信号。

1. IEEE 802.11

IEEE 802.11 标准是 IEEE 于 1997 年推出的，它工作于 2.4 GHz 频段，物理层采用红外（IrDA，IR）、直接序列扩频（direct sequence spread spectrum，DSSS）或跳频扩频（frequency hopping spread spectrun，FHSS）技术，共享数据速率最高可达 2 Mbps。它主要用于解决办公室局域网和校园网中用户终端的无线接入问题。

IEEE 802.11 的数据速率不能满足日益发展的业务需要，于是 IEEE 在 1999 年相继推出了 IEEE 802.11b、802.11a 两个标准。

2. IEEE 802.11b

IEEE 802.11b 工作于 2.4 GHz ISM（工业、科技、医疗）频段，采用直接序列扩频和补码键控，能够支持 5.5 Mbps 和 11 Mbps 两种速率，可以与速率为 1 Mbps 和 2 Mbps 的 IEEE 802.11 DSSS 系统交互操作，但不能与 1 Mbps 和 2 Mbps 的 IEEE 802.11 FHSS 系统交互操作。

3. IEEE 802.11a

IEEE 802.11a 工作于 5 GHz 频段，它采用 OFDM（orthogonal freguency division multiplexing，正交频分复用）技术。IEEE 802.11a 支持的数据速率最高可达 54 Mbps。IEEE 802.11a 速率虽高，但与 IEEE 802.11b 不兼容，并且成本也比较高。

4. IEEE 802.11g

同 IEEE 802.11b 一样，IEEE 802.11g 也工作于 2.4 GHz 频段，但采用了 OFDM 技术，可以实现最高 54 Mbps 的数据速率，与 IEEE 802.11a 相当；IEEE 802.11g 与已经得到广泛使用的 802.11b 是兼容的，这是 IEEE 802.11g 相比于 IEEE 802.11a 的优势所在。

目前在市场上占主导地位的是 IEEE 802.11b 和 IEEE 802.11g。

5. 802.11 的扩展标准

除了上述标准外，IEEE 在 IEEE 802.11 的基础上又提出了扩展标准。所谓扩展标准是在现有的 IEEE 802.11b 及 IEEE 802.11a 的 MAC 层追加了 QOS 功能及安全功能的标准。标准名定为 IEEE 802.11e 及 IEEE 802.11f。追加的 QOS 功能可以提高传输语音数据和数据流数据的能力。而另一个扩展标准 IEEE 802.11i 则被称为无线安全标准，它增强了 WLAN 的数据加密和认证性能。

6. 蓝牙技术

蓝牙是一种支持设备短距离通信（一般 10 m 内）的无线电技术。由爱立信、诺基亚、Intel、IBM、东芝共同开发，可以在 10 m 范围内通信和交换信息，个别产品可以达到 100 m，速率为 1 Mbps。

蓝牙技术可以实现用户与 Internet 的无线连接，能在包括移动电话、PDA、无线耳机、笔记本电脑、相关外设等众多设备之间进行无线信息交换。蓝牙采用分散式网络结构以及快跳频和短包技术，支持点对点及点对多点通信，工作在全球通用的 2.4 GHz ISM 频段。采用时分双工传输方案实现全双工传输。

蓝牙主要是点对点的短距离无线传送，采用 RF 或者红外线技术。而且，蓝牙有低功耗、短距离、低带宽、低成本的特点，可以安装在各种设备内。但严格来讲，蓝牙技术不是真正的局域网技术。蓝牙技术原来只是一个行业规范，目前，IEEE 802.15 已经接受了蓝牙规范，并把它发展成标准。

3.5.3 无线局域网的模式

1. 无线局域网的拓扑结构

无线局域网的模式相当于是有线网络的拓扑结构，无线网络有两种模式，没有基站的特定结构的网络（ad-hoc）和有基站的基础模式网络。

（1）无基础设施的无线局域网

无基础设施的无线局域网又称为临时结构网络或特定结构网络（ad hoc networking），相当于有线网络中的对等网，这种网络中没有接入点，无线站点之间的连接都是临时的、随意的、不断变化的，它们在互相能到达的范围内动态地建立并配置它们之间的通信链路。这种网络结构适用于需要临时搭建网络的场合，如用便携式计算机进行会议交流等，如图 3-10 所示。

ad-hoc 网络中的节点通过虚拟通信路径进行通信，由于 ad-hoc 网络中没有接入点 AP，所以每个节点都必须有把网络信号从一个节点转发到另一个节点的能力，允许一个节点通过中间节点与另一个节点进行通信。

（2）基础结构无线局域网

基础结构无线局域网位置是相对固定的，简单的基础结构网络仅包含一个 AP，区域内的无线设备通过一个访问点连接起来，形成一个无线网络，其结构如图 3-11 所示。另一种基础结构无线网络是将无线访问点 AP 用电缆连接到有线局域网中，实现无线站点与有线局域网中的设备进行通信（如图 3-12 所示），起到扩展有线局域网的作用。有线局域网中可以安装多个无线访问点 AP，从而把多个无线网络通过有线网络连接起来。

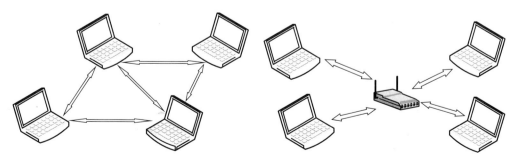

图 3-10　ad-hoc 网络　　　　图 3-11　只有一个 AP 的无线网络

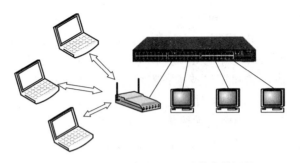

图 3-12 无线网络通过 AP 连接有线网络

在基础结构无线局域网中，接入点 AP 是通信的中心，无线设备之间的通信以及有线节点和无线节点之间的通信都通过 AP，为了与 AP 相连，每个节点的服务集标识（SSID）都要配置成与接入点一样，并且他们使用的无线局域网的标准也必须与接入点使用的标准一样。这种结构常常用于扩展一个有线网络，使无线局域网的节点能够访问有线网络。目前在企业、家庭、小型办公场所都广泛的使用这种结构。

2. 基本服务集（BSS）与扩展服务集（ESS）

（1）基本服务集

基本服务集（basic service set，BSS）相当于有线网络中的工作组，基本服务集 BSS 是一个地理区域，在这个区域中，遵循同一或兼容标准的无线站点能够互相进行通信，如图 3-13 所示。当一个站点在 BSS 的服务区内移动时，它能够与此 BSS 中的其他站点通信。当它移出这个 BSS 服务区时，通信将会中断。在实用中，为了保证安全，同一 BSS 中的站点都要预先设定统一的名称（BSSID，相当于工作组名），只有 BSSID 相同的站点才能互相通信。

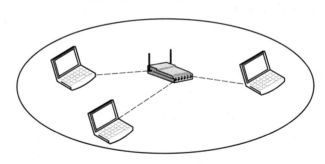

图 3-13 基本服务集

（2）扩展服务集

为了提供更大范围的无线连接，可以让多个 BSS 重叠在一起，如图 3-14 所示。这种将多个 BSS 整合在一起的无线网络构成了一个扩展服务集（extended services set，ESS）。移动站点可以在 ESS 上进行漫游和访问其中的任意一个 BSS。为了保证移动站点在 ESS 中漫游，ESS 中所有的 AP 必须设定相同的名称（ESSID）。

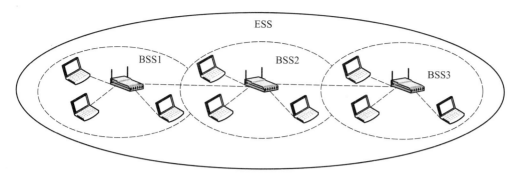

图 3-14 扩展服务集

3.5.4 无线网络安全

由于无线 AP 或无线客户端范围内的任何人都能够发送和接收帧以及侦听正在发送的其他帧，这使得无线网络帧的偷听和侵入非常容易。针对这样的问题，无线网络采用了加密和身份验证技术。加密用于在通过无线网络发送无线帧之前加密帧中的数据。身份验证要求无线客户端首先验证它们自己的身份，然后才允许它们加入无线网络。

1. 加密

可以对 IEEE 802.11 网络使用下列类型的加密：WEP 和 WPA

（1）WEP 加密

为了加密无线数据，IEEE 802.11b 标准定义了有线对等保密（WEP）。

WEP 使用共享的机密密钥来加密发送节点的数据。接收节点使用相同的 WEP 密钥来解密数据。对于基础结构模式，必须在无线 AP 和所有无线客户端上配置 WEP 密钥。对于特定模式，必须在所有无线客户端上配置 WEP 密钥。为了使密钥不被破解，密钥最好使用由数字 0~9 和字母 A~F 构成的随机字符，并且定期更换密钥。

（2）WPA 加密

IEEE 802.11i 规定了一个新的加密标准 WPA，WAP 是对无线 LAN 网络安全的改进。WPA 使用"临时密钥完整性协议"（TKIP）来实现加密，该协议使用更强的加密算法代替了 WEP。与 WEP 不同，TKIP 为每次身份验证提供唯一起始单播加密密钥，以及为每个帧提供单播加密密钥的同步变更。由于 TKIP 密钥是自动生成的，因此不需要为 WPA 配置一个加密密钥。

2. 身份验证

可以对 IEEE 802.11 网络使用以下类型的身份验证：开放系统和共享密钥。

（1）开放系统

开放系统身份验证并不真正是身份验证，它使用网卡的物理地址来识别工作组中的无线节点。对于基础结构模式，虽然有些无线 AP 允许配置哪些物理地址的无线节点可以加入 SSID，但是恶意用户可以轻而易举地捕捉到无线网络上发送的帧，并确定出允许的无线节点的硬件地址，然后使用该硬件地址来执行开放系统身份验证并加入无线网络。

(2) 共享的密钥

共享密钥身份验证检验加入无线网络的无线客户端是否知道某个机密密钥。在收到一个连接请求后，接入点产生一个随机数，并将其发送给请求接入节点，请求接入节点使用一定算法用共享密钥对随机数签名，并将签名发送给接入点，接入点用同样的算法和共享密钥对随机数签名，然后比较签名结果，若一致则通过验证。对于基础结构模式，所有无线客户端和无线 AP 都使用相同的共享密钥。对于特定模式，特定模式无线网络的所有无线客户端都使用相同的共享机密密钥。

3.6 小型局域网的组建

微视频 3-1：
组建小型局域网

本节以流行的 Windows 2007 操作系统为例，介绍小型局域网的组建。

3.6.1 组建有线局域网

微视频 3-2：
网线钳的使用

1. 组网前的准备

除了组网所需的计算机、交换机或集线器、网卡、双绞线和 RJ-45 接头外，还需要专用的组网工具，一个是 RJ-45 专用钳和专用网线测试仪，如图 3-15 所示。

微视频 3-3：
剥线钳的使用

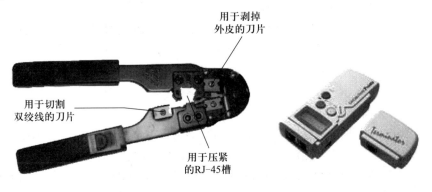

用于剥掉外皮的刀片

用于切割双绞线的刀片

用于压紧的RJ-45槽

(a) 双绞线专用钳   (b) 网线测试仪

图 3-15 双绞线专用钳和网线测试仪

微视频 3-4：
双绞线制作

2. 制作电缆

① 用切线钳切割出长度合适的双绞线（不能超过 100 m），如图 3-16 所示。

② 用剥出 1.5~2 cm 长的双绞线，如图 3-17 所示。

③ 将剥好的双绞线按表 3-1 的顺序排列好，用专用钳剪齐留出 1 cm 左右的双绞线头。

实验案例 3-1：
制作双绞线

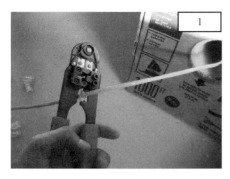

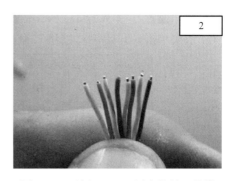

图 3-16 切割出长度合适的双绞线　　　　图 3-17 剥出 1.5~2 厘米长的双绞线

表 3-1 　T568B 接线标准

1	2	3	4	5	6	7	8
橙白	橙	绿白	蓝	蓝白	绿	棕白	棕

④ 将排好顺序的双绞线插入 RJ-45 接头如图 3-18 所示，用专用钳压紧，必须无松动，如图 3-19 所示。

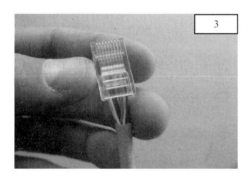

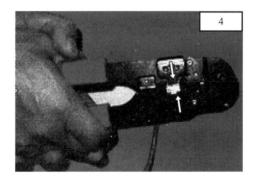

图 3-18 排好顺序的双绞线插入 RJ-45 接头　　　图 3-19 专用钳压紧

⑤ 按照相同的线序接好另一端的 RJ-45 接头。

⑥ 将制作好的双绞线两个接头分别插入到测试表的 RJ-45 接口，测试是否连通，若测试表指示灯逐对亮起绿灯，说明双绞线制作成功，若出现红灯或不亮，说明双绞线制作有问题。

3. 安装硬件

（1）安装网卡

在切断计算机电源的情况下，打开机箱。网卡插入总线插槽并固定好，然后盖好机箱。（如果计算机中已经安装好网卡，可以省略此步骤。）

（2）安装网卡驱动程序

重新启动计算机后，也可以用控制面板中的"设备管理器"或计算机属性中的"设备管理器"中安装（如果在安装 Windows 之前就装好了网卡，在安装 Windows 时会自动安装，此步可以省略）。

（3）接线

将电缆一端连接到网卡上，另一端连接到集线器上。如图 3-20 所示。

实验案例 3-2：
组建局域网

4. 软件设置（以 Windows Server 7 为例）

① 依次单击"开始"→"网络"命令，打开"网络窗口"，如图 3-21 所示。

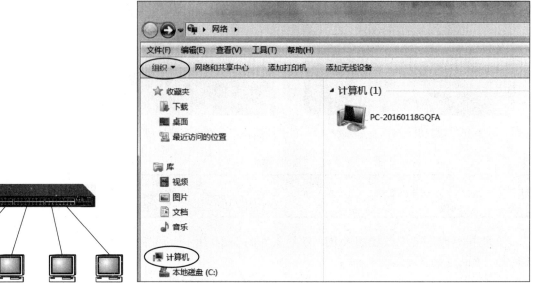

图 3-20 网络接线图　　　　　　　　　　　　图 3-21 网络窗口

② 单击"网络和共享中心"命令，打开"网络和共享中心"对话框如图 3-22 所示。

图 3-22 网络和共享中心

③ 单击"更改适配器设置"命令，出现网络连接窗口，如图 3-23 所示。

④ 安装与卸载网络组件。在图 3-23 中右击"本地连接"命令，选择"属性"选项出现如图 3-24 所示的"本地连接属性"对话框。在 Windows 7 下安装网卡后会自动安装 TCP/IP 协议、Microsoft 网络客户、Microsoft 网上文件与打印机共享等网络组件（这些都是默认安装），单击"安装"按钮，可以安装组件，选中一个组件，单击"删除"按钮可以删除该组件。

图 3-23 网络连接窗口

⑤ 配置 IP 地址。在图 3-24 中，单击"Internet 协议版本 4（TCP/IPv4）"选项，再单击"属性"按钮，出现"Internet 协议版本 4（TCP/IPv4）属性"对话框，如图 3-25 所示。选择"使用下面的 IP 地址"单选按钮，按照图 3-25 所示，为每台计算机输入 IP 地址、子网掩码、默认网关等信息。

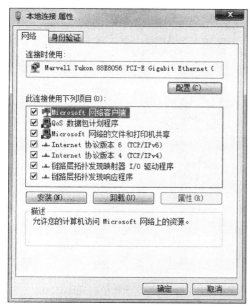

图 3-24 本地连接属性　　　　　　　图 3-25 配置 IP 地址

5. 设置主机名和工作组

① 在桌面上右击"计算机"图标，选择"属性"命令，出现图 3-26 所示的"系统"窗口。

② 在图 3-26 中的单击"高级系统设置"命令，出现"系统属性"对话框如图 3-27 所示。

③ 在"系统属性"对话框中，单击"更改"按钮，在随后出现的对话框中就可以修改计算机名和所属的工作组名，如图 3-28 所示。

④ 在"计算机机名"中输入主机名，在"工作组"中输入该计算机所属的组。单击"确定"按钮。

微视频 3-5：
打线工具的使用

图 3-26 "系统"窗口

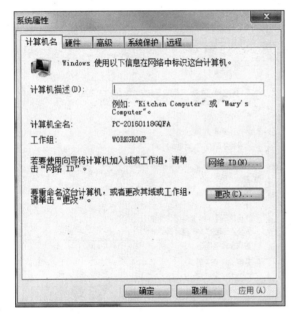

图 3-27 "系统属性"对话框

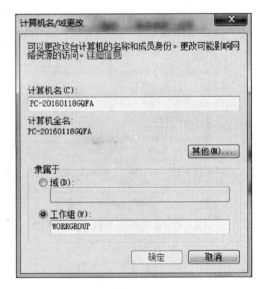

图 3-28 更改计算机名和工作组名

3.6.2 组建无线局域网

无线局域网其组建过程并不复杂，只需要在无线站点中安装无线网卡，并设置网络工作模式为对等模式，使用相同的无线通信标准就行了。对于基础结构的无线局域网，除了安装无线网卡外，要将通信模式设置为基础结构模式，各无线节点和 AP 要使用相同的无线标准，另外，每个无线节点要设置与 AP 相同的 SSID 值。

1. 组建 ad-hoc 网络

① 首先要安装无线网卡，无线网卡的安装过程与安装其他硬件是相同的。安装网卡后在网络连接窗口出现"无线网络连接"图标。

② 安装好无线网卡后，将一台计算机的无线网络适配器的 IP 地址设置为

192.168.1.1，子网掩码设置为 255.255.255.0。

③ 打开"网络和共享中心"对话框，如图 3-22 所示。

④ 在图 3-22 中单击"设置新的连接或网络"命令，弹出"设置连接或网络"对话框，如图 3-29 所示。

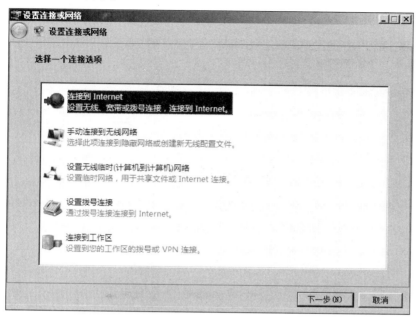

图 3-29　设置连接或网络

⑤ 在"设置连接或网络"对话框中选择"设置无线临时（计算机到计算机）网络"选项，单击"下一步"按钮，则弹出"设置无线临时（计算机到计算机）网络"对话框，如图 3-30 所示。

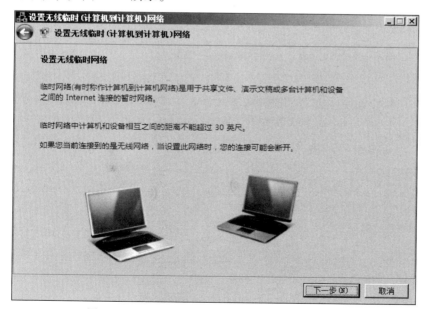

图 3-30　设置无线临时（计算机到计算机）网络

⑥ 在图 3-30 中单击"下一步"按钮，弹出为网络命名并选择安全选项对话框，如图 3-31 所示。在"网络名"中输入 office，在"安全类型"中可根据自己的需要进行选择，如选择"WEP"，密码为"12345"。

⑦ 设置完毕后，在图 3-31 中单击"下一步"按钮，ad-hoc 网络即设置完毕，如图 3-32 所示，单击"关闭"按钮结束配置。

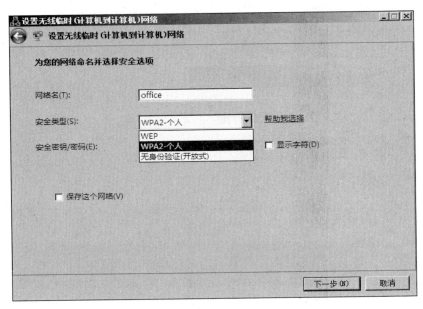

图 3-31 为网络命名并选择安全选项图

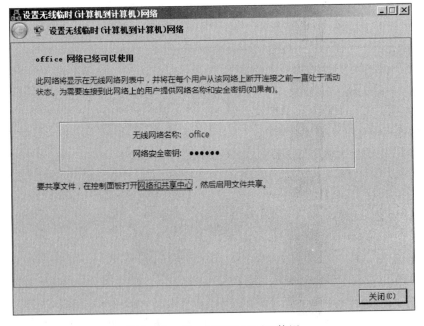

图 3-32 office 网络已经可以使用

⑧ 在其他计算机上重复步骤 1 到步骤 3，安装好无线网卡，将无线网络适配的 IP 地址设置为 192.168.1.x，子网掩码为 255.255.255.0。

⑨ 进入"网络和共享中心"，单击"连接网络"命令，选择已经设置好的 office 加入，如图 3-33 所示。

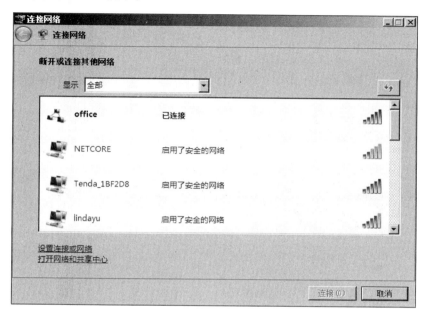

图 3-33 连入 ah-hoc 网络

2. 配置基础结构的无线网络

（1）配置 AP

① 查看 AP 的 IP 地址。将无线网络节点放置在一个不容易被阻挡，并且信号能覆盖屋内所有角落的位置。将有线节点与 AP 连接，通过查看无线网络节点的说明书，获取 AP 的 IP 地址，一般 AP 的 IP 地址为 192.168.1.1，子网掩码为 255.255.255.0。

② 登录 AP。将有线连接的计算机 IP 地址设置为 192.168.1.100（与 AP 在同一网段即可），然后启动浏览器，在浏览器的地址栏输入 http://192.168.1.1，查看说明书，获取用户名和密码并输入，进入 AP 设置界面。

③ 设置 SSID 号。在 AP 设置界面，找到无线网络设置，APP 有默认 SSID 号，为便于识别，在"SSID 号"中输入新的工作组名称，如 office，如图 3-34 所示。

④ 设置安全选项。在无线设置中找到"无线网络安全设置"，选择安全认证方式，安全认证方式有 WEP 方式和 WPA 方式，一些老式网卡只支持 WEP 不支持 WPA。在认证类型中选择 WEP 或 WPA-PSK；在"加密算法"中选择 AES，在 PSK 密码中输入加入无线网的密码，如图 3-35 所示。然后保存设置后重新启动无线访问点。

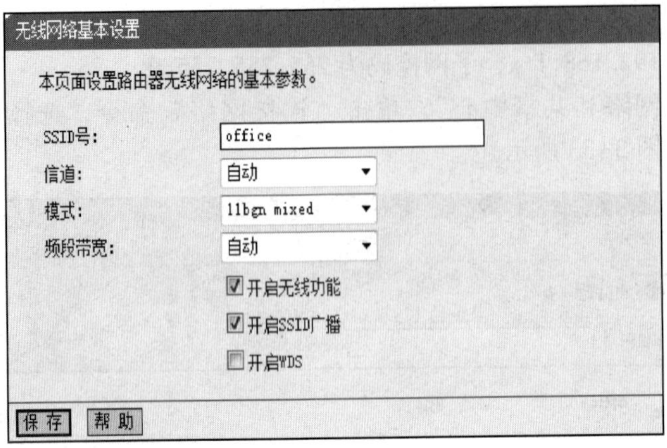

图 3-34 设置 SSID

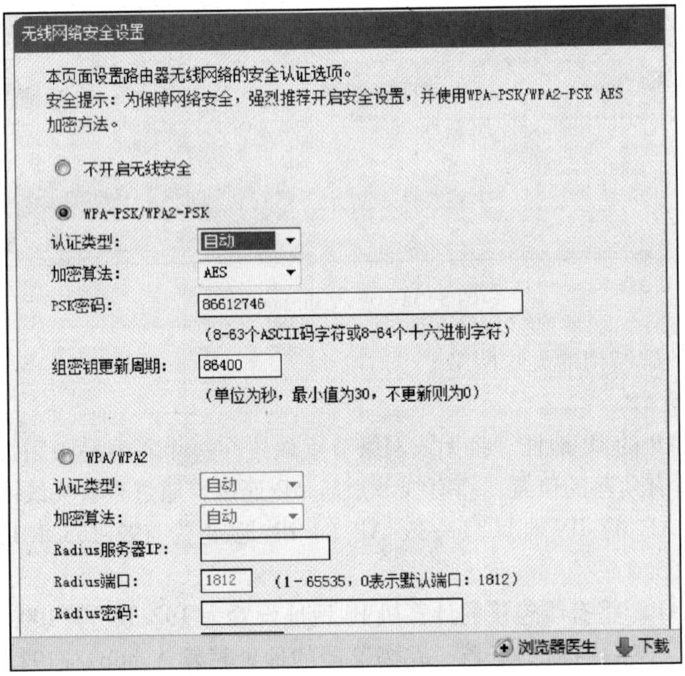

图 3-35 设置无线安全

（2）配置无线客户端

① 在客户端安装好无线网卡，将无线网卡 IP 地址设置成与 AP 在相同的网段或自动获取。

② 进入"网络和共享中心"，单击"设置新的连接或网络"命令，在随后出现的对话框中选择"连接到 Internet"选项，如图 3-36 所示。然后单击"下一步"按钮。

③ 在图 3-37 中选择"无线（W）"选项，在随后弹出的无线网络连接对话框中右击已经设置好的"office"，然后单击"连接"命令，如图 3-38 所示。

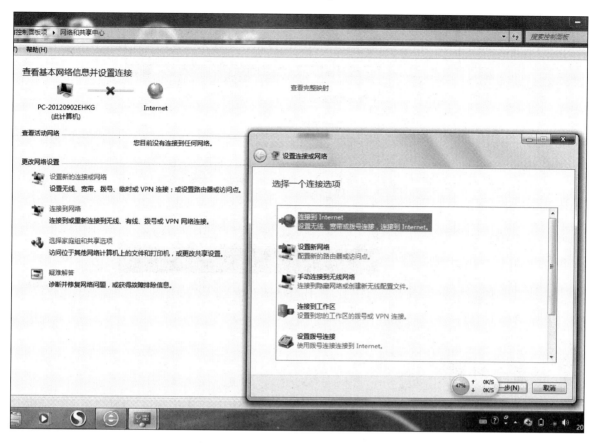

图 3-36 设置新的连接或网络

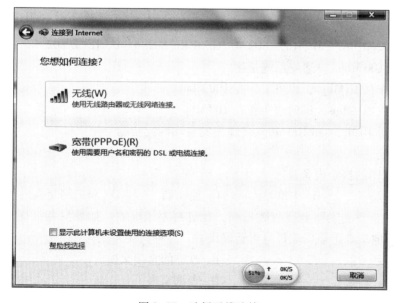

图 3-37 选择无线连接

图 3-38 选择 SSID

④ 在随后出现的对话框中输入安全关键字，与访问点上设置 PSK 密码一致，如图 3-39 所示，然后单击"确定"按钮，完成无线客户端配置。

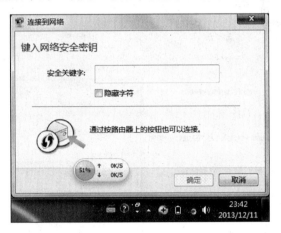

图 3-39　输入密码

习题答案：
第 3 章

习题

一、选择题

1. 局域网中的 MAC 子层与 OSI 参考模型_____层相对应。

　　A. 数据链路层　　　B. 传输层　　　　C. 网络层　　　　D. 应用层

2. 以下各项中，令牌总线介质访问控制方法的标准是_____。

　　A. IEEE 802.3　　　B. IEEE 802.4　　C. IEEE 802.6　　D. IEEE 802.5

3. 10 Mbps 和 100 Mbps 自适应系统是指_____。

　　A. 既可工作在 10 Mbps，也可工作在 100 Mbps

　　B. 既工作在 10 Mbps，同时也工作在 100 Mbps

　　C. 端口之间 10 Mbps 和 100 Mbps 传输率的自动匹配功能

　　D. 以上都是

4. 交换式局域网的核心设备是_____。

　　A. 集线器　　　　　B. 中继器　　　　C. 路由器　　　　D. 局域网交换机

5. 局域网交换机首先完整地接收数据帧，并进行差错检测。如果没有出现差错，则根据帧目的地址确定输出端口号再转发出去。这种交换方式为_____。

　　A. 直接交换　　　　　　　　　　B. 改进的直接交换

　　C. 存储转发交换　　　　　　　　D. 查询交换

6. 利用 Internet 技术建立的企业内部信息网络叫_____。

　　A. Ethernet　　　　　B. Extranet　　　C. ARPAnet　　　D. Intranet

7. IEEE 802.11b 与下列哪个标准兼容？_____

A. IEEE 802.11a   B. IEEE 802.11g   C. IEEE 802.15   D. 蓝牙

二、填空题

1. 在传统的、采用共享介质的局域网中，主要的介质访问控制方法有_____和_____。

2. IEEE_____标准定义了 CSMA/CD 总线型网络介质访问控制子层与物理层规范。

3. 虚拟网络是建立在_____基础上的。虚拟网是将物理上属于一个局域网或多个局域网的多个站点按工作性质与需要，用_____方式将站点划分成一个个的"逻辑工作组"，一个逻辑工作组就是一个虚拟网络。

4. 虚拟网有三种实现方式：_____、基于_____和基于_____。

5. Ethernet 交换机的帧转发有 3 种方式．分别是_____、_____和_____。

6. 无线局域网的模式相当于是有线网络的拓扑结构，无线网络有两种模式，一种是_____和_____模式网络。

三、简答题

1. 试述 CSMA/CD 的基本工作原理。

2. 简述交换式局域网的原理和特点。

3. 简述虚拟网的原理和实现方法。

4. 说明什么是基础结构的网络和特定结构的网络。

5. 说明基本服务集和扩展服务集的概念。

6. 无线局域网采取了哪些安全措施？

第 4 章　TCP/IP

    TCP/IP 协议是美国国防部高级研究计划局组织开发的，最早用于 ARPAnet。TCP/IP 不是一个协议，而是一种网络体系结构，是一个协议组。TCP/IP 是为大型网络互连设计的，它定义了在网络互连的情况下的数据传输格式和传输过程，使得接收方的计算机能够正确地理解发送方发来的数据的含义，TCP/IP 主要作用于网络层之上，主要考虑的是如何将不同的网络互连在一起，使分处不同网络的计算机之间能够相互交换信息，它允许不同的网络在内部传输数据时使用自己的协议，但在与其他网络通信时必须使用 TCP/IP。TCP/IP 已经得到众多计算机厂商的支持，是事实上的工业标准，也是 Internet 运行的基础。无论是学习还是使用现代计算机网络，都离不开 TCP/IP。本章学习 TCP/IP 的体系结构和主要协议的作用、IP 地址编址方案、TCP/IP 属性设置、端口与套接字、IPv6 基础知识等 TCP/IP 知识。

电子教案：
第 4 章
拓展阅读 4-1：
TCP/IP 协议的产生

4.1　TCP/IP 层次模型与各层主要协议

4.1.1　TCP/IP 层次结构的划分

1. TCP/IP 的层次结构

动画演示 4-1：
TCP/IP 层次模型

TCP/IP 模型分为四个层次，自上而下依次为应用层、传输层（又叫 TCP 层）、互联层（又叫 IP 层）、网络接口层（又叫主机-网络层）。TCP/IP 与 OSI 参考模型的层次对应关系如图 4-1 所示。

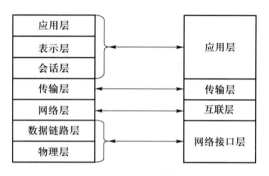

图 4-1　TCP/IP 与 OSI 参考模型的比较

2. 各层的作用

（1）网络接口层

网络接口层又叫主机-网络层，相当于 OSI 参考模型的物理层和数据链路层，主要任务是在一个网络内部的不同节点之间发送和接收数据帧。在这个层次上 TCP/IP 没有定义任何协议，只是描述不管是什么网络，只要能够在该网络的数据帧中包装 IP 分组，在网络内部能传输 IP 分组，那么，这个网络就可以与同样能够传输 IP 分组的其他网络之间用 TCP/IP 通信。换言之，TCP/IP 没有定义数据链路层以及物理层的协议，允许不同的网络在网络内部通信时使用自己的协议，但在网络互联时要使用 TCP/IP。TCP/IP 的着眼点是将不同的网络互联起来，所以它公布了 IP 分组的格式和 TCP/IP 的其他技术细节，使得其他网络能够解决这一技术问题。这样一种开放、包容的设计思想使 TCP/IP 获得极大成功，目前，各种以太网、令牌环网、分组交换网、公用电话网、数字数据网、FDDI、ATM 等网络都可以在其内部传输 IP 分组，所以各种网络都可以利用 TCP/IP 实现互联。从这个意义上讲，TCP/IP 的低层协议又是非常丰富的。

（2）互联层

互联层又叫网际层、IP 层，相当于 OSI 参考模型的网络层。互联层的主要任务是通路由选择将 IP 分组从源主机送到目的主机。在发送端，IP 层接收来自传输层的报文，并将其装入 IP 分组，选择路径后，送具体的网络传输；在接收端 IP 层从网络接口层接收 IP 分组，然后检查目的地址，如需转发，则选择路径转发出去，如目的地址为本机 IP 地址，则去掉 IP 分组的报头，将分组中的报文取出送传输层。IP 层协议确定了 IP 地址的格式、寻址方法、路由选择的方法以及分组在网络中传输的方法，并处理互联网中的拥塞问题。

（3）传输层

传输层又叫 TCP 层、运输层等，相当于 OSI 参考模型的传输层。传输层的主要任务是负责在两个通信的主机之间建立端到端的进程间的通信。TCP/IP 的传输层为应用层提供两种类型的服务，一种是面向连接的可靠的服务（TCP），一种是面向无连接的不可靠的服务（UDP）。这里的面向连接是指双方通信前要建立一个连接，可靠服务是指在数据传输过程中，接收端对于收到的正确的报文要给发送端以确认信息，如果发送端在规定时间内没有收到报文确认信息，就认为接收端没有正确收到该报文，然后将该报文重发一遍，这个过程被称为超时重传，通过超时重传保证报文传输正确。面向无连接的服务没有建立连接和超时重传功能。

（4）应用层

应用层相当于 OSI 参考模型的会话层、表示层和应用层。TCP/IP 的应用层主要定义各种网络服务，提供了丰富的应用层协议，为用户访问网络提供接口，并且，随着网络应用的不断扩展，新的应用层协议将不断地加入。

4.1.2 互联层主要协议

TCP/IP 的互联层提供了 IP、ARP、RARP、ICMP、IGMP 等协议，其中 IP 是主要协议，其余协议是为 IP 协议服务或实现辅助功能。

1. IP

IP 是互联层最重要的协议。IP 协议的主要作用是尽力而为的将 IP 分组从发送端主机通过互联网环境送达接收端主机。在 IP 分组传输过程中可能要通过一个一个路由器的转发、要通过不同类型的网络传输。

IP 协议的作用体现在以下几个方面。

① IP 协议规定了全网通用的地址格式，并在统一机构管理下进行地址分配，保证一个 IP 地址对应一台主机。在网络互连环境中，由于互连的网络不同，网络内部的地址表示方法各不相同，这就给寻址带来困难，IP 采用统一地址格式，只要通过 TCP/IP 互连，不管原来是什么网络，网络中的主机和路由器一律采用 IP 编址方案，这样就屏蔽掉了不同网络物理地址的差异，使得网络寻址变得简单高效。

② IP 采用数据报交换方式。IP 采用报文分组交换中的数据报交换方式在不同的网络间交换数据，该数据报又被称为 IP 分组。数据报交换方式虽然不可靠，但是效率比较高。

③ IP 为传输层提供尽力而为的数据传输服务，不保证 IP 分组一定送达，也不负责处理传输中的错误，发现错误的分组就丢弃，分组的重新组装和纠错问题都交给传输层去解决。

2. ARP

（1）ARP 的作用

ARP 的作用是将 IP 地址转换为物理地址。这里的 IP 地址指的是为到达最终的目的主机，路由器或网关所指定的下一站的 IP 地址，物理地址也是下一站 IP 所对应的物理地址。ARP 的解析，只能在一个局域网内完成。

（2）ARP 解析过程

每当主机需要与任何其他计算机或路由器进行通信时，首先要查询本地 ARP 高速缓存，如果 ARP 高速缓存中存在这个 IP 地址及其对应的物理地址，解析便告完成，主机 A 直接将这个物理地址写在所传输的帧的目的地址字段上。如果 ARP 高速缓存中没有该 IP 地址，那么 ARP 便在 LAN 上发出一个广播，ARP 的广播请求中包括了作为下一站的本地主机或路由器的 IP 地址，LAN 上的每一台主机或路由器均要查看 ARP 请求中包含的 IP 地址，如果该 IP 地址与某一台主机或路由器的 IP 地址一致，那么该主机或路由器便生成一个 ARP 应答信息，信息中包含了与 IP 地址对应的物理地址。然后源主机 ARP 将 IP 地址与物理地址的组合添加到它的高速缓存中，以便以后查询。

3. 反向地址转换协议 RARP

RARP 是反向地址转换协议。RARP 执行的操作与 ARP 恰好相反。当已知 IP 地址但不知道物理地址时，使用 ARP 解析；当物理地址已知，但 IP 地址不知道时，则使用 RARP 解析。RARP 与 BOOTP 协议结合起来使用，可用于引导无盘工作站。

4. Internet 控制信息协议

Internet 控制信息协议（internet control message protocoI，ICMP）的作用是向源主机报告差错。该协议主要在路由器上使用。送往远程计算机的数据要经过一个或多个路由器，这些路由器在将信息发送到它的最终目的地的过程中会遇到一系列问题，如分组是否到达目的主机？在传输过程中出现了哪些差错？路由器使用 ICMP 信息将这些问题通知源主机。

5. 多播协议 IGMP

用实例说明多播的概念。假如分布于世界各地的科学家合作进行同一项目的研究，他们通过互联网交换信息，但他们的计算机不属于同一个网络，如果采用点对点的传输方式（单播），过于烦琐，n 个成员需要传输 $n-1$ 次；如果采用广播，受路由器的限制，广播只能限于网络内部，如果让所有的科学家都收到信息，需要在多个网络中广播，这不仅加大了网络的通信量，造成大量网络资源浪费，同时信息安全性也无从保证。多播是介于单播和广播之间的一点对多点的通信方式，它使处于不同网络内的主机组成一个多播组，每个组有一个组地址，发送者只需要将信息发送给这个组地址，分处于不同网络的成员主机就都可以收到这个信息，而非组成员不会收到这个信息。

IGMP 是一个支持多播的协议，它运行在路由器上，用于帮助多播路由器识别加入到一个多播组的成员主机，并将组成员信息转发给其他多播路由器。

4.1.3 传输层主要协议

TCP/IP 传输层为应用层提供两种类型的服务，一种是面向连接的带确认的服务，保证数据传输的正确性，另一种是面向无连接的无确认的服务，不保证数据传输可靠。与之相对应，传输层提供了两个端到端的协议，一个是 TCP，一个是 UDP。

1. TCP

TCP 是面向连接的协议，发送数据之前通信双方要建立连接，通信结束要拆除连接；TCP 通过确认和超时重传机制保证数据传输可靠，若收到正确的帧，就给发送方发送"确认信息"，若发送方在规定的时间内没有收到"确认"信息就重发数据；同时 TCP 还提供流量控制功能。TCP 为应用层要求传输可靠的应用提供数据传输服务。

2. UDP

UDP 向应用层提供面向无连接无确认的服务，在发送数据时，不需要和接收方建立连接，在数据传输过程中不需要接收方给予确认，UDP 也不负责重发丢失或错误的报文，对收到的乱序报文也没有重组能力，但是 UDP 由于免去了建立与拆除连接的过程和烦琐的发送——确认过程，传输效率高。UDP 主要服务于那些对传输速度要求高而对传输质量要求不高的应用，如流媒体的传输、IP 电话、视频会议、路由选择协议 RIP、简单网络管理协议等都使用 UDP 进行传输。

4.1.4 应用层主要协议

TCP/IP 的应用层向用户提供一组常用的应用层协议，包括以下内容。

（1）虚拟终端协议 Telnet

Telnet 实现远程登录，通过该协议，可以使用户计算机成为网上远程计算机的终端，用户可以对远程计算机进行操作。

（2）文件传输协议 FTP

FTP 实现文件传输，在用户计算机和网络远程计算机之间复制文件，从远程计算机复制到本地计算机称为下载，从本地计算机复制文件到远程计算机称为上载。

（3）简单邮件传输协议 SMTP

SMTP 实现外发邮件服务，当用户使用某种应用程序编辑好邮件，单击"发送"按钮后，SMTP 协议负责将邮件送到邮件接收者的电子信箱。

（4）域名系统 DNS

DNS 负责将用户键入的主机域名解析出对应的主机 IP 地址。

（5）超文本传输协议 HTTP

HTTP 用于下载网页文件。

（6）邮局协议 POP

POP 用于将邮件服务器上的邮件下载到本地计算机。

（7）简单网络管理协议 SNMP

SNMP 用于在网络管理控制台和网络设备（路由器、网桥、交换机等）之间选择和交换网络管理信息。

　　以上列出的只是常用的应用层协议，应用层协议还有很多，而且，随着因特网上新的应用的不断出现，将有更多的应用层协议加入。

4.2　IP 地址

4.2.1　物理地址与 IP 地址

　　物理网络中每个主机都有一个可识别的地址，这个地址叫物理地址。不同的网络技术有不同的编址方式；例如以太网就是以 48 位二进制数来编址。物理地址一般固化在网卡上，是网卡制造商在制造网卡时写进去的，一旦写入就不能更改，所以当一个主机插入一张网卡后，其物理地址就被固定了。物理地址仅仅是将不同网络站点区别开来的简单标识符，它不包含位置信息，好比是生活中一个人的名字（假设每个人的名字是唯一的）。

　　在局域网以及网桥互联的网络中，都是以物理地址寻址的，寻址的方法有两种，一种是广播，另一种是逐点试探。例如：在以太网中就采用广播式，一个站点发送数据帧，其他站点收到数据后，检查自己的地址是否与收到的数据帧中的目的地址一致，若一致就将数据帧复制到主机，若不一致就将数据帧丢弃；在令牌环网中，采用点对点的方式，一个站点发送数据，数据在环中逐个站点的传输，每个站点收到数据帧后都检查其目的地址，若与本站点地址一致，就将数据帧复制到本机，否则丢弃。在网桥互连的环境中，网桥也是基于物理地址来决定是将数据帧转发出去还是丢弃（参见网桥的原理）。

　　在局域网以及小规模的网络互连情况下，使用没有位置信息的物理地址寻址是可行的，因为联网的主机很少，采用逐点传输方式，很快就可以找到目的计算机，采用广播方式由于广播的范围有限，不至于导致网络的瘫痪。但是在大规模的网络互连中，用物理地址寻址效率太低，试设想：如果用广播方式，每个一个站点发送数据，都在整个互联网的所有网络中广播，互联网还能正常工作吗？若采用逐点传输，何时才能传输到目的站点？

　　人们可以用生活中传递书信做比喻：如果在一个学校的班级内部传递信件，只需要写好接收者的姓名就行了（假设班级中所有学生都没有重名），这里的姓名相当于物理地址，不管用广播名字的方法还是逐个人传递的方法传输，接收者都可以很快收到信件。但是如果将信件传递的范围扩大到全中国甚至全世界（假设世界上的人都不重名），用人名来投递显然效率太低。

　　那么在生活中人们是怎样处理这个问题的呢？以中国为例：中国很大，可以将中国分成很多省市，在城市中再划分区，在区中再划分街道，街道再划分门牌号，这样在寻找某个人的时候，就可以先寻找这个人居住的地址，找到地址以后再根据姓名找到这个人。例如写信时书写的信封如图 4-2 所示。那么，这封信的投递过程就是：先寻北京，信件到达北京后再寻海淀等，最后到达收信人所在的门牌号后，再按照姓名投递。

在网络中，也采用了类似的做法，将全世界的物理网络，划分成一个个逻辑网络，每个逻辑网络都赋予一个唯一的网络编号（相当于我们书写信封时的省、市、区等），网上的每一个主机都属于一个逻辑网络，在逻辑网络中都有一个唯一的地址，这个地址描述了两个信息：一个是主机所属的网络号，一个是主机在网络中的编号，人们把这样一个带有位置信息的地址称为逻辑地址。在 TCP/IP 中这个逻辑地址叫 IP 地址。

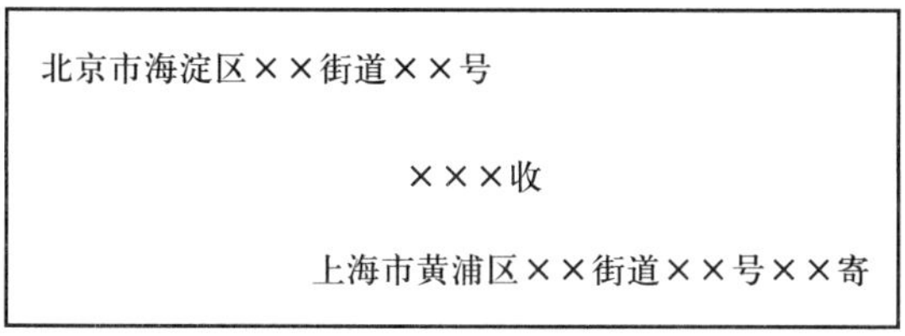

```
北京市海淀区××街道××号

           ×××收

上海市黄浦区××街道××号××寄
```

图 4-2 信封的地址格式

物理地址和 IP 地址的区别体现在以下几个方面：

① IP 地址是网络层的地址，物理地址是数据链路层的地址；

② IP 地址带有位置信息（网络号），物理地址没有位置信息，仅仅是一个标识符；

③ 当一个主机插上一块网卡后，这个主机的物理地址就确定了，一般是不能更改的，与物理地址不同，IP 地址是用户根据需要人为指定的，理论上讲，是可以随意更改的，当然这种更改是以不与其他主机地址冲突和不影响主机正常工作为前提的；

④ 物理地址的表示方法随网络技术的不同而不同，不同类型的网络物理地址的编址方案是不同的，而 IP 地址是全网统一编址的，不管具体的物理网络如何，在互联网上都使用 IP 地址标识主机。

4.2.2 IP 地址的组成与分类

到目前为止，TCP/IP 先后出现了 6 个版本，现在使用的版本叫 IPv4，在不久的将来，还要使用 IPv6。

1. IP 地址的组成

在 IPv4 编址方案中，IP 地址由 32 位的二进制组成，这 32 为二进制数被分为 4 组，每组 8 位，各组之间用"."分隔，由于二进制数不便于书写和阅读，为便于表示，将每组二进制数写成十进制数，每组数的取值范围在 0～255 之间。

动画演示 4-2：
IP 地址的表示

例如：一个 IP 地址的二进制表示为：10000010 . 00001001 . 00010000 . 0001000
     用十进制数表示为：130.9.16.8

从结构上看，IP 地址由两个部分组成，一部分代表网络号，用于标识主机所属的网络；一部分代表主机号，用于标识该主机是网络中第几号主机，如图 4-3

所示。究竟哪些数是网络号？哪些数是主机号？不是固定的，这与 IP 地址的类型有关。

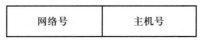

图 4-3 IP 地址的结构

动画演示 4-3：
IP 地址分类

2. IP 地址的分类

为了充分利用 IP 地址空间，Internet 委员会定义了 5 种 IP 地址类型以适合不同容量的网络，即 A、B、C、D、E 类，各类地址的特征如图 4-4 所示，图 4-4（a）中的 1、8、16、24、32 表示二进制数的位置，即第几位二进制数；X 代表网络标识，可以取 0 或 1；Y 代表主机标识，可以取 0 或 1。

（1）A 类地址

从图 4-4（b）中可以看出，在 A 类地址中，用第一个字节来表示网络类型和网络标识号，后面三个字节用来表示主机号码，其中第一个字节的最高位设为 0，用来与其他 IP 地址类型区分。第一个字节剩余的 7 位用来表示网络地址，最多可提供 $2^7-2=126$ 个网络标识号；这种 IP 地址的后 3 个字节用来表示主机号，每个网络最多可提供大约 16 777 214（$2^{24}-2$）个主机地址。A 类 IP 地址使用范围是 1.0.0.0~126.255.255.255，A 类网络的特征是 IP 地址的第一组数在 1~126 之间。这类地址网络支持的主机数量非常大，只有大型网络才需要 A 类地址，由于 Internet 发展的历史原因，A 类地址早已被分配完毕。

（2）B 类地址。

从图 4-4（c）中可以看出，在 B 类地址中，用前两个字节来表示网络类型和网络标识号，后面两个字节标识主机号码，其中第一个字节的最高两位设为 10，用来与其他 IP 地址区分开，第一个字节剩余的 6 位和第二个字节（共 14 位）用来表示网络地址，最多可提供 $2^{14}-2=16\ 384$ 个网络标识号。这种 IP 地址的后 2 个字节用来表示主机号码，每个网络最多可提供大约 65 534（$2^{16}-2$）个主机地址。B 类 IP 地址的使用范围是 128.0.0.0~191.255.255.255，B 类网络的特征是 IP 地址第一组数在 128~191 之间。这类地址网络支持的主机数量较大，适用于中型网络，通常将此类地址分配给规模较大的单位。

（3）C 类地址。

从图 4-4（d）中可以看出，在 C 类地址中，用前 3 个字节来表示网络类型和网络标识号，最后一个字节用来表示主机号码，其中第一个字节的最高三位设为 110 用来与其他 IP 地址区分开，第一个字节剩余的 5 位和后面两个字节（共 21 位）用来表示网络地址，最多可提供约 2 097 152（$2^{21}-2$）个网络标识号。最后 1 个字节用来表示主机号码，每个网络最多可提供 254（2^8-2）个主机地址。C 类 IP 地址的使用范围是 192.0.0.0~223.255.255.255，C 类网络的特征是：IP 地址的第一组数在 192~223 之间。这类地址网络支持的主机数量较少，适用于小型网络，通常将此类地址分配给规模较小的单位，如公司、院校等单位。

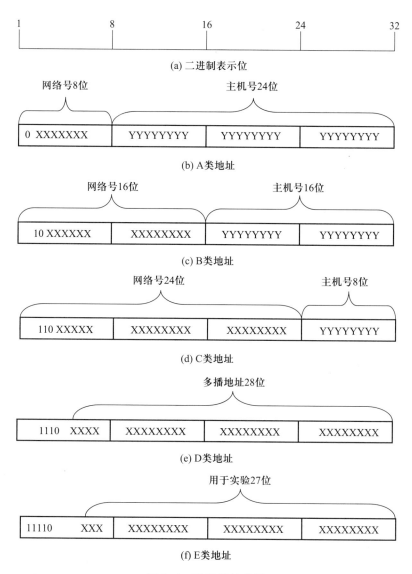

图 4-4 IP 地址的分类

（4）D 类地址

D 类地址是多播地址，不标识网络，地址覆盖范围为 224.0.0.0～239.255.255.255。D 类地址用于特殊用途，如组播地址。

（5）E 类地址

E 类地址在实验中使用，地址覆盖范围为 240.0.0.0～247.255.255.255。

目前供用户使用的 IP 地址是 A、B 和 C 类。

3. IP 地址的分配

在 TCP/IP 网络中，IP 地址是按网络接口分配的，每个联网的主机至少插一块网卡，那么它至少有一个 IP 地址，如果主机中插入了两个网卡，它就有了两个网络接口，则每块网卡都需要指定一个 IP 地址，当然，一块网卡也可以指定两个或两个以上的 IP 地址。路由器是网络互联设备，它至少要有两个接口，以连接两个或两个以上的网络，因此一个路由器要拥有两个以上的 IP 地址，路由器的每一个端口都至少拥有一个 IP 地址。同一网络内的所有主机要分配相同的网络标识号，同一网络内的不同主机必须分配不同的主机号，以区分主机，如果两个以上的主机被分配同一个 IP 地址，将出现 IP 地址冲突，地址冲突的主机就不能正常访问网络。不同网络内的每台主机必须具有不同的网络标识号，但是可以具有相同的主机标识号。图 4-5 是使用 TCP/IP 实现网络互联时，IP 地址的分配情况。

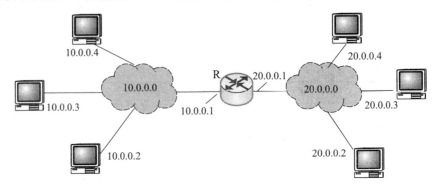

图 4-5　IP 地址分配

为了保证互联网中的主机 IP 地址的唯一性，IP 地址由权威机构统一分配，Internet 赋号管理局 IANA 是全球最高的 IP 地址管理机构，负责 IP 地址的分配，我国国内负责管理 IP 地址的机构是中国互联网信息中心 CNNIC。用户使用 IP 地址时，需要向 IP 地址管理机构提出申请，申请获批后才能使用申请到得 IP 地址。

4.2.3　特殊地址与保留地址

1. 特殊的 IP 地址

IP 地址中网络号全为 0 或全为 1、主机号全为 0 或全为 1 的地址都被赋予了特殊的意义，不能用于主机使用。

① 如果网络地址为 127，主机地址任意，这种地址是用来做循环测试用的，不可用作其他用途。例如，Ping　127.0.0.1 是用来将消息传给自己的。

② 如果主机地址为全 1，则该 IP 地址表示是一个网络或子网的广播地址。例如，发送消息给 192.168.1.255，分析可知它是 C 类网络地址，其主机地址为最后一个字节，即 255，二进制为 11111111，表示将信息发送给该网络上的每个主机。

③ 如果主机地址为全 0，则该 IP 地址表示为网络地址或子网地址。例如，192.168.1.0，分析可知它是 C 类网络地址，其主机地址为最后一个字节即 0，二进制为 00000000，表示 192.168.1 这个网络的地址。

正是由于地址不允许全 0（表示网络或子网地址）或全 1（表示广播地址），所以在计算可用的网络数目和主机数目时都要减 2。例如，C 类网络只能支持 $2^8-2=254$ 个主机地址。

④ 如果 32 位全 1，为受限广播地址，该广播不能跨越路由器。该地址用来将

一个分组以广播方式发送给本网的所有主机，分组将被本网的所有主机将接收，路由器则阻挡该分组通过。

⑤ 如果网络号全 0，表示这个网的这个主机地址。

⑥ 如果网络号全 1，表示这个网络上的特定主机地址，如果路由器或主机向这个地址发送分组，该分组将被限制在本网络内部传输。

2. 保留 IP 地址

由于在 Internet 上使用的是 TCP/IP，所以要想使计算机连入 Internet 必须使计算机拥有一个 IP 地址。如果要使网络中的计算机直接连入 Internet，必须使用由 InterNIC 分配的合法 IP 地址。但是 IP 地址非常有限，根据 IPv4 的编址方案，全世界可用的 A、B、C 类地址大约 43 亿左右，因此不可能给每个计算机分配一个合法地址。为了便于各组织在组织内部使用 TCP/IP 组网，IANA（因特网地址分配管理局）保留了一批 IP 地址，供内部组网使用，这些地址不需要申请，可以直接使用。这些地址如表 4-1 所示。

表 4-1 保留的 IP 地址分布范围

网络类型	地址范围	网络总数
A	10. 0. 0. 1～10. 255. 255. 254	1
B	172. 16. 0. 1～172. 31. 255. 254	16
C	192. 168. 0. 1～192. 168. 255. 254	256

但这些地址只能在局域网内部使用，不能出现在 Internet 上。如果让这些配置保留地址的计算机也能访问 Internet，需要使用代理服务技术或网络地址转换技术。

4.2.4 IP 地址的管理与分配

为了使 Internet 上的每一个主机都得到一个唯一的 IP 地址，IP 地址由统一的机构来规划，分级管理。目前 IP 地址的管理机构分三个层次。

第一层次是 ICANN。ICANN：互联网名称与数字地址分配机构（internet corporation for assigned names and numbers）。ICANN 成立于 1998 年 10 月，是一个集合了全球网络界商业、技术及学术各领域专家的非营利性国际组织，负责互联网协议（IP）地址的空间分配、协议标识符的指派、通用顶级域名以及国家和地区顶级域名系统的管理、以及根服务器系统的管理。这些服务最初是在美国政府合同下由互联网号码分配当局（internet assigned numbers authority，IANA）以及其他一些组织提供的，由 IANA 将地址分配到 ARIN（北美地区）、RIPE（欧洲地区）和 APNIC（亚太地区），然后再由这些地区性组织将地址分配给各个 ISP。现在，ICANN 行使 IANA 的职能。

为了保证国际互联网络的正常运行和向全体互联网络用户提供服务，国际上设立了国际互联网络信息中心（InterNIC）。为所有互联网络用户服务。interNIC 网站目前由 ICANN 负责维护，提供互联网域名登记服务的公开信息。

第二层次是地区 NIC，由三大区域性 IP 地址分配机构组成。

（1）ARIN

ARIN（american registry for internet numbers）负责北美、南美、加勒比以及非洲撒哈拉部分的 IP 地址分配。同时还要给全球 NSP（network service providers）分配地址。

（2）RIPE

RIPE（reseaux IP europeens）负责欧洲、中东、北非、西亚部分地区。

（3）APNIC

APNIC（asia pacific network information center）负责亚洲、太平洋地区。我国申请 IP 地址要通过 APNIC，申请时要考虑申请哪一类的 IP 地址，然后向国内的代理机构提出申请。

第三层次是国内 NIC，如中国的 CNNIC，负责为我国的网络服务商（ISP）和网络用户提供 IP 地址和 AS（自治系统）号码的分配管理服务。与 IP 地址申请相关的机构如表 4-2 所示。

表 4-2　IP 地址分配相关机构

机构代码	机构全称	服务器地址	负责区域
INTERNIC	互联网络信息中心	whois. internic. net	美国及其他地区
APNIC	亚洲与太平洋地区网络信息中心	whois. apnic. net	东亚、南亚、大洋洲
RIPE	欧洲 IP 地址注册中心	whois. ripe. net	欧洲、北非、西亚地区
CNNIC	中国互联网络信息中心	Whois. cnnic. net. cn	中国（除教育网内）
CERNIC	中国教育与科研网网络信息中心	whois. edu. cn	中国教育网内
ARIN	美国 Internet 号码注册中心	whois. arin. net	北美、撒哈拉沙漠以南非洲

4.3　子网与子网掩码

4.3.1　子网

1. 子网的概念

对于 A 类和 B 类网络，其网络内部的主机数量是大量的，很少有一个单独的物理网络拥有如此多的主机，为了充分利用 IP 地址资源，可以在逻辑网络内部划分子网，让一个子网号对应于一个物理网络，让多个物理网络共同使用一个网络号。当然，划分子网不仅针对 A 类和 B 类网络，C 类网络也可以划分子网。

拓展阅读 4-2：
子网的划分

划分子网的好处是可节省 IP 地址。例如，某公司四个分布于不同位置的物理网络，每个网络大约有 20 台左右的计算机，如果为每个物理网络申请一个 C 类网络地址，这显然非常浪费（因为 C 类网络可支持 254 个主机地址），而且还会增加路由器的负担（路由表记录增多），这时就可以考虑只申请一个网络号，然后在一个网络的内部进一步划分成若干个子网,由于每个子网中 IP 地址的网络号部分相同,所以在外部的路由器看来,这些子网是同一个网络。而单位内部的路由器应具备区分不同的子网的能力。

2. 子网的划分方法

可以从原来的主机地址中拿出几位用于标识子网地址。具体地说,如果一个 B 类网络,原来主机地址有 16 位,假如拿出四位用于表示子网地址,则一个 B 类地址可以划分成 $14(2^4-2)$ 个子网,每个子网可以容纳 $4\,094(2^{12}-2)$ 个主机。若拿出 8 位做子网号,则共可以分 $254(2^8-2)$ 个子网,每个子网可以容纳 $254(2^8-2)$ 台主机。B 类网络,划分子网(拿出 8 位做子网号)前后 IP 地址结构变化如图 4-6 所示。

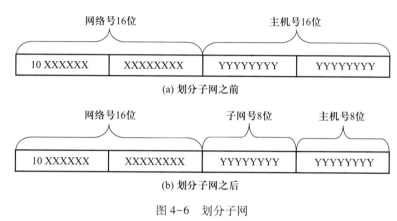

图 4-6 划分子网

划分子网后,一个 IP 地址可以看成由三个部分组成:网络号、子网号和主机号,如图 4-7 所示。

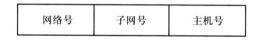

图 4-7 划分子网后的 IP 地址的结构

至于从主机号中拿出几位做子网号?划分几个子网?那纯粹是一个单位内部的事务,单位的网络管理员可以根据本单位的实际需要来划分,不需要向 Internet 地址管理部门申请,这一点对于正确的理解子网掩码非常重要。

4.3.2 子网掩码

1. 子网掩码及其作用

划分子网后,因为每个子网都具有相同的网络号,所以对于外部网络来说没有任何影响。外部路由器只要检查网络号是该单位的网络号,就把数据包丢给该单位的路由器,由单位的路由器去处理。但是,对于内部网络来说,由于各个物理网络都是独立的网络,他们之间也要靠路由器互连才能够相互通信,而内部物理网络的网络号又是相同的,那么只能根据子网号来判断一次通信是一个子网内部的通信还是不同子网间的通信。如果是子网内部的通信,路由器就应该丢弃数

动画演示 4-4:
子网掩码计算

据包，如果是不同子网之间的通信，路由器就应该转发数据包。

图 4-8 画出了多个网络通过路由器互连，而网络内部又划分了子网的情况。例如：设内部网络申请到的网络号是 160.68.0.0，子网 1 有一台主机的 IP 地址是 160.68.1.1，该主机发送一个数据包，目的地址是 180.16.1.15，内部路由器 R1 可以根据网络号转发给 R2，不会有问题；过了一会，160.68.1.1 的主机又发送一个数据包，目的地址是 160.68.25.12，那么，路由器究竟是否要转发呢？因为源地址和目的地址的网络号是相同的，所以路由器只能根据子网号来判断这两个地址是否属于同一个子网，属于同一个子网就丢弃，否则就转发。但是，前面曾强调，子网的划分不是固定的，而是灵活的，究竟拿出几位做子网号要完全根据需要而定。因此，为了让路由器能够正确地识别子网号，必须将子网的划分方案告诉路由器，在 TCP/IP 中，用子网掩码来表达子网划分方案。

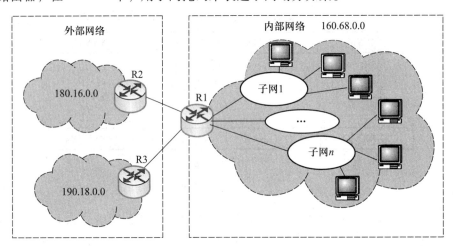

图 4-8　划分子网的网络与其他网络互连

2. 子网掩码的表示

子网掩码也是由 32 位二进制数组成，但是规定网络号部分和子网号部分全为 1，主机号部分全为 0。在一个逻辑网络的内部，由于只能采用同一个子网划分方案，所以网络中的每台主机以及路由器与本网络相连的接口的子网掩码都是相同的。而不同的网络，由于子网划分方案的不同，其子网掩码可能是不同的。

3. 路由器依据子网掩码解析子网的过程

路由器收到分组后，会将源主机的 IP 地址与子网掩码做逐位相"与"（相乘），求出源主机的子网号，再将目的主机的 IP 地址与子网掩码逐位相"与"，求出目的主机的子网号，然后比较这两个子网号是否相同，若相同就丢弃，否则就转发。

　　例：设源主机 IP 地址：160.68.1.1,　　子网掩码是 255.255.240.0
　　　　目的主机 IP 地址：160.68.25.12　　子网掩码是 255.255.240.0
判断两个主机是否属于同一个子网？

路由器的判断过程如下：将源 IP 地址与子网掩码逐位相与。

十进制数表示 　　　　　　二进制数表示

源 IP 地址　160.68.1.1　10100000　01000100　00000001　00000001

子网掩码　255.255.240.0　11111111　11111111　11110000　00000000

求出子网号　160.68.0.0　10100000　01000100　00000000　00000000

再将目的地址与子网掩码逐位相与。

十进制数表示 　　　　　　二进制数表示

目的 IP 地址　160.68.25.12　10100000　01000100　00011001　00001100

子网掩码　255.255.240.0　11111111　11111111　11110000　00000000

求出子网号　160.68.16.0　10100000　01000100　00010000　00000000

于是得知源地址和目的地址不在同一个子网，需要转发。

4. 子网掩码的规律

因为子网号都是从靠近网络号的部分来拿的，所以，子网掩码有一定的规律，下面以 C 类网络为例，说明子网号的位数与子网掩码、有效子网数、每个子网有效主机数的关系，如表 4-3 所示。

表 4-3　C 类网络划分子网的可能结果

子网号的位数	最后一个字节的子网掩码（二进制）	子网掩码（十进制）	划分的有效子网数	每子网有效主机地址数
1	10000000	255.255.255.128	0	—
2	11000000	255.255.255.192	2	62
3	11100000	255.255.255.224	6	30
4	11110000	255.255.255.240	14	14
5	11111000	255.255.255.248	30	6
6	11111100	255.255.255.252	62	2
7	11111110	255.255.255.254	126	0
8	11111111	255.255.255.255	—	—

对于 A 类和 B 类网络，可以参照表 4-3，分析出划分子网后可能的结果。

划分子网后，每个子网的第一个地址（主机号全 0）为该子网的子网号，每个子网的最后一个地址（主机号全 1）为该子网的广播地址，同样，子网号全为 0、子网号全为 1、主机号全为 0、主机号全为 1 的地址都不能分配给用户使用，所以，每个子网的有效主机地址是该子网所有主机地址减 2，如表 4-3 所示。

在没有划分子网的情况下，A、B、C 类网络默认的子网掩码是：

A 类网络：255.0.0.0

B 类网络：255.255.0.0

C 类网络：255.255.255.0

4.4 配置 TCP/IP 属性

4.4.1 TCP/IP 属性

TCP/IP 已经嵌入到各种操作系统之中，一台计算机在安装了网卡和操作系统后，TCP/IP 就是默认安装的协议，但是，要使计算机能够使用 TCP/IP 通信，必须配置 TCP/IP 属性。配置内容包括 IP 地址、子网掩码、默认网关、DNS 服务器地址等，各项配置内容的含义如表 4-4 所示。

表 4-4 TCP/IP 属性配置内容

配置内容	描述
IP 地址	本栏输入该计算机的 IP 地址，用于在网络上标识该主机，由 32 位二进制数组成，用点分十进制数表示，该地址可以是申请到得合法地址，也可以使用保留地址。在一个公用的网络中，需要由管理员指定，在私有的网络中，用户可以自行确定
子网掩码	表示子网划分方案，描述 32 位的 IP 地址中，哪些位是属于网络标识，哪些位属于主机标识，用于帮助路由器确定一个计算机属于哪一个子网，并正确的选择路由
默认网关	通常是路由器的某个端口的 IP 地址。对于计算机而言，默认网关表示本计算机与本网以外的其他网络（远程网络）的计算机通信时，数据包要交给哪一个路由器才能够送达；当一台计算机需要与其他网络的计算机通信时，必须配置默认网关；若不与其他网络的计算机通信，默认网关可以不回答。对于路由器而言，默认网关表示当在路由表中找不到所需的路径信息时，交给哪个路由器去进一步寻址
DNS 服务器	本栏输入域名服务器的 IP 地址，当用户在本计算机上键入一个要访问的主机域名时，该域名将被送往域名服务器，通过域名服务器获取目的计算机的 IP 地址。该地址由网络管理员指定（本地域名服务器），也可以自己选择 DNS 服务器

TCP/IP 属性可以人工静态配置，也可以自动获取，在 Windows 操作系统中，默认是自动获取。

4.4.2 静态配置 TCP/IP 属性

静态配置是指手动配置 TCP/IP 属性，Windows 提供了"Internet 协议（TCP/IPv4）属性"对话框，供用户手动配置。下面以 Windows 7 为例，介绍具体配置过程。

① 右击桌面上的"网络"图标，选择"属性"命令，或单击"控制面板"中的"网络和共享中心"命令，出现"网络和共享中心"窗口，如图 4-9 所示。

微视频 4-1：
配置 TCP/IP 属性

实验案例 4-1：
配置 TCP/IP 协议

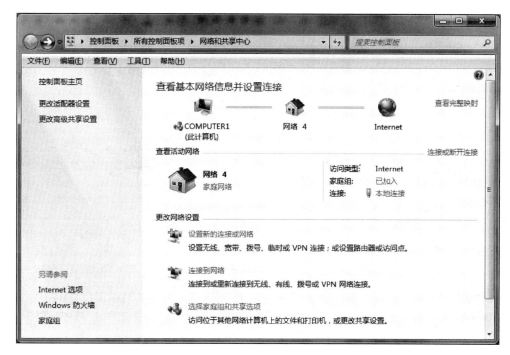

图 4-9 网络和共享中心

② 在 "网络和共享中心" 窗口单击 "更改适配器设置", 出现 "网络连接" 窗口, 如图 4-10 所示。

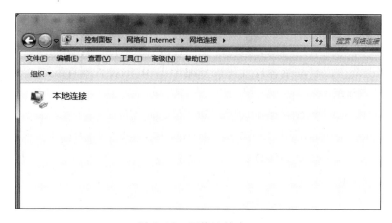

图 4-10 网络连接窗口

③ 右击 "本地连接", 在弹出的快捷菜单中选择 "属性" 命令, 出现 "本地连接属性" 对话框, 如图 4-11 所示。

④ 在 "本地连接属性" 对话框中选择 "Internet 协议版本 4 TCP/IPv4" 选项, 然后单击 "属性" 按钮, 出现 "Internet 协议版本 4 (TCP/IPv4) 属性" 对话框, 如图 4-12 所示。

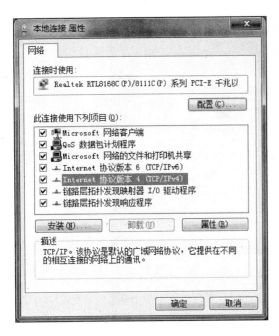

图 4-11 本地连接属性

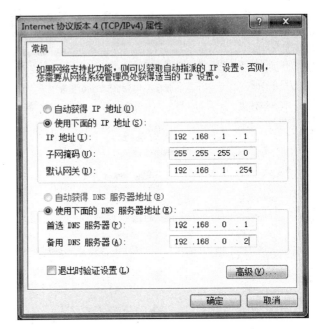

图 4-12 Internet 协议属性

⑤ 在图 4-12 中选中"使用下面的 IP 地址"单选按钮，并将 IP 地址、子网掩码、默认网关、DNS 服务器地址逐一填入。然后单击"确定"按钮。

4.4.3 DHCP 的基本原理

拓展阅读 4-3：
动态主机配置
协议

在安装了 Windows 系统以后，TCP/IP 属性默认为自动获取 IP 地址，但是要自动获取，网络中必须有运行动态主机配置协议（DHCP）的计算机，称为 DHCP 服务器，该服务器可以自动给客户计算机分配 TCP/IP 的各种配置参数。

1. 问题的提出

在 Internet 或 Intranet 网络上，使用 TCP/IP 通信时主机必须要有一个唯一的 IP 地址，但是并不是所有的用户都能正确的配置 IP 地址、子网掩码、默认网关等参数；有时，当用户的计算机经常从一个子网移动到另一个子网时，其 IP 地址也要重新配置；另外，在一些大型的机房里，有为数众多的计算机，如果每台计算机都手工配置 IP 地址，不仅工作量很大，而且也容易配错。

2. 动态主机配置协议 DHCP

上述情况下，如果在网络中安装一台 DHCP 服务器，就可以自动为用户主机配置 IP 地址和相关参数。动态主机配置协议（DHCP）是一种简化主机 IP 配置管理的 TCP/IP 标准。它可以轻松地管理 IP 地址的动态分配以及 DHCP 客户机所需的其他相关配置信息。

3. 使用 DHCP 的好处

① 配置安全可靠。DHCP 避免了由于需要手动在每个计算机上键入值而引起的配置错误。避免 IP 地址冲突现象的出现。

② 减少配置管理。使用 DHCP 服务器可以大大降低用于配置和重新配置网上

计算机的时间。

③ 节约 IP 地址资源。使用动态主机配置协议，用户计算机使用租用的方式来使用 IP 地址的，当用户计算机与网络连接时，这个地址被用户计算机占用，当断开连接时，如果设置的租用期已满，DHCP 服务器将 IP 地址收回，再租给其他用户，这样就可以节约 IP 地址资源。通过电信网络访问 Internet 的用户多数都是用这种方式获取 IP 地址的。

4. DHCP 服务的工作过程

DHCP 采用服务器/客户机工作方式。

DHCP 服务器。使用 DHCP 时，网络中必须至少有一台计算机专门提供可用的 IP 地址、子网掩码、默认网关等信息的服务器，我们把这台安装了 DHCP 服务器软件和具有 TCP/IP 相关信息的专用计算机称为 DHCP 服务器，这个服务器本身要有一个固定的 IP 地址。

DHCP 客户机。是使用 DHCP 功能的计算机，其 TCP/IP 属性配置为自动获取 IP 地址，启动时会向 DHCP 服务器申请一个临时地址，并根据 DHCP 服务器提供的信息自动进行配置。

DHCP 的工作原理如下（如图 4-13 所示）。

① DHCP 客户机用广播的方式向网络上所有 DHCP 服务器发出请求，要求租借一个 IP 地址（广播）。

② 网上所有 DHCP 服务器都检查自己的地址池中是否还有空余的 IP 地址，如果有的话，向客户机发出一个可提供 IP 地址的信息（单播）。DHCP 客户机一旦接到来自某一个 DHCP 服务器的信息时，就向网上所有的 DHCP 服务器发送广播，表示自己已经选择了一个 IP 地址。

③ 被选中的 DHCP 服务器向 DHCP 客户机发送一个确认信息，而其他的 DHCP 服务器则收回它们的有剩余 IP 地址的信息。

④ 客户机收到确认信息就使用服务器的回复信息配置自己的 TCP/IP 属性，并加入网络。

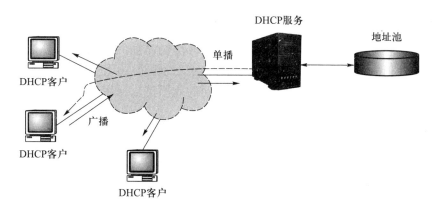

图 4-13　DHCP 工作原理

4.5 端口与进程通信

4.5.1 进程通信基本概念

在 TCP/IP 网络上，两个主机之间的通信，最终是两个主机上的应用进程间的通信。网络层的 IP 地址只是帮助人们找到了目的主机，但是目的主机上有许多应用进程，当一个主机与另一个主机通信时，不仅要指明目的主机的 IP 地址，而且要指明与目的主机上的哪个应用进程进行通信，同时访问者也需要指明自己的 IP 地址和应用进程，如图 4-14 所示。

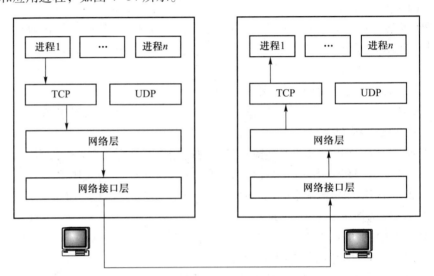

图 4-14 两个主机间的进程通信

4.5.2 端口概念与常用端口

在主机的应用层，有许多应用进程，传输层如何加以识别？或者说，当 TCP 从网络层收到一个数据包后，究竟要送给应用层的哪个应用进程呢？在 TCP/IP 系统中，为了能够让传输层识别应用层上不同的应用进程，在传输层给应用层的每一个应用都编了一个地址，这个地址叫端口号。

端口是个预定义的内部地址，提供从应用程序到传输层或从传输层到应用程序之间的一条通路，传输层使用端口号来标识执行发送和接收的应用进程，端口号可以帮助传输层来分离字节流并且把相应字节传递给正确的应用程序。

根据 IP 地址和端口号就可以唯一地确定信宿主机中某个特定进程。IP 地址是网络层的地址，它帮助人们在互联网上找到目的主机，端口是传输层上的地址，它帮助人们找到主机上具体的应用进程（通信对象）。发送端通过接收端的 IP 地址和端口号将数据送往目的地，接收端根据发送端的 IP 地址和端口号做出回应，如图 4-15 所示。

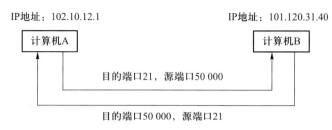

图 4-15 两个主机间根据端口通信

例如，发送端发送数据到 101.120.31.40：21，接收端返回数据到 102.10.12.1：50000。

人们把这样一种既包含了 IP 地址又包含端口号的地址叫套接字（socket）。图 4-15 显示了使用 TCP/IP 协议的计算机之间是如何交换套接字信息的。

端口号是一个 16 比特的二进制数，其取值范围从 0～65 535。网络上的计算机中运行的任何网络应用程序都有一个或多个端口号与之对应。

端口号分为以下三类。

从 0～1 023 的端口号被称为众所周知的端口号，所谓众所周知的端口是指由 IANA 分配给特定应用程序的端口号，这些端口号已分配给标准的网络应用：如 HTTP、FTP、SMTP 等，被限制使用。表 4-5 和表 4-6 列出了常用 TCP 和 UDP 端口。

表 4-5 常用的众所周知的 TCP 端口号

服 务 程 序	端 口 号	服 务 说 明
FTP	20	文件传输协议（数据连接）
FTP	21	文件传输协议（控制连接）
telnet	23	虚拟终端协议
SMTP	25	简单邮件传输协议
Name	42	主机名服务器
DNS	53	DNS 服务器
Gopher	70	Gopher 服务程序
HTTP	80	超文本传输协议
POP	109	邮局协议
POP3	110	邮局协议 3
SFTP	115	安全 FTP 程序
News	144	网络新闻协议

表 4-6 常用的众所周知的 UDP 端口号

服 务 程 序	端 口 号	服 务 说 明
Name	42	主机名称服务
DNS	53	域名服务
Bootps	67	引导协议服务程序/DHCP
Bootpc	68	引导协议客户程序/DHCP
Tftp	69	简单文件传输协议
Snmp	161	简单网络管理协议

从 1 024~49 151 的端口号称为注册端口号，用来标识那些已经向 IANA 注册的应用。

从 49 152~65 535 的端口号称为私有端口或临时端口号，是非注册的，并且可以动态地分配给任何应用进程。

服务器端总是在一个众所周知的或注册的端口上来监听客户端的访问请求，客户端使用临时端口在本地标识一个对话。客户端的端口只在使用 TCP 服务时候才存在，而服务器端口只要服务器进程在运行就一直存在。

下面结合图 4-15 介绍计算机 A 如何通过套接字来访问目的计算机 B 上的应用程序的。

① 计算机 A 通过一个临时端口（如 50 000）与计算机 B 的众所周知的端口（如 21）建立连接，计算机 B 的 IP 地址和众所周知的端口就成为计算机 A 的目的套接字地址。计算机 A 发出的请求包含自己的 IP 地址和本次连接的临时端口号（如 50 000），告诉计算机 B 在将信息发回给计算机 A 时使用哪个套接字号。

② 计算机 B 通过众所周知的端口接收来自计算机 A 的请求，并将应答信息发送至作为计算机 A 的源地址所列出的套接字。该套接字就是从计算机 B 上的应用程序送往计算机 A 上的应用程序目的套接字地址。

4.6 IPv6

4.6.1 IPv4 的局限性

IPv4 的局限性

IPv4 的设计者当时无法预见到未来 20 年中 Internet 技术发展得如此之快，应用如此广泛。IPv4 面临的很多问题已经无法用"打补丁"的办法去解决，只能在设计新一代 IP 时统一加以考虑和解决。

IPv4 协议面临的问题主要表现在以下几个方面。

（1）IP 地址耗尽

尽管 IPv4 的 32 位地址空间可以提供多达 4 294 967 296 个地址，但是按照当时制定的 IP 地址分配规则，能够用于分配的 IP 地址的数目非常有限。为了解决这个供需矛盾，人们提出了划分子网、构成超网、可变长度子网与网络地址转换等方法。实践证明，这些方法可以暂时地缓和 IP 地址短缺的矛盾，要想从根本上解决问题，必须研究新的地址方案。

（2）网络地址转换 NAT 给网络性能、安全带来隐患

为了避免过快减少可以分配的 IP 地址，IANA 保留了一批地址用于内部 IP 网络，但是这些地址不能直接访问 Internet，NAT 在内部网络与公用网络之间提供接口，可以将内部网络的私有地址转换成可以访问 Internet 的公网地址，这样，所有内部网络的主机就可以与外部主机通信。但是，这种转会影响网络的性能，而且，NAT 只适用于那些不需要与其他网络合并或直接访问公用网络的网络，否则会带来安全问题。

（3）骨干路由器路由表几近饱和

目前 IPv4 的路由结构是由扁平和层次的两种结构组成。根据 IPv4 地址的分配方法，目前 Internet 上的骨干路由器的路由表中通常都有超过 85 000 条的路由和状态记录，骨干路由器查找和维护大路由表的能力，和对它能够提供的服务质量的矛盾十分突出。

（4）手动配置 IP 地址不方便

IPv4 的实现方案中，多数情况下主机 IP 地址都要进行手工配置，或者使用动态主机配置协议 DHCP。随着越来越多的计算机和相关设备使用 IP，需要一种更加简便和自动的地址配置方式，这也导致人们需要去研究一种新的地址配置方法。

（5）IP 级的安全性不高

为了在 Internet 上传输数据安全性的需要，人们已经制定了通信加密服务的标准 IPSec，但是这个标准对 IPv4 来说是可选的，因而人们需要研究网络层通用的安全协议标准。

（6）多媒体业务对网络层实时数据传送服务质量 QoS 提出了更高的要求

随着 Internet 应用的普及和发展，多媒体业务需求成倍增长，音频信息和视频信息逐渐成为网络中主要的传输数据，为了支持多媒体数据传输，人们在传统的 IPv4 中增加 IP 组播协议、资源预留协议、区分服务与多协议标识交换协议。尽管 IPv4 中已有 QoS 标准，但对实时通信流传送，还是依赖于传统的 IPv4 中的服务类型 TOS 字段以及报文标识。IPv4 的 TOS 字段功能有限，不能满足实时数据传送服务质量 QoS 的要求。

为解决以上这些问题，IETF 研究和开发了一套新的协议和标准——IPv6。IPv6 在设计中尽量做到对上、下层协议影响最小，并力求考虑的更为周全，避免不断做新的改变。

4.6.2 IPv6 对 IPv4 的改进

与 IPv4 相比，IPv6 的主要特征可以总结为：新的协议格式、巨大的地址空间、

有效的分级寻址和路由结构、地址自动配置、内置的安全机制、更好地支持 QoS 服务。

（1）新的协议头格式

IPv6 的协议头采用了一种新的分组格式，可以最大限度地减少协议头的开销。为实现这个目的，IPv6 将一些非根本性的和可选择的字段移到了固定协议头之后的扩展协议头中。新 IPv6 中的地址的位数是 IPv4 地址位数的 4 倍，但是 IPv6 分组头的长度仅是 IPv4 分组头长度的两倍。这样，网络中的中间转发路由器在处理这种简化的 IPv6 协议头时，效率就会更高。

（2）巨大的地址空间

IPv6 的地址长度定为 128 位，因此它可以提供多达超过 $3.4×10^{38}$ 个 IP 地址。IPv6 地址空间是 IPv4 的 296 倍。如果地球表面面积按 $5.11×10^{14}$ m^2 计算，那么地球表面每一平方米平均可以获得的 IPv6 地址数为 $6.65×10^{23}$ 个。这样，今后所有的移动电话、汽车、智能仪器、掌上电脑等设备都可以获得 IP 地址。接入 Internet 的设备数量将不受限制地持续增长，可以适应 21 世纪，甚至更长时间的需要。根据 RFC2373 对 IPv6 地址分类，IPv6 地址分为：单播地址、组播地址、多播地址与特殊地址等基本的 4 类。

（3）有效的分级路由结构

人们在确定地址长度为 128 位更深层次的原因是：巨大的地址空间能够更好地将路由结构划分出层次，允许使用多级的子网划分和地址分配，层次的划分可以将覆盖从 Internet 主干网到各个部门内部子网的多级结构，更好地适应网络层次结构，使得路由器的寻址更加简便。这种方法可以增加路由层次划分和寻址的灵活性，大大减少了路由器中路由表的长度，提高了路由器转发数据包的速度。

（4）支持地址自动配置

为简化主机配置，IPv6 支持地址自动配置。链路上的主机会自动地为自己配置适合于这条链路的 IPv6 地址（称为链路本地地址），或者是适合于 IPv4 和 IPv6 共存的 IP 地址。同一链路的所有主机可以自动配置它们的链路本地地址，这样不用手工配置也可以进行通信。

（5）内置的安全性

IPv6 支持 IPSec 协议，这就为网络安全性提供了一种基于标准的解决方案，用户可以在网络层对数据进行加密传输，并对报文进行校验，IPSec 提供了数据完整性、数据验证、数据机密性和重放保护。

（6）更好地支持 QoS

IPv6 协议头中的新字段定义了如何识别和处理通信流。通过使用通信流类型字段，来区分其优先级。IPv6 协议头中的流标记字段使得路由器可以对属于一个流的数据包进行识别和提供特殊处理，可以更好地支持 QoS。

（7）协议更加简洁

当 IP 分组在网络传输过程中出现问题时，IPv4 是通过 ICMPv4 控制信息返回出错信息，由源节点重新发送该分组。ICMPv4 报文都必须作为 IP 分组的数据来发送，从这一点上看，它好像是 IP 一个高层协议，而实际上它是 IP 协议的一部分。

IPv6 结构体系中同样设计了 ICMPv6。ICMPv6 具备了 ICMPv4 的所有基本功能，不同之处主要是 ICMPv6 合并了 ICMP、IGMP 与 ARP 等多个协议的功能，使协议体系变得更加简洁。

（8）可扩展性

IPv6 通过在 IPv6 协议头之后添加新的扩展协议头，可以很方便地实现功能的扩展。IPv4 协议头中的选项最多可以支持 40B 的选项，而 IPv6 通过简单的"下一个报头"字段来实现扩展报头的作用。

4.6.3　IPv6 地址表示方法

1. IPv6 地址表示

IPv4 地址采用十进制点分表示法。32 位的 IPv4 地址按每 8 位划分为一个位段，每个位段被转换为相应的十进制的值，并用点号"."隔开。

RFC2373 对 IPv6 地址空间结构与地址基本表示方法进行了定义。IPv6 的 128 位地址按每 16 位划分为一个位段，每个位段被转换为一个 4 位的十六进制数，并用冒号":"隔开，这种表示法称为冒号十六进制表示法（colon hexadecimal）。

例：用二进制格式表示 128 位的一个 IPv6 地址：

0010000111011010000000000000000000000000000000000010111100111011

0000000101010101000000000000000011111111111100000100010011100010011010

可以将这个 128 位的地址按每 16 位划分为 8 个位段：

0010000111011010 0000000000000000 0000000000000000 0000000000000000

0000000101010101 0000000000001111 1111111000001000 1001110001011010

然后将每个位段转换成十六进制数，并用冒号隔开，结果应该是：

　　　21DA：0000：0000：0000：02AA：000F：FE08：9C5A

由于十六进制和二进制之间的进制转换，比十进制和二进制之间的进制转换更容易，每一位十六进制数对应 4 位二进制数，因此 IPv6 的地址表示法采用了十六进制数。

2. IPv6 地址的简化表示

一个 IPv6 地址即使采用了十六进制数表示，但还是很长，为了能够简化表示，可以采用以下方法。

① 如果某个位段中有前导 0，可以将其省略。例如，00D3 可以简写为 D3；02AA 可以简写为 2AA。但不能把一个位段内部的有效 0 也压缩掉，如 FE08 就不可以简写为 FE8。同时需要注意的是，每个位段至少应该有一个数字，0000 可以简写为 0。

根据前导零压缩法，上面的地址可以进一步简化表示为：

　　　21DA：0：0：0：2AA：F：FE08：9C5A

② 有些类型的 IPv6 地址中包含了一长串 0。为了进一步简化 IP 地址表达，在一个以冒号十六进制表示法表示的 IPv6 地址中，如果几个连续位段的值都为 0，那么这些 0 就可以简写为::，称为双冒号表示法。

那么，前面的结果又可以简化写为：21DA::2AA：F：FE08：9C5A。

在使用双冒号表示法时要注意：双冒号：：在一个地址中只能出现一次，否则，无法计算一个双冒号压缩了多少个位段或多少个 0。例如：地址 0：0：0：2AA：12：0：0：0，一种压缩表示法是：：2AA：12：0：0：0，另一种表示法是 0：0：0：2AA：12：：，不能把它表示为：：2AA：12：：。

确定：：之间代表了被压缩的多少位 0，可以数一下地址中还有多少个位段，然后用 8 减去这个数，再将结果乘以 16。例如，在地址 FF02：3：：5 中有 3 个位段（FF02、3 和 2），可以根据公式计算：（8-3）×16=80. 则：：之间表示有 80 位的二进制数字 0 被压缩。

3. IPv6 前缀（format prefix）问题

IPv6 不支持子网掩码，它只支持前缀长度表示法。前缀是 IPv6 地址的一部分，用作 IPv6 路由或子网标识。前缀的表示方法与 IPv4 中的无类域间路由 CIDR 表示方法基本类似。IPv6 前缀可以用"地址/前缀长度"来表示。例如：21DA：：D3：：/48、2IDA：D3：0：2F3B：：/64 等。

4.6.4 从 IPv4 过渡到 IPv6

从 IPv4 向 IPv6 的转换是必然的，但是目前 Internet 上使用 IPv4 的设备、软件太多了，不可能一夜之间就完成从 IPv4 到 IPv6 的转换，需要有一个相当长的过渡阶段。因此必须研究从 IPv4 到 IPv6 的过渡方法。从 IPv4 到 IPv6 的过渡的方法有多种，最基本的是双 IP 层或双协议栈、隧道技术。

1. 双 IP 层或双协议栈

双 IP 层是指在完全过渡到 IPv6 之前，使一部分主机和路由器装有两个协议，一个 IPv4 协议和一个 IPv6 协议。因此这种主机既能够与 IPv6 的系统通信，又能够与 IPv4 的系统通信。具有双 IP 层的主机或路由器应当具有两个 IP 地址：一个 IPv6 地址和一个 IPv4 地址。IP 主机在与 IPv6 主机通信时是采用 IPv6 地址，而与 IPv4 主机通信时就采用 IPv4 地址。双 IP 层主机的 TCP 或 UDP 协议都可以通过 IPv4 网络、IPv6 网络或者是 IPv6 穿越 IPv4 的隧道的通信来实现的。图 4-16（a）给出了双协议层结构。

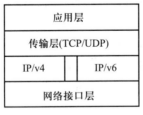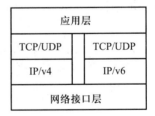

(a) 双协议层结构　　　　(b) 双协议栈结构

图 4-16　双协议层与双协议栈结构

Windows XP 与 Windows Server2003 系列中的 IPv6 不使用双协议层结构，而使用双协议栈结构。它的 IPv6 的驱动程序 Tcpip6. sys 中包含着 TCP 和 UDP 的不同实现方案，这种结构称作双协议栈结构。图 4-16（b）给出了双协议栈结构。

2. 隧道技术

隧道（tunnel）技术是 IPv6 分组在进入 IPv4 网络时，将 IPv6 分组封装成为 IPv4 分组，整个 IPv6 分组变成了 IPv4 分组的数据部分。当 IPv4 分组离开 IPv4 网络时，再将其数据部分交给主机的 IPv6，这就好像在 IPv4 网络中打通了一个隧道来传输 IPv6 数据分组，其封装过程如图 4-17 所示。

图 4-17 将 IPv6 分组封装在 IPv4 分组中

3. 隧道配置

RFC2893 将隧道配置分为路由器—路由器、主机—路由器或路由器—主机、主机—主机 3 种情况，以及手动配置的隧道与自动配置的隧道两种类型。

（1）路由器—路由器隧道结构

图 4-18 所示，这种结构中，隧道的端点是两台 IPv4/IPv6 路由器，隧道是位于两个路由器之间的 IPv4 网络，其中可以包含多个 IPv4 路由器。由两个 IPv4/IPv6 路由器负责对提供 IPv6 穿越 IPv4 网络的隧道的接口，以及对应的路由。实现过程如下。

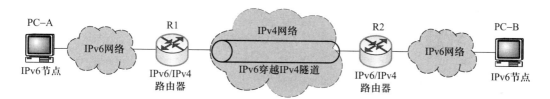

图 4-18 路由器—路由器隧道结构

① PC-A 将 IPv6 数据包发送至路由器 R1 上。

② 路由器 R1 接收到发往 PC-B 的数据包后，开始把该数据包封装在一个 IPv4 首部中，然后转发至路由器 R2。

③ 在路由器 R2，也即隧道的出口点，解开数据包的封装，将 IPv4 首部剥离，取出 IPv6 数据包，转发至最终的目的地 PC-B。

（2）主机—路由器隧道结构

图 4-19 所示，在主机—路由器隧道配置中，由 IPv4 网络中的 IPv4/IPv6 主机创建一个 IPv6 跨越 IPv4 网络的隧道，实现过程如下。

① PC-A 把 IPv6 数据包封装在一个 IPv4 首部中，然后转发至路由器 R。

② 在路由器 R，也即隧道的出口点，解开数据包的封装，将 IPv4 首部剥离，取出 IPv6 数据包，路由器选择路由并转发至最终的目的地 PC-B。

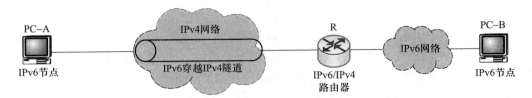

图 4-19　主机—路由器隧道结构

（3）主机—主机隧道结构

图 4-20 所示，在主机—主机隧道配置中，IPv4/IPv6 主机创建一个 IPv6 跨越 IPv4 网络的隧道，作为从源节点到目的节点整个路径。实现过程如下。

① PC-A 把 IPv6 数据包封装在一个 IPv4 首部中，然后通过隧道传输给 PC-B。

② 在隧道的出口点，PC-B 解开数据包的封装，将 IPv4 首部剥离，取出 IPv6 数据包。

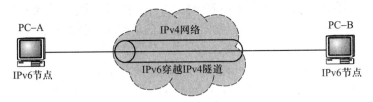

图 4-20　主机—主机隧道结构

习题

习题答案：
第 4 章

一、选择题

1. TCP/IP 通信模型分为_____个层次。

　　A. 3　　　　　　　　B. 4　　　　　　　　C. 5　　　　　　　　D. 7

2. 当网络 A 上的一个主机向网络 B 上的一个主机发送报文时，路由器需要检查_____地址。

　　A. 物理　　　　　　　B. IP　　　　　　　C. 端口　　　　　　　D. 其他

3. 在 TCP/IP 参考模型的层次中，解决计算机之间通信问题是在_____。

　　A. 主机—网络层　B. 互联网络层　　C. 传输层　　　　　D. 应用层

4. 将下列关于 TCP 的说法中哪个是错误的？_____

　　A. TCP 可以提供可靠的数据流传输服务

　　B. TCP 可以提供面向非连接的数据流传输服务

　　C. TCP 可以提供全双工的数据流传输服务

　　D. TCP 可以提供面向连接的数据流传输服务

5. 下列协议不属于应用层协议的是_____。

　　A. ICMP　　　　　　B. SNMP　　　　　　C. Telnet　　　　　D. FTP

6. 将 IPv4 地址映射为物理地址的协议是_____。

    A. ARP   B. ICMP   C. UDP   D. SMTP

7. IPv4 地址由一组_____比特的二进制数字组成。

    A. 8   B. 16   C. 32   D. 64

8. 111. 251. 1. 7 的默认子网掩码是_____。

    A. 255. 0. 0. 0   B. 255. 255. 0. 0

    C. 255. 255. 255. 0   D. 111. 251. 0. 0

9. IP 地址可以用 4 个十进制数表示，每个数必须小于_____。

    A. 128   B. 64   C. 1024   D. 256

10. B 类地址中用_____位来标识网络中的主机。

    A. 8   B. 14   C. 16   D. 24

11. 以下合法的 B 类 IP 地址是_____。

    A. 100. 100. 100. 0   B. 190. 190. 100. 150

    C. 212. 23. 55. 1   D. 130. 256. 119. 114

12. 下列哪组 IP 地址是私有的（或保留的、供内部组网用的）？_____

    A. 192. 168. 1. 1   B. 200. 168. 1. 1

    C. 192. 68. 1. 1   D. 9. 2. 1. 1

13. HTTP 协议使用的 TCP 端口是_____。

    A. 21   B. 23   C. 25   D. 80

14. 在 TCP/IP 协议中，下列_____是用户数据报协议。

    A. UDP   B. TCP   C. IP   D. ARP

15. 把网络 202. 112. 78. 0 划分为多个子网（子网掩码为 255. 255. 255. 192），则各子网中可用的主机地址总数是_____。

    A. 254   B. 252   C. 128   D. 124

16. TCP/IP 的传输层协议使用_____地址形式将数据传送给上层应用程序。

    A. IP 地址   B. MAC 地址

    C. 端口号   D. 套接字（socket）地址

二、填空题

1. IP 地址是_____层的地址，MAC 地址是_____层的地址。

2. 在 TCP/IP 参考模型的传输层上，_____实现的是一种面向无连接的协议，不能提供可靠的数据传输，并且没有差错校验。

3. IP 地址分为 5 类，若某计算机的 IP 地址是 130. 10. 20. 1，则该地址是_____类地址，其网络号是_____，主机号是_____。

4. IP 地址的主机部分如果全为 1，则表示_____地址；IP 地址的主机部分若全为 0，则表示_____地址；第 1 个字节为 127 的 IP 地址（例如，127. 0. 0. 1）被称为_____地址。

5. 将 IP 地址 11001010010111010111100000101101 按照点分十进制应该表示为_____。这是一个_____类 IP 地址，所属的网络为_____，这个网络的受限广播地址为_____，直接广播地址为_____。

6. 某计算机的 IP 地址是 208.37.62.23，那么该计算机在_____类网络上，如果该网络的子网掩码为 255.255.255.240，问该网络最多可以划分_____个子网；每个子网最多可以有_____台主机。

7. 进程通信的首要问题是解决进程标识方法。TCP/IP 中用_____来标识进程。

8. 若一个 IPv6 地址为 645A：0：0：0：382：0：0：4587，采用零压缩后可表示为_____。

三、简答题

1. 简述 TCP、IP、ARP、UDP、HTTP 分别提供哪些网络服务。

2. 简述 TCP 和 UDP 的特点和适用场合。

3. 有了物理地址为什么还需要 IP 地址？

4. 简叙 IP 地址的分类，及各类 IP 地址的取值范围。

5. 简述子网掩码的作用。

第5章 接入网与网络 接入技术

现在，各个单位都有大量的计算机，计算机已经走进千家万户，成为普通百姓来买得起的商品。这些计算机都要连入 Internet，但是 Internet 主干网并没有连接到千家万户，要想连入 Internet 必须通过某种接入网络才能实现。本章介绍各种网络接入技术。

电子教案：
第5章

5.1 接入网

5.1.1 接入网的基本概念

Internet 是覆盖全球的网络，其各级主干网是由光纤敷设而成的，但是 Internet 并没有真正连入千家万户，而现有的广域网络与 Interne 都有相连关系，因此，必须利用某种接入网把用户连入到 Internet 上去，如图 5-1 所示。

图 5-1 将用户连入互联网的模型

所谓接入网是指骨干网络到用户终端之间的所有设备。其长度一般为几百米到几千米，因而被形象地称为"最后一千米"。接入网的任务是把用户接入到核心网，提供用户最近业务点的连接。由于骨干网一般采用光纤结构，传输速度快，因此，接入网便成了整个网络系统的瓶颈。随着通信技术迅猛发展，人们对网络服务综合化、数字化、智能化、宽带化、多媒体化的需求也不断提高，如何充分利用现有的网络资源增加业务类型，提高服务质量，已成为电信专家和运营商日益关注研究的课题，"最后一千米"解决方案已经成为人们最关心的焦点。因此，接入网已经成为网络应用和建设的热点。

互联网业务提供商（ISP）向广大用户综合提供互联网接入业务、信息业务和增值业务的电信运营商。ISP 是经国家主管部门批准的正式运营企业，享受国家法律保护。国内主要的 ISP 包括基础运营商如中国电信、中国联通、中国移动等，这些基础运营商拥有自己的网络，还有一类 ISP 自己不经营网络，而是从基础服务商处租用网络带宽，为用户提供网络接入服务。

5.1.2 可以用作接入网的网络

1. 公共电话网

拓展阅读 5-1：
公共电话网

公共电话交换网（PSTN）是以电路交换技术为基础的用于传输模拟话音的网络。目前，全世界的电话数目早已达几亿部，并且还在不断增长。要将如此之多的电话连在一起并能很好地工作，唯一可行的办法就是采用分级交换方式。

用户可以使用普通拨号电话线或租用一条电话专线进行数据传输，使用 PSTN 实现计算机之间的数据通信是最廉价的，但由于 PSTN 线路的传输质量较差，而且带宽有限，再加上 PSTN 交换机没有存储功能，因此 PSTN 只能用于对通信质量要求不高的场合。目前 PSTN 进行数据通信的最高速率不超过 56 Kbps。

2. 数字数据网

数字数据网（DDN）是利用数字信道传输数字信号的数据传输网。它的主要作用是向用户提供永久性和半永久性连接的数字数据传输信道，提供点到点及点到多点的数字专线或专网。其主干网传输介质主要有光纤、数字微波、卫星信道等。

拓展阅读 5-2：数字数据网

DDN 既可用于计算机之间的通信、局域网之间的通信，也可用于传送数字化传真，数字话音，数字图像信号或其他数字化信号。永久性连接的数字数据传输信道是指用户间建立固定连接，传输速率不变的独占带宽电路。半永久性连接的数字数据传输信道对用户来说是非交换性的。但用户可提出申请，由网络管理人员对其提出的传输速率、传输数据的目的地和传输路由进行修改。网络经营者向广大用户提供了灵活方便的数字电路出租业务，供各行业构成自己的专用网。

DDN 适合于数据业务量较大、通信时间较长、要求通信实时性很高、需跨市或跨省进行组网互联的广大企事业单位用户，对于通信时间较短的个人用户来说，不能利用 DDN 的特性，费用偏高。

3. 分组交换网

分组交换网主要用于数据通信。分组交换是一种存储转发的交换方式，它将用户的报文划分成一定长度的分组，以分组为单位存储转发，因此，它比电路交换的线路利用率高，比报文交换的时延要小，而且具有实时通信的能力。

拓展阅读 5-3：分组交换网

X.25 是 CCITT 制定的"在公用数据网上以分组方式工作的数据终端设备 DTE 和数据通信设备 DCE 之间的接口"，所以，分组交换网又叫 X.25 网。

4. 帧中继

帧中继（FR）技术是由 X.25 分组交换技术演变而来的。帧中继是在分组交换网的基础上，结合数字专线技术而产生的数据业务网络。是对分组交换网的改进，在某种程度上它可被认为是一种"快速分组交换网"。与 X.25 相比，由于传输介质用光纤取代了早期的铜线，所以误码率低得多，因此，免去了 X.25 在每段链路上都进行差错控制的过程，从而可以减少节点的处理时间，提高网络的吞吐量。帧中继只完成 OSI 七层协议中物理层和数据链路层的功能，而将流量控制、纠错等功能留给智能终端完成，故其数据链路层协议（LAPD 协议）在可靠的基础上相对简化，从而减小了传输时延，提高了传输速度。

拓展阅读 5-4：帧中继

5. 综合业务数字网 ISDN

综合业务数字网是利用公共电话网采用时分多路复用技术将多项业务复用在一条"数字管道"中，用来承载包括话音和非话音在内的各种电信业务。现在普遍开放的 ISDN 业务为 N-ISDN，即窄带 ISDN。

拓展阅读 5-5：综合业务数字网

ISDN 有两种速率接入方式：一种是基本速率接口 BRI，BRI 接口包括两个能独立工作的 B 信道（64 Kbps）和一个 D 信道（16 Kbps），其中 B 信道一般用来传输话音、数据和图像，D 信道用来传输信令或分组信息。上网同时打电话时，一路用于传输语音信号，另一路用于传输数据信号；只上网不打电话时，两路都用于传输数据信号。BRI 一般用于较低速率的小容量系统中，适合于家庭和较小的单位。在基本速率接口 2B+D 下，最大数据传输速率可以达到 128 Kbps。

另一种是一次群速率接口 PRI。PRI 有两种：一种是在欧洲、澳洲等地区使用的 PRI 接口，它提供 30 路 64 Kbps 的 B 信道和一路 64 Kbps 的 D 信道，即 30B+D，其传输速率与 2.08 Mbps 的脉码调制（PCM）的基群相对应；另一种是在美国和日本地区使用的 PRI 接口，它提供 23 路 64 Kbps 的 B 信道和一路 64 Kbps 的 D 信道，即 23B+D，其传输速率与 1.544 Mbps 的 PCM 基群相对应。同样，B 信道用于传输语音和数据，D 信道用于发送 B 信道使用的控制信号或用于用户分组数据传输。我国采用的是欧洲标准，即 30B+D。PRI 一般用于需要更高速率的大容量的大容量系统中，如大型企业事业单位。

6. 非对称数字用户回路 ADSL

拓展阅读 5-6：
非对称数字用户回路

ADSL 是 asymmetric digital subscriber loop（非对称数字用户回路）的缩写，它能在现有的普通铜质双绞电话线上提供高达 8 Mbps 的高速下载速率和 1 Mbps 的上行速率，而其传输距离为 3~8 km。虽然传统的 modem 也是使用电话线传输的，但它只使用了 0~4 kHz 的低频段，而电话线理论上有接近 2 MHz 的带宽。ADSL 正是使用了 26 kHz 以后的高频带才能提供如此高的速率。

ADSL 的基本工作流程是这样的：经 ADSL modem 编码后的信号通过电话线传到电话局后再通过一个信号识别/分离器，如果是语音信号就传到交换机上，如果是数字信号就接入 Internet，或其他网络上。

在 ADSL 通信线路中会在普通的电话信道中分离出 3 个信息通道。

① 速率为 1.5~8 Mbps 的高速下行通道，用于用户下载信息。

② 速率为 16 Kbps~1 Mbps 的中速双工通道，用于用户上传输出信息。

③ 普通电话服务通道，用于普通模拟电话通信服务。

ADSL 的优势有以下五个方面。

① 不需要重新布线，充分利用现有的电话线网络，只需在线路两端加装 ADSL 设备即可为用户提供高速高带宽的接入服务。

② 帮助用户高速上网。ADSL 的速度是普通 modem 拨号速度所不能及的，就连 ISDN 的传输率也只有它的百分之一。这种上网方式不但降低了技术成本，而且大大提高了网络速度，因而受到了众多用户的欢迎。ADSL 是目前家庭用户的主要上网方式。

③ 上因特网和打电话互不干扰。像 ISDN 一样，ADSL 可以与普通电话共存于一条电话线。使用电话和 ADSL 传输同时进行，它们之间互不影响。

④ ADSL 在同一线路上分别传送数据和语音信号，由于它不需拨号，因而它的数据信号并不通过电话交换机设备，这意味着使用 ADSL 上网不需要缴付另外的电话费，这就节省了一部分使用费。

⑤ ADSL 还提供不少额外服务，用户可以通过 ADSL 接入因特网后，独享 8 Mbps 带宽，在这么高的速度下，可自主选择流量为 1.5 Mbps 的影视节目，同时还可以举行视频会议、高速下载文件和使用电话等。

ADSL 的用途是十分广泛的，对于商业用户来说，可组建局域网共享 ADSL 专线上网，利用 ADSL 还可以达到远程办公、家庭办公等高速数据应用，获取高速低价的极高价格性能比。对于公益事业来说，ADSL 还可以实现高速远程医疗、教学、视频会议的即时传送，达到比较好的效果。

5.2 通过电话网接入 Internet

5.2.1 电话拨号接入及配置

1. 电话拨号接入设备

拨号接入是利用普通公用电话网连入 Internet 的接入方式，其条件是有一条电话专线，由于电话线上只能传输模拟信号，所以在用户端和 ISP 端都需要配置调制解调器（modem），如图 5-2 所示。调制解调器的作用是做模拟信号和数字信号的变换，将计算机的数字信号转换为模拟信号叫调制，将模拟信号转换成数字信号叫解调。

实验案例 5-1：
建立拨号连接

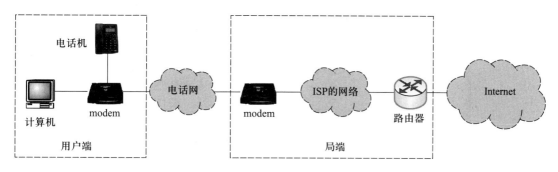

图 5-2　拨号接入方式

拨号接入还需要点-点协议（point-to-point protocol PPP）。PPP 用于串行通信的拨号线路上，是目前电话网接到 Internet 主要的协议。PPP 是一种有效的点—点串行传输协议，它提供在串行通信线路上封装 IP 分组的简单方法，可以使用户通过电话线和 modem 能方便地接入 TCP/IP 网络。PPP 协议不需要单独安装，现在各种操作系统都支持 PPP 协议。

拨号上网具有以下特点：数据传输速度慢，最高速率只有 56 Kbps；在上网时不能打电话，打电话时不能上网；网络使用费用按时计费，费用由两部分组成，通话时长费用+网络服务费用，但相对其他接入方式而言，总的费用还是比较低的。随着各种新型接入技术的出现，拨号上网显得有些过时了，但是在一些仍然在使用普通电话网的地区、在那些不具备使用其他接入方式的地区还必须使用这种方式，因为电话网覆盖面是最广泛的。另外，对于一些上网时间不很长，对速度要求不高的用户而言，拨号上网也不失为一种好方法。

2. 拨号接入的接线

将外置式调制解调器电缆插头 RS-232C（25 针）与主机后面板的插座连接，或者将内置式调制解调器插入计算机主板上，然后将带水晶头的电话线一端插入调制解调器上标有 Line 的插座内，另一端连在室内墙壁电话接口上，此连线将直接与电信局的交换机相连；若想同时连接电话，则将电话机连接在调制解调器上标有 Phone 的插座内。安装好调制解调器的驱动程序。

3. 电话拨号接入的设置（以 Windows 7 为例）

① 在控制面板中双击"网络和共享中心"命令，如图 5-3 所示。

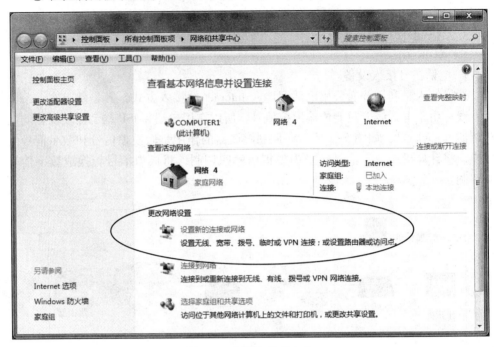

图 5-3　网络和共享中心

② 在"网络和共享中心"单击"设置新的连接或网络"，如图 5-4 所示。

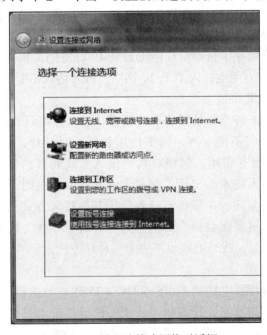

图 5-4　设置连接或网络对话框

③ 单击"设置拨号连接",然后单击"下一步"按钮,出现"创建拨号连接"对话框,如图 5-5 所示。

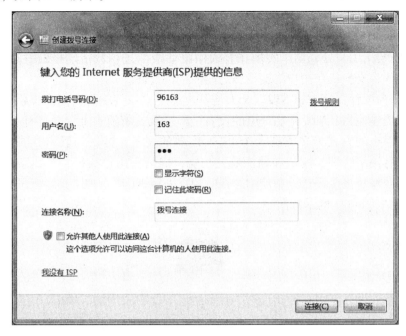

图 5-5 创建拨号连接

④ 在创建拨号连接对话框中输入连接时需要拨打的电话号码、用户名、密码,然后单击"连接"按钮。随后经过尝试连接后出现"连接已经可用"对话框,单击"关闭"按钮,结束配置,如图 5-6 所示。

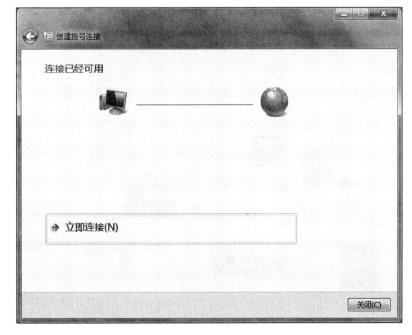

图 5-6 连接已经可用

5.2.2 ISDN 接入及配置

1. ISDN 接入设备与接线

（1）网络终端 NT

NT 安装于用户处，用于实现在普通的电话线上进行数字信号的发送和接收，是电话局程控交换机和用户终端设备之间的接口设备。

NT 分为两种：NT1 和 NT2。NT1 是基本速率接口终端，向用户提供 2B+D 的两线双向传输能力。NT1 是物理层的设备，不涉及比特流在上层是怎样构成帧的，它能以点对点的方式最多支持 8 个 ISDN 终端的接入，可供一般家庭或小单位使用。它具有网络管理、测试和性能监控功能，能解决用户的每一个设备具有唯一的地址，并解决多个用户设备使用总线时的优先级别问题。图 5-7 为 ISDN 终端通过 NT1 接入 Internet 的示意图。

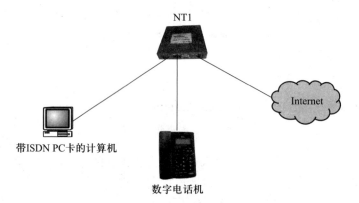

图 5-7 2B+D 接口 ISDN 终端接入

对于大一些的单位，NT1 就不够用了，需要 NT2 和一个 ISDN 专用的小交换机 PBX。NT2 是一次群速率接口终端，向用户提供 30B+D 的四线双向传输能力，ISDN 小型交换机在概念上与 ISDN 交换局差别不大，只是能力小一些，可以在一个单位内部实现电话交换和数据交换，拨打内部电话只需拨 4 位号码。采用 30B+D 接入模式示意图如图 5-8 所示。

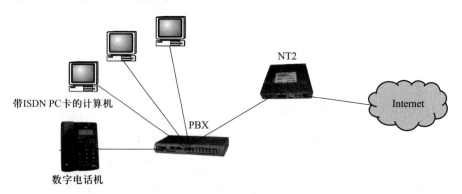

图 5-8 30B+D 接口 ISDN 终端接入

（2）ISDN 终端适配器

ISDN 终端适配器（相当于调制解调器）的功能是使现有的非 ISDN 标准终端（如模拟电话、C3 传真机、PC 等）能够在 ISDN 上运行，为用户在现有终端上提供 ISDN 业务。ISDN 终端适配器分为内置和外置两种。内置 ISDN 终端适配器俗称 ISDN 适配卡，外置 ISDN 终端适配器俗称 ISDN TA（ISDN terminal adapter）。通常大部分 ISDN 终端适配器与计算机的连接有串口和并口两种方式：串口方式的最高速率为 112.5 Mbps，并口的最高速率为 128 Mbps。ISDN TA 提供以下接口：1 个 IS-DN 接口，3 个用户接口，还提供两个 RJ-11 的普通模拟电话接口，一个可以通过电缆连接计算机的 RS-232D 接口。图 5-9 为通过 ISDN TA 和 NT1 接入 Internet 的示意图。

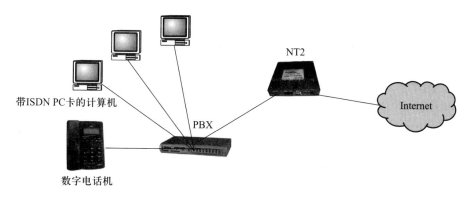

图 5-9　通过 ISDN TA 接入

2. ISDN 安装设置

（1）申请账号

先到当地电信局申请一条 ISDN 电话（如果家里已经有一部电话，也可以把原有的电话改装为 ISDN 电话）；同时还要申请一个上网的账号；还需要购买一个上网用的设备 TA（终端适配器，类似于 modem），然后电信局会上门为用户安装NT1。NT1 一般由电信局免费提供，一旦将来不用这条线了，电信局还要把它收回。

（2）安装硬件

将外来的电话线安装在 NT1 上，用电话线连接网络终端设备 NT1、终端适配器 TA 的 ISDN 接口，将 TA 的 RS232-D 接口连接在计算机上，按照图 5-9接好。

（3）安装 ISDN 适配器驱动程序

安装 ISDN 适配器驱动程序的过程类似于安装调制解调器的过程。安装完成后，根据提示重新启动计算机后，在任务栏的右下角会有一个绿色图标，表示已成功安装。

（4）建立拨号连接

建立过程与拨号上网完全相同。

5.2.3 ADSL 接入及配置

1. ADSL 接入设备

(1) ADSL 专用调制解调器

ADSL 专用调制解调器的作用与普通调制解调器一样，也是对信号进行调制和解调，只不过普通调制解调器只能将信号调制在 4 kHz 以下的频段中，而 ADSL 采用频分复用将信号调制在 26 kHz~1. 104 MHz 的多个信道中。ADSL modem 与原来的 56 Kbps modem 一样，有内、外置之分，内置的是一块内置板卡，它安装在主板的插槽上。但由于受性能制约，目前不常见。外置方式的 ADSL modem 在外观上也基本与外置的 56 Kbps modem 一样，如图 5-10 所示的就是一款外置 ADSL modem。外置的 ADSL modem 还可根据不同的计算机接口划分为以太网 RJ-45 接口类型和 USB 接口类型。不过目前最常用的还是以太网接口类型，所以现在仅就此类型的 ADSL modem 进行相关介绍。

以太网接口类型的 ADSL modem 有一个 RJ-45 以太网接口，这个接口是用来与计算机以太网卡进行连接的，另外各接口功能如下。

① PWR：18 V 直流电源接口，直流电源变压器随 ADSL MODEM 一起提供。

② Phone：通过一条自带的电话线与信号分离器的 "MODEM" 接口相连。

③ RS-232：这是用来对 ADSL modem 进行调试的，如 ADSL modem 固件恢复就要用到这个接口，一般用户不用。

(2) 滤波器（分离器）

在早期的 ADSL modem 配件中，还有一个信号分离器的设备，它是用来对语音和数据信号进行分离的。正是有了这样一个设备，才使得人们可以通过一条电话线实现上网、接/打电话两不误的功能，即所谓的 "一线双通" 功能。信号分离器如图 5-11 所示，它有 3 个电话线接口，分别用于连接电话外线（loop）、ADSL MODEM 和电话（phone）。不过，现在新的 ADSL modem 已内置了这样一个信号分离器，直接在 modem 上提供两个电话线接口即可（分别用于连接外线和电话）。

图 5-10　ADSL "猫"

图 5-11　ADSL 信号分离器

除了以上两个主要设备外，还有一个 18 V 的 ADSL modem 直流电源变压器，是为 ADSL modem 提供工作电源。另外还有的一条电话线，一条以太网双绞线。

（3）网卡

在使用以太网接口 ADSL 接入方式中，需要在计算机中插入普通以太网卡。

2. ADSL 的接线

用户端的 ADSL 安装非常简易方便，只要将电话线连上 ADSL modem，ADSL modem 与电话机之间再用一条电话线连上，ADSL modem 与计算机的网卡之间用一条直通双绞网线连接，如图 5-12 所示。

动画演示 5-1：
ADSL 的硬件连接

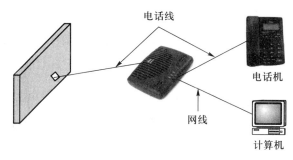

电话线

电话机

网线

计算机

图 5-12　ADSL 接线

3. ADSL 接入的设置

目前 ADSL 的 ISP 提供的接入服务主要有专线接入和虚拟拨号两种方式。专线方式相对比较简单；只需要在计算机上配置固定 IP 地址，相当于将用户的计算机置于 ISP 的局域网中。但是这种方式在用户不开机上网时，IP 不会被利用，会造成公网 IP 资源的浪费，于是出现了 PPPoE 拨号的 ADSL 接入。PPPoE 拨号可以使用户开机时拨号接入局端设备，由局端设备自动分配给一个动态公网 IP（不是固定的），这样公网 IP 紧张的局面就得到了缓解，而且也便于多用户共享 ADSL 线路。目前国内家庭用户的 ADSL 上网方式中，基本上是 PPPoE 拨号的方式。

微视频 5-1：
建立 ADSL 拨号
连接

使用 PPPoE 拨号的方式需要做以下设置。

① 安装网卡驱动（若已经安装就不用再安装了），并设置 TCP/IP 属性，如果是专线上网，必须配置正确的 IP 地址和子网掩码、默认网关、DNS 等属性；如果是 PPPoE 拨号上网，将上述属性配置为自动获取（采用缺省的设置就可以了），所有的设置数据从拨号服务器端获得。

② 建立拨号连接，在 Windows 7 下，可以直接建立拨号连接，建立拨号连接的过程中第 1、2 步与普通拨号是一样的，如图 5-3、图 5-4 所示。在图 5-4 中单击"连接到 Internet"命令，然后单击"下一步"按钮，出现"连接到 Internet"对话框，如图 5-13 所示。单击"宽带（PPPoE）用要求用户名和密码的宽带连接"命令，出现图 5-14，输入在 ISP 注册的用户名和密码，单击"连接"按钮即可。

图 5-13 连接到 Internet 对话框

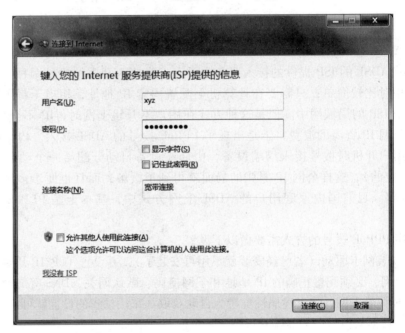

图 5-14 输入用户名和密码

5.3 局域网+专线接入

专线接入与拨号接入不同。这里所说的"专线接入"是指专门为用户建立线路，由用户专用，专线上网方式有如下优势。

① 具有专线传输本身特有的稳定性，速率快，上下行同速，时延小，多种速率可选，扩展容易等特点。

② 独享互联网出口上网，24 小时全天在线，配有固定公网 IP 地址。

③ 除高速访问互联网外，还可实现多种网络功能。如：Web 网站发布；建立自有 E-mail 电子邮件系统；FTP 文件下载服务；DNS 域名解析；IP 电话；VPN；视频会议及电子商务等。

但是，由于专线接入价格不菲，所以目前主要适用于企业用户，企业或学校组建局域网，然后向 ISP 租用一条专线，通过路由器连接上网，如图 5-15 所示。

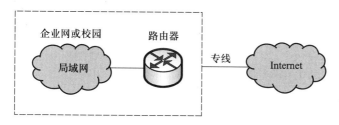

图 5-15　专线接入

对于专线+局域网的接入方式来说，用户计算机是局域网中的主机，所以，每台计算机都需要配置网卡，并设置 IP 地址、子网掩码、默认网关 DNS 服务器地址就可以了。

专线接入方式包括许多种，DDN、帧中继、光纤接入等。

5.3.1　DDN 专线

DDN 专线可以提供 64 Kbps~2 Mbps 的速率。

DDN 以其优质的传输质量、智能化的网络管理及灵活的组网方式，可以向客户提供多种业务，既可以提供 64~2 048 Kbps 速率的数字数据专线业务，又可以提供话音、数据轮询、帧中继、VPN（虚拟专用网）等其他业务。证券公司、海关、外贸、金融等集团客户不仅可以利用 DDN 提供的数据通道组建自己的计算机通信网络；利用 DDN 系统构成进入公用分组数据网的用户传输环路；还可以利用 DDN 系统提供的数据通道进行高质量的传真、智能用户电报、会议电视等通信。

DDN 接入方式非常灵活，用户既可以通过模拟专线（用户环路）和调制解调器入网（适用于大部分用户，尤其是光纤未到户的用户），但通信速率受用户入网距离限制，最高速率也只有 2.048 Mbps；也可以通过光纤电路入网，适用于光纤到户的用户，通信速率可灵活选择。

DDN 的使用需要先由用户向电信部门申请，通过工作人员与客户的反复探讨、研究，确定接入方案。在电信部门接受客户申请后，客户（特别是终端复杂的客户）应将必要的用户参数，如终端类型、软件版本、接口规程等提供给电信部门，同时配合电信部门进行安装调测，以便尽快开通业务。

DDN 接入用户端设备可以是调制解调器或基带传输设备。

5.3.2　光纤专线

光纤通信具有通信容量大、质量高、性能稳定、防电磁干扰和保密性强等优点。光纤专线接入就是从主干网直接引光纤到企业、校园或小区，在企业、校园、小区内部组建局域网，通过路由器和光纤专线与 Internet 骨干连接。可以把电话、数据、电视会议及其他服务送到办公大楼、社区等处。

光纤到户对家庭住宅是一种理想的接入方案，该结构把光纤配置送到了通往家庭住宅。未来将会取代现有的电话拨号、ISDN 和 ADSL，成为接入 Internet 的最终方式。

光纤接入在用户端必须有一个光纤收发器（或带有光纤端口的网络设备）和一个路由器和一个光缆网卡。这些也称为光网络单元 ONU。光纤收发器用于实现光纤到双绞线的连接，进行光电转换；路由器需有高速端口，实现 10 Mbps 或更高速率的连接。在与 Internet 接入时，路由器的主要作用有二：一是连接不同类型的网络，二是实现网络安全保护（防火墙）。

5.3.3　光纤同轴电缆混合接入技术

使用 Cable Modem（电缆调制解调制器）通过有线电视网上网，传输速率可达 10~36 Mbps 之间。由于有线电视网是覆盖一个城市的，所以通过有线电视网传输数据，可以覆盖整个大、中城市。如果通过改造后的有线电视宽频网的光纤主干线能到大楼，实现全数字网络，传输速率可达 1 Gbps 以上。那时，除了可以实现高速上网外，还可实现可视电话、电视会议、多媒体远程教学、远程医疗、网上游戏、IP 电话、VPN 和 VOD 服务，成为事实上的信息高速公路。

cable modem 是适用于电缆传输体系的调制解调器，其主要功能是将数字信号调制到射频信号，以及将射频信号中的数字信息解调出来，此外，cable modem 还提供标准的以太网接口，可完成网桥、路由器、网卡和集线器的部分功能。因此，它的结构比传统 modem 复杂得多。

信号在电缆的一个频率范围内传输，接收时再解调为数字信号。另外，普通 modem 所使用的介质由用户独享，而 cable modem 属于共享介质系统，其余空闲频段仍可用于传输有线电视信号。

cable modem 也类似于 ADSL，提供非对称的双向信道。可实现 128 Kbps ~ 10 Mbps 的上行传输速率和 27~36 Mbps 的下行传输速率。

cable modem 具有性能价格比高、非对称专线连接、不受连接距离限制、平时不占用带宽（只在下载和发送数据瞬间占用带宽）、上网看电视两不误等特点。

5.4　无线接入

无线接入网可分为固定式无线接入网和移动式无线接入网两类。

固定式无线接入网是指从业务接入点到用户终端部分或全部采用无线方式，只为固定位置的用户或仅在小范围内移动的用户提供服务。实现方式包括 VSAT（卫星地面站）、一点多址微波系统（固定无线宽带（LMDS）接入技术）和直播卫星系统（DBS 卫星接入技术）、蓝牙技术、WiFi 技术等。

移动式无线接入网主要为行进中和位置不固定的用户提供服务。实现方式有全球移动通信系统 GSM、卫星移动通信系统等。

目前广泛应用的无线接入方法主要有 WiFi 接入和全球移动通信系统 GSM。

5.4.1　WiFi 固定式无线接入

WiFi 是把有线网络信号转换成无线信号，供支持 WiFi 技术的计算机、手机、iPad 等接收的无线网络传输技术，是当今使用最广的一种无线网络传输技术。

WiFi 是由无线接入点 AP 或无线路由器与无线网卡组成的无线网络。AP 或无线路由器是有线局域网络与无线局域网络之间的桥梁，只要在家庭中的 ADSL 或小区宽带中加装无线路由器，就可以把有线信号转换成 WiFi 信号。而无线网卡则是负责接收由 AP 所发射信号的客户端设备。任何一台装有无线网卡的计算机、手机、掌上电脑等均可通过 AP 或无线路由去访问 Internet 的资源。在我国也有许多地方，如大学校园、机场、会展中心等大型公共场所也已经实现了 WiFi 覆盖。

WiFi 接入的优点是传输速度非常快，可以达到 54 Mbps，不需要布线，非常适合移动办公用户的需要，并且由于 WiFi 发射信号功率低于 100 mw，低于手机发射功率，所以 WiFi 上网相对也是最安全健康的。

5.4.2　使用 GSM 移动接入

GSM 是一种起源于欧洲的移动通信技术标准，它的发展经历了第一代 GSM 技术，即蜂窝模拟移动技术；第二代移动通信技术（2G），即数字移动通信；第三代移动通信技术（3G），将无线通信与国际互联网等多媒体通信结合；第四代移动通信技术（4G），在 3G 的基础上提高速率和性能。

3G 与 2G 的主要区别是在传输声音和数据的速度上的提升，它能够在全球范围内更好地实现无线漫游，并处理图像、音乐、视频流等多种媒体形式，提供包括 Internet 各种服务、支持网页、博客、邮件等互联网服务和电话会议、电子商务等多种信息服务。

目前国内支持国际电联确定三个无线接口标准，分别是中国电信的 CDMA2000，中国联通的 WCDMA，中国移动的 TD-SCDMA。

4G 网络是第四代移动通信网络。4G 通信技术是在 3G 技术为基础，并利用了一些新的通信技术，来不断提高无线通信的网络效率和功能的。4G 通信是一种超高速无线网络，一种不需要电缆的信息超级高速公路。4G 最大的数据传输速率超过 100 Mbps，是移动电话数据传输速率的 1 万倍，也是 3G 移动电话速率的 50 倍。4G 手机可以提供高性能的汇流媒体内容，它可以传输高分辨率的电影和电视节目，并通过 ID 应用程序成为个人身份鉴定设备。4G 还可以集成不同模式的无线通信——从无线局域网和蓝牙等室内网络、蜂窝信号、广播电视到卫星通信，从而成为合并广播和通信网络的新基础设施中的一个纽带。

目前通过 ITU 审批的 4G 标准有 2 个，一个是由我国研发的 TD-LTE，它是由 TD-SCDMA 演进而来的，另外一个是欧洲研发的 LTE-FDD，它是由 WCDMA 演进而来的。

5.5 共享上网技术

由于 IPv4 地址非常有限，目前各企业、学校、家庭、网吧等内部网络都使用保留地址，但这些地址只能在局域网内部使用，不能出现在 Internet 上。如果让这些配置保留地址的计算机也能访问 Internet，需要使用代理服务技术或网络地址转换技术。

5.5.1 用 ICS 连接共享

实验案例 5-2：
用 ICS 共享上网

ICS（Internet 连接共享）是 Windows XP/7/2008 等操作系统内置的一种网络连接共享服务，它可以使家庭网络或小型办公室网络用户非常容易地连接到 Internet。可以把运行 ICS 的主机看成是一个简单的 NAT 路由器，内部网络客户机的网络访问请求一律交给 ICS 服务器，通过 ICS 主机地址访问外部网，将资源取回后再交给客户机。

① 右击"本地连接"命令，在弹出的快捷菜单中选择"属性"选项，单击"共享"选项卡，如图 5-16 所示。

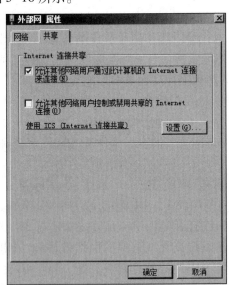

图 5-16　网络适配器共享属性（此图要换）

② 选中"允许其他网络用户通过此计算机的 Internet 连接来连接"复选框，单击"确定"按钮。

③ 随后弹出一个对话框，提示"局域网适配器将被设置成使用 IP 地址 192.168.137.1"，如图 5-17 所示。

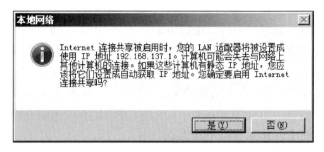

图 5-17 提示信息

④ 单击"是"按钮随后单击"确定"按钮结束外部网卡的设置。
⑤ 查看局域网网卡的 IP 地址如图 5-18 所示。

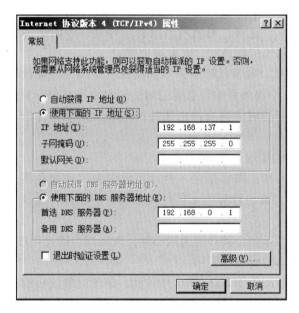

图 5-18 内网卡 IP 地址被自动置成 192.168.137.1

⑥ 将局域网计算机的 IP 地址配置成 192.168.137.0 网段，默认网关一律配置为 192.168.137.1。即可以通过 ICS 共享上网。

5.5.2 代理服务技术及其实现

1. 什么是代理服务器

代理服务器英文全称是 proxy server，其功能就是代理内部网络用户去取得外部网络信息，形象地说它是网络信息的中转站。在一般情况下，使用网络浏览器直接去连接其他 Internet 站点取得网络信息时，须送出访问请求信号来得到回答，然后对方再把用户需要的信息传送回来。代理服务器是介于浏览器和 Web 服务器之

实验案例 5-3：
用代理服务器共享上网

间的一台服务器，有了它之后，浏览器不是直接到 Web 服务器去取回网页而是向代理服务器发出请求，访问请求信号会先送到代理服务器，由代理服务器来取回浏览器所需要的信息并传送给内部网络客户的浏览器。而且，大部分代理服务器都具有缓冲的功能，就好像一个大的 cache，有很大的存储空间，不断将新取得数据存储到代理服务器的存储器上，如果 Web 器所请求的数据在代理服务器的存储器上已经存在而且是最新的，那么它就不需要重新从 Web 服务器取数据，而直接将存储器上的数据传送给用户的浏览器，这样就能显著提高浏览速度和效率。

代理服务器的主要功能有以下几方面。

① 连接 Internet 与 Intranet，充当防火墙（firewall）。因为所有内部网的用户通过代理服务器访问外界时，只映射为一个 IP 地址，所以外界不能直接访问到内部网；同时可以设置 IP 地址过滤，限制内部网对外部的访问权限；另外，两个没有互联的内部网，也可以通过第三方的代理服务器进行互联来交换信息。

② 节省 IP 开销。所有用户对外只占用一个 IP，所以不必租用过多的 IP 地址，降低网络的维护成本。这样，局域网内没有与外网相连的众多机器就可以通过内网的一台代理服务器连接到外网，大大减少费用。

③ 提高访问速度。通常代理服务器都设置一个较大的硬盘缓冲区（可能高达几兆字节或更大），当有外界的信息通过时，同时也将其保存到缓冲区中，当其他用户再访问相同的信息时，则直接由缓冲区中取出信息，传给用户，从而达到提高访问速度的目的。

2. 代理服务器的实现

要实现代理服务器，需要指定一台计算机作为代理服务器的主机，该计算机应能够访问 Internet。在该计算机上运行代理服务器软件，则该计算机就成为代理服务器了。

代理服务器软件很多，其功能大同小异，现以国产遥志代理服务器 CCProxy 为例，介绍代理服务器的安装和使用。

代理服务器 CCProxy 于 2000 年 6 月问世，是国内最流行的下载量最大的国产代理服务器软件。主要用于局域网内共享宽带上网，ADSL 共享上网、专线代理共享、ISDN 代理共享、卫星代理共享、蓝牙代理共享和二级代理等共享代理上网。总体来说，CCProxy 可以完成两项大的功能：代理共享上网和客户端代理权限管理。只要局域网内有一台机器能够上网，其他机器就可以通过这台机器上安装的 CCProxy 来代理共享上网，最大程度地减少了硬件费用和上网费用。只需要在服务器上 CCProxy 代理服务器软件里进行账号设置，就可以方便的管理客户端代理上网的权限。在提高员工工作效率和企业信息安全管理方面，CCProxy 充当了重要的角色。全中文界面操作和符合中国用户操作习惯的设计思路，CCProxy 完全可以成为中国用户代理上网首选的代理服务器软件。

CCProxy 设置简单，功能强大，其主要功能有以下几方面。

① 支持 Windows 2000/XP/2003。支持共享 modem、ISDN、ADSL、DDN、专线、蓝牙、二级代理等访问 Internet。

② 支持 HTTP、FTP、Gopher、Socks4/5、Telnet、Secure（HTTPS）、News（NNTP）、RTSP、MMS 等代理协议。

③ 支持浏览器通过 HTTP/Secure/FTP（Web）/Gopher 代理上网。支持 OICQ、ICQ、Yahoo Messenger、MSN、iMRC、联众游戏、股票软件通过 HTTPS、SOCKS5 代理上网。支持 CuteFTP、CuteFTP Pro、WS-FTP、FXP-FTP 等 FTP 软件通过代理上网。支持 NetTerm 通过 Telnet 代理上网。支持 RealPlayer 通过 RTSP 代理接收视频，支持 MediaPlayer 通过 MMS 代理接收视频。

④ 支持客户端使用 Outlook、Outlook Express、Foxmail 等通用邮件客户端软件收发邮件。支持 Outlook 通过 News 代理连接新闻服务器。

⑤ 支持远程拨号、自动拨号、自动断线、自动关机功能。

⑥ 支持二级代理，可以使代理服务器通过其他代理服务器上网。

⑦ 简单实用的账号管理功能：双击界面上的绿色网格可以实时观测代理用户连接信息，可以针对不同用户定义不同的上网限制。账号管理支持 IP 段设置方式和自动扫描账号功能，建立账号更轻松。支持多种方式的账号认证方式和混合应用：IP 地址、MAC 地址、用户名密码、域账号管理。支持 HTTP 和 SOCKS5 用户验证。

⑧ 其他功能：内置域名解析功能 DNS。时间管理功能：可以自由控制不同用户的上网时间。网站过滤功能：可以屏蔽特定网站和内容，也可以限定用户只能上指定的网站。缓存功能：可以自由设定缓存大小，更新时间，提高访问速度。带宽控制：可以灵活地控制每个客户端的上网速度。支持 Windows 2000/XP/2003 下以 NT 服务运行方式。其他高级功能：加载代理广告条、启动时拨号、端口映射、流量计费等等。

3. 使用代理服务器共享上网

将服务器和客户机按如图 5-19 所示连接，设作为代理服务器的计算机的 IP 地址是 192.168.1.100，该地址根据上网方式不同可以是自动获取或静态配置，其他计算机的 IP 地址应该与代理服务器的 IP 地址处于同一网段。

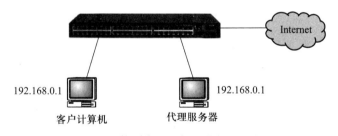

192.168.0.1　客户计算机　　　代理服务器　192.168.0.1

图 5-19　使用代理服务器共享上网接线

在代理服务器上安装 CCProxy，CCProxy 的安装非常简单，只需要双击安装包，然后按提示做就可以了。安装好 CCProxy 后，就可以使用其代理服务功能。其界面如图 5-20 所示。

在客户机上要设置两项内容，一是将默认网关指向代理服务器的 IP 地址，二是启用代理服务器上网模式。

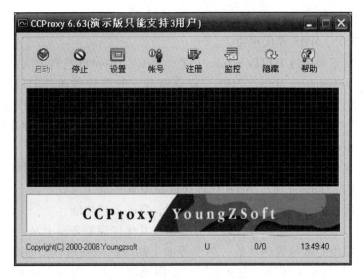

图 5-20　CCProxy 的界面

① 打开"Internet 协议 TCP/IP 属性"对话框，将客户机的"IP 地址"设置为
192.168.1.101，"默认网关"设置为 192.168.1.100，如图 5-21 所示。

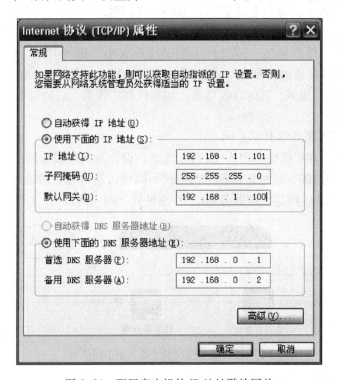

图 5-21　配置客户机的 IP 地址默认网关

② 启动浏览器，在"工具"菜单中选择"Internet 选项"选项，弹出如图 5-22
所示的对话框，单击"连接"选项卡，弹出如图 5-23 所示的对话框。

图 5-22　"Internet 选项"对话框

图 5-23　选择连接方式

③ 在"连接"属性页中根据上网方式的不同做不同的设置，若是拨号上网，就选择"始终拨打默认连接"，若通过局域网上网则选择"从不进行拨号连接"。在一般情况下，该内容根据当前上网方式会自动设置，除非计算机上安装了两种上网方式，这时需要在这里选定。然后单击"局域网设置"按钮，出现图 5-24。

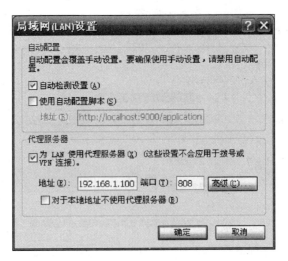

图 5-24 局域网设置

④ 在图 5-24 中选中"为 LAN 使用代理服务器"复选框，在"地址"中填写代理服务器的 IP 地址，如：192.168.1.100；在"端口"中输入端口号，要根据代理服务器软件说明填写，如 CCProxy 要求使用 808 端口。

至此，代理服务器和客户机设置完毕，只要代理服务器上网，客户机就可以上网。关于 CCProxy 的其他功能，读者可以阅读该软件使用说明书，本书不再赘述。

5.5.3 网络地址转换技术及其实现

1. NAT 概述

NAT 英文全称是"network address translation"，中文意思是"网络地址转换"，它是一个 IETF（internet engineering task force，Internet 工程任务组）标准，允许一个整体机构以一个公用 IP（internet protocol）地址出现在 Internet 上。顾名思义，它是一种把内部私有网络地址（IP 地址）翻译成合法网络 IP 地址的技术。

简单地说，NAT 就是在局域网内部使用私有地址，而当内部节点要与外部网络进行通信时，就在网关（路由器）处，将内部地址替换成合法地址，用合法地址访问外部公网，NAT 可以使多台计算机共享 Internet 连接，这一功能很好地解决了公共 IP 地址紧缺的问题。

通过这种方法，可以只申请一个合法 IP 地址，就把整个局域网中的计算机接入 Internet 中。这时，NAT 屏蔽了内部网络，所有内部网计算机对于公共网络来说是不可见的，而内部网计算机用户通常不会意识到 NAT 的存在。

2. NAT 的类型

NAT 有三种类型：静态地址转换 NAT（Static NAT）、动态地址转换 NAT（Pooled NAT）、网络地址端口转换 NAPT（Port-Level NAT）。

其中，静态 NAT 设置起来最为简单和最容易实现的一种，内部网络中的每个主机都被永久映射成外部网络中的某个合法的地址，这种映射是一对一的。而动态 NAT 则是拥有多个外部网络中的合法地址，采用动态分配的方法映射到内部网络的主机，例如，有 10 个合法的外部地址，供内部 100 个主机共享使用。NAPT 则是把内部地址映射到外部网络的一个 IP 地址的不同端口上。根据不同的需要，三种 NAT 方案各有利弊。

动态地址 NAT 只是转换 IP 地址，它为每一个内部的 IP 地址分配一个临时的外部 IP 地址，提供拨号接入的 ISP 常常使用动态 NAT 技术来达到节约 IP 地址的目的，当远程用户连接上之后，动态 NAT 就会分配给他一个 IP 地址，用户断开时，这个 IP 地址就会被释放再分配给其他用户使用。

网络地址端口转换 NAPT（network address port translation）普遍应用于接入设备中，它可以将中小型的网络隐藏在一个合法的 IP 地址后面。NAPT 与动态地址 NAT 不同，它将内部连接映射到外部网络中的一个单独的 IP 地址上，同时在该地址上加上一个由 NAT 设备选定的 TCP 端口号。

3. NAT 的原理

NAT 功能通常被集成到路由器、防火墙、单独的 NAT 设备中，当然，现在比较流行的操作系统或其他软件（主要是代理软件，如 Winroute），大多也有着 NAT 的功能。NAT 设备（或软件）维护一个状态表，用来把内部网络的私有 IP 地址映射到外部网络的合法 IP 地址上去。每个数据包在通过 NAT 设备（或软件）时，数据包的地址信息都被 NAT 设备改变，当内部网络的数据包通过 NAT 设备访问外网时，NAT 将数据包中的源地址替换成自己的合法地址，访问外部网络主机；当外部主机的响应数据包通过 NAT 设备时，NAT 将数据包中的目的地址转换成用户的私有地址，转发给用户。

NAT 的原理如图 5-25 所示。在图 5-25 中，设有 NAT 功能的路由器拥有合法外部地址 135.25.1.5 和与内部网络连接的私有地址 192.168.1.100。内部网络用户均使用私有地址。当 PC1 要访问外部网络中 202.112.1.5 的主机时，PC1 发出的数据包中源地址为 192.168.1.101，目的地址为 202.112.1.5，当该数据包经过 NAT 路由器时，路由器将数据包打开，将源地址改为自己的合法地址 135.25.1.5，目的地址 202.112.1.5；当数据包从目的主机返回时，目的地址为 135.25.1.5，源地址为 202.112.1.5，经过 NAT 路由器时，目的地址被改为 192.168.1.101，源地址 202.112.1.5。

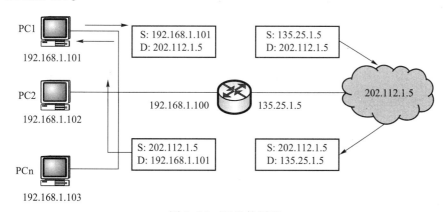

图 5-25　NAT 的原理

若 NAT 路由器拥有多个合法地址时，每当有客户机发来数据包时，路由器就会从当前闲置的 IP 地址中拿出一个去替换用户主机地址。

5.5.4　宽带路由器

宽带路由器是支持多种宽带接入方式，允许多用户或局域网共用同一账号，以实现多用户共享宽带接入的设备。

近年来，家用计算机和商用计算机开始大量进入家庭和办公用户群，ADSL、VDSL、CM、FTTX+LAN 等各种宽带接入方式亦在国内迅速普及起来，许多办公室、家庭都拥有多台计算机，用户迫切需要一种设备能很方便、廉价的实现多用户共享宽带上网。宽带路由器的出现，以较低的投入解决了宽带用户日益增强的宽带应用需求，为用户提供了便利。

宽带路由器一般具备一个广域网接口和多个局域网接口，有的还带有无线接口，能自动检测或手工设定宽带运营商的接入类型，可支持 ADSL、VDSL、FTTX+LAN 等各种宽带接入方式，具备 PPPoE 虚拟拨号、自动给客户机分配 IP 地址 DHCP，以及代理服务、网络地址转换 NAT、防火墙、虚拟专用网 VPN 等功能，以及丰富的管理功能。

有了宽带路由器后，局域网内的所有计算机不再需要安装任何客户端软件，也不需要代理服务器就可方便的共享宽带上网。

习题

习题答案：
第 5 章

一、选择题

1. 拨号上网的最高速率是_____。
   A. 54 Kbps　　　　B. 56 Kbps　　　　C. 128 Kbps　　　　D. 2 Mbps
2. 下列接入方式_____不是使用电话线。
   A. ISDN　　　　B. HFC　　　　C. ADSL　　　　D. 拨号上网
3. 下列_____不是代理服务器的作用。
   A. 连接 Internet 与 Intranet，充当防火墙
   B. 节省 IP 开销
   C. 提高访问速度
   D. 地址转换
4. 下面对 HFC 的描述，不正确的是_____。
   A. 传输介质使用光纤+同轴电缆　　　　B. 使用有线电视网传输数据信号
   C. 上网时不能看电视　　　　D. 非对称连接
5. 下列_____不是专线上网的特点。
   A. 稳定性好，速率快，时延小　　　　B. 配有固定公网 IP 地址

    C. 可以实现多种网络功能   D. 价格便宜

二、填空题

1. 公共电话交换网 PSTN 是以_____交换技术为基础的用于传输_____的网络。

2. DDN 是利用_____信道传输_____信号的数据传输网。它的主要作用是向用户提供_____性和_____性连接的数字数据传输信道，提供点到点及点到多点的数字专线或专网。

3. ISDN 又叫_____网。它利用_____网向用户提供了端对端的_____信道连接，用来承载包括话音和非话音在内的各种电信业务。

4. 拨号接入是利用_____网连入 Internet 的接入方式，其条件是有一条_____，由于电话线上只能传输模拟信号，所以在用户端和 ISP 端都需要配置_____，调制解调器的作用是做_____信号和_____信号的变换，将计算机的数字信号转换为模拟信号叫_____，将模拟信号转换成数字信号叫_____。

5. ISDN 有两种速率接入方式：_____接口 BRI，即 2B+D；_____接口 PRI，即 30B+D。

6. ADSL 支持两种接入方式，即_____模式和_____模式。

7. 目前 ADSL 的 ISP 提供的接入服务主要有_____接入和_____接入两种方式。

8. 使用 cable modem（电缆调制解调器）通过有线电视网上网，传输速率可达_____Mbps 之间。

三、简答题

1. 列举接入 Internet 有哪些方法。

2. 拨号上网需要设置哪些内容？

3. ADSL 上网需要哪些设备？这些设备的作用是什么？

4. 简述代理服务器的原理。

第 6 章　Internet 基础

　　Internet 的出现是 20 世纪的重大事件，它标志着全球信息化时代的开始；Internet 给分处世界各地的人们提供了一个信息交流一个平台，使人们信息交流变得前所未有的方便，使地球变成了"地球村"；Internet 丰富的服务功能给人类生产、生活带来巨大变革，人类正由此进入一个前所未有的信息化社会。　本章介绍 Internet 的发展历程，以及 Internet 上域名服务、万维网服务、电子邮件服务、文件传输服务、以及其他常用服务。

电子教案：
第 6 章

6.1　Internet 概述

6.1.1　Internet 发展历程

1. ARPANet

拓展阅读 6-1：
中国互联网发展
历程

Internet 是第二次世界大战以后美苏冷战的产物，其由来可追溯到 1962年。当时，美国国防部为了保证美国本土防卫力量和海外防御武装在受到苏联第一次核打击以后仍然具有一定的生存和反击能力，认为有必要设计出一种分散的指挥系统：它由一个个分散的指挥点组成，当部分指挥点被摧毁后，其他点仍能正常工作，并且这些点之间，能够绕过那些已被摧毁的指挥点而继续保持联系。为了对这一构思进行验证，1969 年，美国国防部国防高级研究计划署资助建立了一个名为 ARPANet（即"阿帕网"）的网络，这个网络把位于洛杉矶的加利福尼亚大学洛杉矶分校、位于圣芭芭拉的加利福尼亚大学圣芭芭拉分校、斯坦福大学，以及位于盐湖城的犹他州州立大学的计算机主机连接起来，位于各个节点的大型计算机采用分组交换技术，通过专门的通信交换机和专门的通信线路相互连接。这个阿帕网就是 Internet 最早的雏形。ARPANet 采用称为接口报文处理机（IMP）的小型计算机作为网络的节点机。为了保证网络的可靠性，IMP 之间的信息传输采用分组交换技术，并向用户提供电子邮件、文件传送和远程登录等服务。ARPANet 被公认为是世界上第一个采用分组交换技术组建的网络。

1969 年 ARPANet 初建时只有 4 个节点，到 1973 年发展到 40 个节点，1975 年达到 100 多个节点。ARPANet 通过有线、无线和卫星线路连接，跨越整个美国大陆和夏威夷州，触角伸至欧洲，形成了覆盖世界范围的通信网络。

到 1972 年时，ARPANet 网上的网点数已经达到 40 个，这 40 个网点彼此之间可以发送小文本文件（当时称这种文件为电子邮件，也就是人们现在的 E-mail）和利用文件传输协议发送大文本文件，包括数据文件（即现在 Internet 中的 FTP），同时也发现了通过把一台计算机模拟成另一台远程计算机的一个终端而使用远程计算机上的资源的方法，这种方法被称为 Telnet。由此可看到，E-mail，FTP 和 Telnet 是 Internet 上较早出现的重要工具，特别是 E-mail 仍然是目前 Internet 上最主要的应用。

1983 年，ARPANet 分裂为两部分，ARPANet 和纯军事用的 MILNET，1990 年退出运营。

ARPANet 是计算机网络技术发展史上一个重要的里程碑。它对发展计算机网络技术的主要贡献表现在：完成了对计算机网络的定义；提出了资源子网、通信子网两级网络结构的概念；研究了分组交换的数据交换方法；采用了层次化的网络体系结构模型与协议体系；为 Internet 的形成和发展奠定了基础。

2. NSFnet

Internet 的第一次快速发展源于美国国家科学基金会（national science foundation，NSF）的介入，即建立 NSFNET。

20 世纪 80 年代中期，美国国家科学基金会（NSF）为鼓励大学和研究机构共享他们非常昂贵的四台计算机主机，希望各大学、研究所的计算机与这四台巨型计算机连接起来。最初 NSF 曾试图使用 ARPANet 作 NSFNet 的通信干线，但由于 ARPANet 的军用性质，并且受控于政府机构，这个决策没有成功。于是他们决定自己出资，利用 ARPANet 发展出来的 TCP/IP 通信协议，建立名为 NSFNet 的广域网。

1986 年 NSF 投资在美国普林斯顿大学、匹兹堡大学、加利福尼亚大学圣地亚哥分校、伊利诺斯大学和康奈尔大学建立五个超级计算中心，并通过 56 Kbps 的通信线路连接形成 NSFNet 的雏形。1987 年 NSF 公开招标对于 NSFNet 的升级、营运和管理，结果 IBM、MCI 和由多家大学组成的非营利性机构 Merit 获得 NSF 的合同。1989 年 7 月，NSFNet 的通信线路速度升级到 T1（1.5 Mbps），并且连接 13 个骨干节点，采用 MCI 提供的通信线路和 IBM 提供的路由设备，Merit 则负责 NSFNet 的营运和管理。1990 年 9 月，由 Merit，IBM 和 MCI 公司联合建立了一个非营利的组织—先进网络科学公司 ANS（advanced network & science Inc.）。ANS 的目的是建立一个全美范围的 T3 级主干网，它能以 45 Mbps 的速率传送数据。到 1991 年底，NSFNet 的全部主干网都与 ANS 提供的 T3 级主干网相联通。NSFNet 的正式营运以及实现与其他已有和新建网络的连接开始真正成为 Internet 的基础。1990 年 6 月 NFSNet 彻底取代了 ARPANet 而成为当时 Internet 的主干网。

NSFNet 对 Internet 的最大贡献是使 Internet 向全社会开放，而不像以前的那样仅供计算机研究人员和政府机构使用。

3. Internet

由于 NSF 的鼓励和资助，很多大学、政府资助甚至私营的研究机构纷纷把自己的局域网并入 NSFNet 中，从 1986 年至 1991 年，NSFNet 上连接的网络从 100 个迅速增加到 3 000 多个，到 1995 年已经连接了 25 000 多个网络 680 万台主机，用户人数达到 4 000 多万人，遍布世界 136 个国家和地区，1994 年 NSF 放弃对 NSFNet 网络的监管，同时正式更名为 Internet。

动画演示 6-1：Internet 示意图

由于多种学术团体、企业研究机构，甚至个人用户的进入 Internet 这一陌生世界，Internet 的使用者不再限于纯计算机专业人员。新的使用者很快发现了 Internet 在通信、资料检索、客户服务等方面的巨大潜力，他们逐步把 Internet 当作一种交流与通信的工具，而不仅仅只是共享 NSF 巨型计算机的运算能力。于是世界各地的无数企业纷纷涌入 Internet，带来了 Internet 发展史上的一个新的飞跃。

4. 万维网技术

早期在网络上传输数据信息或者查询资料需要在计算机上进行许多复杂的指

令操作，这些操作只有那些对计算机非常了解的技术人员才能做到熟练运用。特别是当时软件技术还并不发达，软件操作界面过于单调，计算机对于多数人只是一种高深莫测的神秘之物，因而当时"上网"只是局限在高级技术研究人员这一狭小的范围之内。WWW 技术是由瑞士高能物理研究实验室的程序设计员 Tim Berners-Lee 最先开发的，它的主要功能是采用一种超文本格式把分布在网上的文件链接在一起。这样，用户可以很方便地在大量排列无序的文件中调用自己所需的文件。

万维网对 Internet 的最大贡献是它解决了普通百姓使用网络的问题，没有万维网技术，就不会有如此众多的网络用户以及为这些用户而创造出来的各种应用，网络的发展也就缺乏动力。

6.1.2　Internet 的主要管理机构

实际上没有任何组织、企业或政府能够拥有 Internet，但是它也有一些独立的管理机构从事 Internet 的管理工作，这些机构都是自发的、公益性的，每个机构都有自己特定的职责。

1. 国家科学基金会——NSF

国家科学基金会创建于是 1950 年，尽管 NSF 并不是一个官方的 Internet 组织，并且也不能参与 Internet 的管理，但它对 Internet 的过去和未来都有非常重要的作用。

2. Internet 协会——ISOC

Internet 协会创建于 1992 年，是一个最权威的 Internet 全球协调与使用的国际化组织。由 Internet 专业人员和专家组成，其任务是与其他组织合作，共同完成 Internet 标准与协议的制定。

3. Internet 体系结构委员会——IAB

Internet 体系结构委员会创建于 1992 年 6 月，是 ISOC 的技术咨询机构。IAB 监督 Internet 协议体系结构和发展，提供创建 Internet 标准的步骤，管理 Internet 标准化（草案）RFC 文档系列，管理各种已分配的 Internet 地址号码。IAB 下属两个机构：

Internet 工程任务组——IEIF

Internet 研究部——IRTF

4. Internet 工程任务组和 Internet 工程指导委员会

Internet 工程任务组的任务是为 Internet 工作和发展提供技术及其他支持。它的任务之一是简化现的标准并开发一些新的标准。并向 Internet 工程指导小组推荐标准。IETF 主要工作领域：应用程序、Internet 服务、网络管理、运行要求、路由、安全性、传输、用户服务与服务应用程序。工作组的目标是创建信息文档、创建协议细则，解决 Internet 与工程和标准制订有关的各种问题等。

5. Internet 研究部——IRTF

Internet 研究部是 ISOC 的执行机构。它致力于与 Internet 有关的长期项目的研究，主要在 Internet 协议、体系结构、应用程序及相关技术领域开展工作。

6. Internet 网络信息中心——InterNIC

Internet 网络信息中心负责 Internet 域名注册和域名数据库的管理。

7. Internet 赋号管理局——IANA

Internet 赋号管理局的工作是组织监督 IP 地址的分配。

8. WWW 联盟

WWW 联盟是独立于其他 Internet 组织而存在的，是一个国际性的工业联盟。它和其他组织一起致力于与 Web 有关的协议的制定。万维网联盟 1994 年 10 月在麻省理工学院计算机科学实验室成立。建立者是万维网的发明者蒂姆·伯纳斯-李。目前，该联盟拥有来自全世界 40 个国家的 400 多个会员组织。

6.2 域名解析

6.2.1 域名与域名系统

1. 域名的概念

在 Internet 上用 IP 地址来标识一个主机，因此要访问一个主机必须记住该主机的 IP 地址，例如：某网站的主机地址是：202.115.102.17。由于 IP 地址是一组十进制数，很抽象，不便于记忆，人们引入域名系统（DNS），域名系统是一种基于标识符号的名字管理机制，它允许用字符甚至汉字来命名一个主机，这样人们就容易记住一个网站了。所以在 Internet 上的主机除了要有一个全世界独一无二的 IP 地址之外，还要有一个在全世界范围内独一无二的域名。有了域名系统，用户使用网络资源时，就不需要记忆网站的 IP 地址，只要键入该网站的域名就可以获得需要的资源。

动画演示 6-2：域名系统的结构

Internet 上的网站众多，每一个企业、学校、政府机关甚至个人都可以申请域名，如果每一网站都起简单的一个独一无二的名字，那么就很难管理。为了便于管理，人们按照该主机所处的地域或行业分类，然后给每一个地域或行业注册一个名字，在这个名字之下再注册一个具体组织的名字，在组织名字之下再注册主机的名字，形成一种层次结构，这种结构与行政区域的划分很相似，分成不同的级，如图 6-1 所示。第一级是根域名（root），在根域名的下面，可以注册国家域名（如 cn）和行业机构域名（如 com），在国家域名下可以注册行业机构域名和地区域名，如在 cn 下可以注册 bj（北京）、sh（上海）、tj（天津）等，在行业机构或地区域名下可以注册单位域名（如 pku），在单位注册域名下可以注册主机域名（如 www）。一个具体的域名，就是这它自身的名字加上他的父域的名字。域名的一般结构如下。

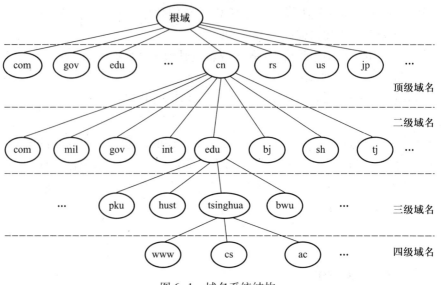

图 6-1　域名系统结构

主机名．单位注册名．国家或行业机构域名

例如：

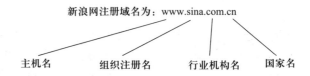

采用层次结构的域名系统有以下好处。

（1）便于记忆

由于国家的名字和行业机构的名字都已经由权威机构分配好，一个信息服务网站的名字一般都叫 WWW，所以，记住一个网站只要记住该网站所属单位（组织）的注册名就行了，例如：新浪网记住 sina 即可。

（2）便于查询

北京大学的注册名为：www. pku. edu. cn，可以先查询 cn，再查询 edu，在 edu下查询到 pku（即北京大学）。

（3）在不同的域下可以注册相同的名字

在域名系统结构中，位于最右端的域名被称为顶级域名，国家域名和行业机构域名可以作为顶级域名，如果一个域名以行业机构域名为顶级域名，这个域名就叫国际域名，多数国际域名是三级结构，带有国家域名的域名叫国内域名，国内域名一般是四级结构。只有国家或行业机构域名可以作为顶级域名。

为了保证域名的唯一性，在使用域名之前，要到权威机构去注册，别人已经注册的域名就不能再注册了。

2. 众所周知的域名

通用顶级域名以及国家和地区顶级域名系统的管理由 Internet 域名和地址管理机构 ICANN（intemet corporation for assigned names and numbers，ICANN）负责，

ICANN 发布的国家域名和顶级机构域名如表 6-1 和表 6-2 所示。

表 6-1 主要国家域名	
域名	描述
cn	中国
fr	法国
us	美国
jp	日本
ru	俄罗斯
gb	英国
de	德国
it	意大利
ca	加拿大
au	澳大利亚
br	巴西
in	印度
kr	韩国
za	南非

表 6-2 通用机构域名	
域名	描　述
com	以营利为目的商业、企业机构
net	提供互联网服务的企业
edu	教育科研机构
gov	政府机构
Int	国际组织
mil	军事机构
org	非营利机构
firm	公司企业
shop	表示销售公司企业
web	表示突出万维网活动的单位
arts	表示突出文化娱乐活动的单位
rec	表示突出消遣娱乐活动的单位
info	表示提供信息服务单位
now	表示个人

3. 中文域名

域名主要是用英文来注册的，对于非英语的国家来说，英文域名不符合自己的语言习惯。随着 Internet 用户爆炸式地增长，这一文化冲突也日益受到重视。2003 年 3 月 8 日，IETF 正式公布了三个多语种域名（IDN）技术标准（RFC3490、RFC3491、RFC3492），这三个标准与 2002 年 12 月发布的关于国际化字符串的标准（RFC3454）共同构成了整个国际化域名的技术体系规范，至此，国际化域名技术标准已经最终确定。各种网络应用软件和服务器软件的提供商已经将支持多语种域名提上工作日程，中文域名在互联网的普及应用已是指日可待。

2000 年 1 月，CNNIC 中文域名系统就开始试运行。2000 年 5 月，美国 I-DNS 公司也推出中文域名注册服务。2000 年 11 月 7 日，CNNIC 中文域名系统开始正式注册。2000 年 11 月 10 日，美国 NSI 公司的中文域名系统开始正式注册。这些都为汉语为母语的人群提供了方便。

中文域名的使用规则基本上与英文域名相同，只是它还允许使用 2~15 个汉字之间的字词或词组，并且中文域名不区分简、繁体。CNNIC 中文域名有以下两种基本形式。

① "中文 . cn" 形式的混合域名；

② "中文 . 中国" 等形式的纯中文域名。

目前，中文域名设立 "中国" "公司" 和 "网络" 3 个纯中文顶级域名，其中

注册 ".cn" 的用户将自动获得 ".中国" 的中文域名，如：注册 "清华大学.cn"，将自动获得 "清华大学.中国"。

6.2.2 域名解析服务

1. 域名解析的概念

实验案例 6-1：
域名解析

有了域名以后，人们访问 Internet 资源就是用域名或网址来访问，但是在 Internet 上，识别主机的唯一依据是 IP 地址，人们键入的网址 Internet 是不认识的，因此，必须有一种机制，负责根据用户键入的域名找到该域名对应的 IP 地址，人们把这样一种机制叫域名服务（DNS），把承担域名解析任务的计算机叫域名服务器。

作为 DNS 服务器应该具有以下功能。

① 保存主机（网络上的计算机）名称（域名）及其对应的 IP 地址的数据库；

② 接受 DNS 客户机提出的查询请求；

③ 若在本 DNS 服务器上查询不到，能够自动的向其他 DNS 服务器查询；

④ 向 DNS 客户机提供查询的结果。

由于在 Internet 上主机数量巨大，注册的域名太多，域名解析不可能由一台计算机承担，而是一个大的系统，整个域名系统以一个大的分布数据库方式工作，在 Internet 连接的每个网络中，或在如图 6-1 所示的每个域中都有域名服务器，每个域名服务器都负责一定范围内的域名解析任务，大家相互协作，最终完成解析任务。

有了域名系统后，用户访问网站资源的过程如下（参照图 6-2）。

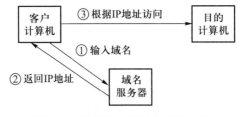

图 6-2 根据域名访问主机的过程

① 用户在自己的计算机上键入网站域名，域名被送往域名服务器。

② 域名服务器在自己的数据库中查询，如果查询不到就请求其他域名服务器查询，然后将查询到得 IP 地址送客户机。

③ 客户机根据 IP 地址去访问目的网站。

域名解析分为正向解析和反向解析，正向解析是根据域名解析出 IP 地址，反向解析是根据 IP 地址解析出域名。

2. 配置 DNS 客户机

在客户机的 TCP/IP 属性中，将首选 DNS 服务器地址中填入 DNS 服务器地址，如 192.168.0.1。如果网络中有 DHCP 服务器，可以选择 "自动获取 DNS 服务器地址" 选项。

6.2.3 域名注册

1. 域名的管理和注册

域名的管理由两种类型的机构负责:一种叫作 registry,指域名系统管理者,是非商业机构;另一种叫作 registrar,指域名注册服务商,是营利性公司。域名系统管理者(registry)面向域名注册服务商(registrar)收取域名费用,用于维护域名数据库和开展相关研究,收费标准由各个国家制定。域名注册服务商(registrar)面向最终网民收取域名费用,费用由各个服务商根据其市场竞争策略制定。

实验案例 6-2:
域名注册

目前国际域名管理的最高机构是 Internet 域名和地址管理机构 ICANN,它属于 registry,负责管理全球 Internet 域名及地址资源。NSI(美国的 network solutions Inc.)、CNNIC(中国互联网络信息中心)均是其下的二级机构。类似的机构还有很多家,分布在全球各地,负责不同区域的域名注册服务。而 registrar 的职能往往是由多家公司竞争代理,这样做的好处是可以通过竞争降低域名注册费用,最终使用户受益。cn 下的域名注册代理机构有 60 多家,主要机构如表 6-3 所示。

表 6-3　cn 下的主要域名注册代理机构

公　　司	网　　　址
中国万网	http://www.net.cn
新网互联	http://www.dns.com.cn
新网数码	http://www.xinnet.com
中资源	http://www.zzy.cn
中国频道	http://www.35.com
商务中国	http://www.bizcn.com
时代互联	http://www.now.cn/
中企动力	http://www.ce.net.cn/
中国 E 动网	http://www.edong.com
网域-花生壳	http://www.byf.cn
北京 IDC	http://www.beijingidc.com/

2. 域名使用的限制

不得使用或限制使用以下名称。

① 注册含有"China""Chinese""CN""National"等需经国家有关部门(指部级以上单位)正式批准;

② 公众知晓的其他国家或者地区名称、外国地名、国际组织名称不得使用;

③ 县级以上(含县级)行政区划名称的全称或者缩写需相关县级以上(含县级)人民政府正式批准。

3. 域名注册过程

下面以在中国万网(http://www.net.cn)注册域名为例,介绍域名注册过程。

① 登录中国万网网站,在域名注册区域输入想要注册的域名,并选择想要注

册的父域名或顶级域名，如图 6-3 所示。

图 6-3　输入域名

② 在图 6-3 中单击"查询"按钮，查询该域名是否被注册，结果如图 6-4 所示。

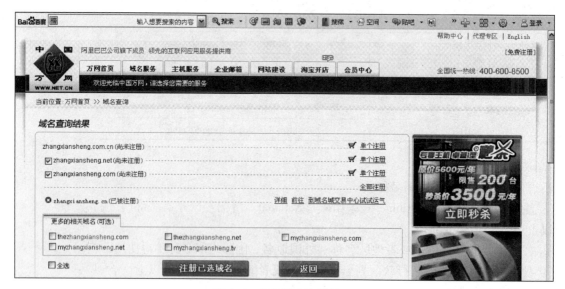

图 6-4　查询域名注册情况

③ 在图 6-4 中单击"注册已选域名"按钮，选择注册年限，如图 6-5 所示。

④ 在图 6-5 中单击"继续下一步"按钮，填写注册信息，如图 6-6 所示。

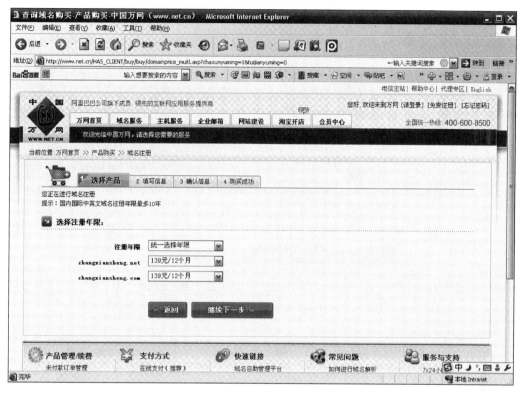

图 6-5　选择注册年限

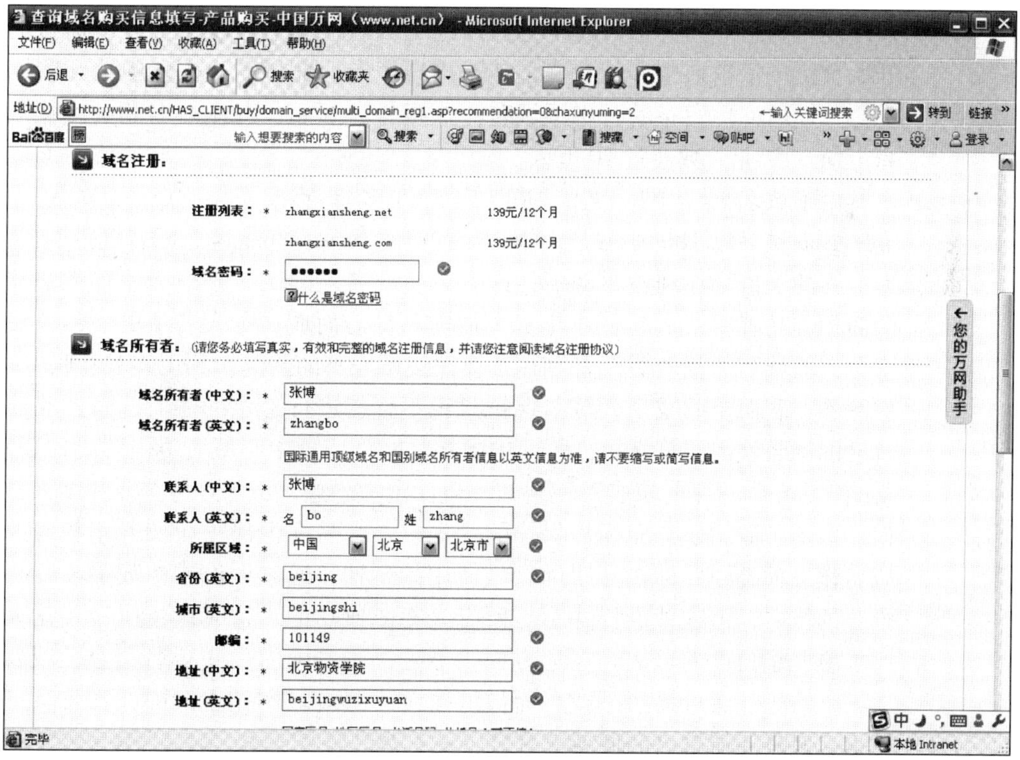

图 6-6　输入注册信息

⑤ 在图 6-6 中单击"继续下一步"按钮，出现确认信息并选择结算方式，如图 6-7 所示。

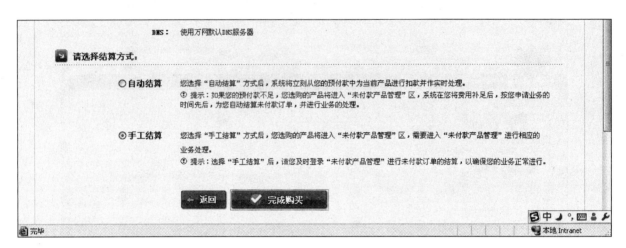

图 6-7　选择结算方式

⑥ 单击完成购买，完成域名注册过程。

域名的使用是有偿的，域名注册后，要在规定期限内向域名注册服务商汇款，否则，该域名仅保留一个星期，别人就可以注册了。

4. 域名保护

随着网络对社会生活的全方位渗透，域名，这个互联网世界里虚拟的地址也开始被赋予了越来越多的含义，甚至出现了专门的域名经济。中国互联网络信息中心（CNNIC）发布的《中国域名产业报告》显示，我国域名相关产业规模超过42 亿元，从业人数超过 10 万人。

由于域名具有唯一性，所以成为许多域名投资客的投资对象，在国内pptv. com 域名以 180 万成交，2009 年在美国 Insure. com 这个域名更是卖出了 1 600 万美元的天价。在利益驱动下，许多企业或名人的域名被肆无忌惮地注册，企业的商标等品牌要素本是企业花费大量资源打造而成，名人名字更是其公民权的一部分，但域名"投资客"却利用法律法规不完善的漏洞，利用其对互联网"规则"的熟悉，利用企业或个人域名保护意识不强，进行恶意的注册，而企业要想要回自己的域名就需要打官司，而《中国互联网络信息中心域名争议解决办法》规定，"出售域名"、"注册域名"不再被一概认定为恶意，虽然一些企业和个人依据名称权，借用了专利权和商标权保护的优先权、驰名标识保护权和专用权等原则，将域名作一种类同商标在互联网领域使用的延伸，通过诉讼或仲裁手段要回自己被抢注的域名，但这种维权并不是所有人都能成功的，这时，企业就要花大价钱买回本应属于自己的域名。在这方面，不乏例子，国内一些知名企业，域名被抢注后，因与抢注者价格谈不拢，而被链接至一些垃圾网站上。因此，要有域名保护意识，及早注册自己的域名。

6.3 万维网

万维网（world wide web，WWW）是 Internet 上集文本、声音、图像、视频等多媒体信息于一身的全球信息资源网络，是 Internet 上的重要组成部分。浏览器（browser）是用户通向 WWW 的桥梁和获取 WWW 信息的窗口，通过浏览器，用户可以在浩瀚的 Internet 海洋中漫游，搜索和浏览自己感兴趣的所有信息。

6.3.1 万维网技术

万维网技术包含以下一些技术。

动画演示 6-3：
WWW 服务过程

1. 超文本和超链接

超文本（hypertext）是一种信息的组织方法，传统的信息组织方法是用使用目录，用户想阅读某个主题的信息，先查目录，然后再找到正文阅读。这种方法在浩瀚的 Internet 信息海洋中显得笨拙低效，因为用户上网浏览信息都带有一定的目的性，用户在关心某种信息的同时，可能还关心与之相关信息，因此，1965 年，德特·纳尔逊（Ted Nelson）创造了术语"超文本"，超文本是用超链接（hyper links）的方法，将各种不同空间的文字信息组织在一起的网状文本，它利用网页中的文字或图片链接到其他网页上，用户可以在不同的网页间跳跃式的阅读，而不必关心这些网页分散在何处的主机中。超文本中不仅含有文本信息，还包括图形、声音、图像、视频等多媒体信息。

2. HTML 语言

超文本置标语言是 Tim Berners Lee 在 1990 年创建的，WWW 的网页文件是用超文件置标语言 HTML（hyper text markup language）编写的，并在超文件传输协议 HTTP（hype text transmission protocol）支持下运行的。HTML 并不是一种一般意义上的程序设计语言，它将专用的标记嵌入文档中，对一段文本的语义进行描述，它标记网页上的字体、颜色；标记什么位置有图片、什么地方有表格、什么地方有超链接等，HTML 语言经过浏览器的解释后，就产生了人们看到的网页效果。

由于 HTML 语言中标记太多，所以直接用它来编写网页文件工作量太大，所以人们就开发了一些网页设计软件，如 FrontPage、Dreamwaver 等，利用这些软件，网页设计者可以像使用 Word 一样，在可视化的界面上轻松设计网页，最终网页设计软件根据用户设计的网页自动生成 HTML 语言源代码。

3. 超文本传输协议 HTTP

HTTP 是超文本传输协议，是客户端浏览器或其他程序与 Web 服务器之间的应用层通信的协议。在 Internet 上的 Web 服务器上存放的都是超文本信息，客户机需要通过 HTTP 向 Web 服务器发出访问请求，Web 服务器通过 HTTP 给用户传输其要访问的超文本文件。

4. 浏览器

WWW 浏览器是一个客户端的程序，其主要功能是使用户获取 Internet 上的各种资源，常用的浏览器 Microsoft 的 Internet Explorer（IE）和 Netscape。浏览器最基本的功能是将 HTML 语言描述的网页源文件，翻译成用户便于接受的页面，供用户浏览。浏览器还可以支持一些客户端脚本程序的运行，从而增强了客户端的功能，使浏览器具有了动态效果，为连机用户提供了实时交互功能。

5. Web 服务器

Web 服务器是安装了专门的 Web Server 服务器软件的计算机，目前，使用最多的 Web Server 服务器软件有两个：微软的 IIS 和自由软件 Apache。

Web 服务器可以解析 HTTP。当 Web 服务器接收到一个 HTTP 请求，会返回一个 HTTP 响应，如果用户请求的是静态页面，服务器就返回用户所请求的页面文件；如果 HTTP 请求的是一个动态的页面，Web 服务器就将访问请求委托给一些其他的程序如 CGI 脚本，JSP 脚本，ASP 脚本等服务器端脚本程序，通过这些程序访问后台数据库服务器，然后临时产生一个 HTML 的页面文件送给用户，让用户用浏览器来浏览。

综上所述，一个网站的系统结构示意图如图 6-8 所示。

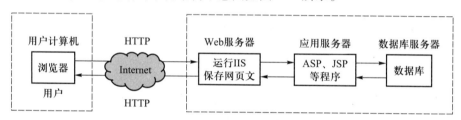

图 6-8 Web 网站系统结构图

6. 主页

主页是一个网站的起始页，网站的信息资源都以网页的形式存储在 WWW 服务器中；主页可以反映网站包含的主要栏目，也包含了到达各个子页面的超链接，用户通过主页可以方便地浏览网站内容。

主页还是访问一个网站的默认页，用户通过浏览器向 WWW 服务器发出请求，需要指定要访问的页面文件，服务器根据客户请求的内容，将保存在 WWW 服务器中的页面文件发送给客户；如果用户访问某个 WWW 网站，没有指定访问哪一个页面，那么，网站就将主页文件发送给客户。

7. URL

URL 被称为统一资源定位器，是一种在 Internet 上访问网络资源的一种统一格式，这个统一格式是：

通信协议：//服务器域名或 IP 地址/路径/文件名

即在 Internet 上访问什么资源使用什么协议，到哪去获取资源要指定主机地址，访问什么资源要指定路径和文件名。

例如：以下列出的都是 URL。

ftp://ftp. pku. edu. cn/pub/dos/readme. txt   通过 FTP 连接来获得一个名为

readme. txt 的文本文件。

　　http://news. sina. com. cn/zt/index. shtml　通过 HTTP 访问主机 news. sina. com. cn 下 zt 目录下的网页文件 index. shtml。

　　telnet://cs. pku. edu. cn　远程登录到名为 cs. pku. edu. cn 的主机。

　　8. 动态网页技术

　　动态网页是与静态网页相对应的，静态网页一旦设计好后，其内容是固定的，只要没有人为的改变，其内容永远不变，静态网页的扩展名一般是 . htm 或 . html。

　　所谓动态网页并不是说网页上有动画效果，而是指该网页具有交互性，可以根据用户的请求临时生成的（参见图 6-8），与网页上的各种动画、滚动字幕等视觉上的"动态效果"没有直接关系，动态网页也可以是纯文字内容的，也可以是包含各种动画的内容，这些只是网页具体内容的表现形式，无论网页是否具有动态效果，采用动态网页技术生成的网页都称为动态网页。

　　动态网页具有以下特点。

　　① 网页根据用户请求临时生成，在 Web 服务器上并不永久保存该网页文件；

　　② 动态网页一般以数据库技术为基础，其页面中的关键数据由数据库提供，这样可以大大降低网站维护的工作量；

　　③ 动态网页有交互功能，如用户注册、用户登录、在线调查、用户管理、订单管理等；

　　④ 动态网页的扩展名不再是 . htm 或 . html，而是 . php、. asp、. jsp、. cgi 等。

　　实现动态网页的技术主要有以下几种。

　　（1）CGI 技术

　　早期的动态网页主要采用 CGI 技术，CGI 即 Common Gateway Interface（公用网关接口）。可以使用不同的程序编写适合的 CGI 程序，如 Visual Basic、Delphi 或 C/C++等。虽然 CGI 技术已经发展成熟而且功能强大，但由于编程困难、效率低下、修改复杂，所以已经逐渐被新技术取代。

　　（2）ASP 技术

　　ASP 即 Active Server Pages，它是微软开发的一种类似 HTML、Script（脚本）与 CGI 的结合体，它没有提供自己专门的编程语言，而是允许用户使用许多已有的脚本语言如 VBScript、JAVAScript 编写 ASP 的应用程序。ASP 的程序编写比 HTML 更方便且更有灵活性。它是在 Web 服务器端运行，运行后再将运行结果以 HTML 格式传送至客户端的浏览器。因此 ASP 与一般的脚本语言相比，要安全得多。

　　但 ASP 仅局限于微软的操作系统平台之上，主要工作环境是微软的 IIS 应用程序结构，又因 ActiveX 对象具有平台特性，所以 ASP 技术不能在跨平台 Web 服务器上工作。

　　（3）JSP 技术

　　JSP 即 Java Server Pages，它是由 Sun Microsystem 公司于 1999 年 6 月推出的新技术，是基于 Java Servlet 以及整个 Java 体系的 Web 开发技术。

　　JSP 和 ASP 在技术方面有许多相似之处，不过两者来源于不同的技术规范组织，ASP 一般只应用于 Windows 系列平台，而 JSP 则可以在各种服务器上运行，而且基于 JSP 技术的应用程序比基于 ASP 的应用程序易于维护和管理，所以被许多人认为是未来最有发展前途的动态网站技术。

（4）PHP 技术

PHP 即 hypertext preprocessor（超文本预处理器），它是当今 Internet 上最为火热的脚本语言，是一种在服务器端执行的嵌入 HTML 文档的脚本语言，其语法借鉴了 C、Java、PERL 等语言，具有简单易学的特点。

PHP 与 HTML 语言具有非常好的兼容性，使用者可以直接在脚本代码中加入 HTML 标记，或者在 HTML 标记中加入脚本代码从而更好地实现页面控制；PHP 提供了标准的数据库接口，而且几乎支持所有主流与非主流数据库；数据库连接方便，兼容性强；扩展性强；可以进行面向对象编程；PHP 一般运行在 Apache 服务器上。

6.3.2　访问万维网

实验案例 6-3：
IE 浏览器的使用
与设置

浏览器是用户访问 WWW 的工具，浏览器的作用是将 HTML 语言描述的网页源文件，翻译成用户便于接受的页面，供用户浏览；现在，浏览器的功能被极大的扩充，不仅可以浏览网页，也可以用于发送接收邮件、下载文件等，几乎无所不能。

1. IE 浏览器的界面

在 Windows 7 的桌面上有 Internet Explorer 图标，双击该图标，可以启动 IE9 程序，IE9 界面如图 6-9 所示，与 Windows 窗口界面一脉相承。

图 6-9　IE 浏览器界面

① 地址栏。用于浏览网页。

② 工具栏。包括菜单栏和命令栏以及其他工具栏，主要包括浏览网页以及设置浏览器的各种命令。

③ 浏览器栏。包括收藏夹和历史记录，用于浏览搜藏的网页或历史上浏览过的页面。

④ 浏览区。用于展示网页内容。

2. 浏览网页

在地址栏输入要访问的网址或 IP 地址，输入地址后，按回车键即可访问要访问的资源。在默认状态下，访问过的网页并列在地址栏的旁边，要重新访问这些网页，只需要单击该网页的标签即可。

在地址栏上还有许多工具按钮，通过这些按钮帮助人们快速地浏览网页，各按钮的作用如下。

①"前进"与"后退"按钮：要访问刚刚访问过的网页，可以单击"后退"按钮，"前进"按钮则是对"后退"的否定。

②"主页"按钮：要回到启动浏览器时的起始页，单击"主页"按钮。

③"刷新"按钮：要重新显示当前页面，单击"刷新"按钮。

④"停止"按钮：要中断正在进行的连接，单击"停止"按钮。

3. 使用收藏夹

（1）使用收藏夹

若要经常访问某些网站，每次输入网址很麻烦，这时可以将经常访问的网址添加到收藏夹，以后就可以在收藏夹中选择网址访问网站了。具体操作是：打开要收藏的网页，单击"收藏夹"菜单选择"添加到收藏夹"命令，当前网页的网址就被收藏在收藏夹中，以后可以单击"收藏夹"菜单或单击"搜藏夹、源和历史记录"按钮就可以重新访问该网页，如图 6-10 所示。

微视频 6-1：
保存网页与使用
收藏夹

（2）访问历史上访问过的网页

IE 浏览器可以将一段时间内（默认为 20 天）访问过的网址记录下来，以备将来访问，要使用历史记录，可以单击"搜藏夹、源和历史记录"按钮，然后单击历史记录选项卡，再选择网址，浏览网页，如图 6-11 所示。

4. 保存网页

在网页上找到所需要的资料时，可以将它们保存在本地磁盘中。

（1）保存网页

若保存打开的网页，单击"文件"菜单中的"另存为"命令，在"保存网页"对话框中，选择保存位置，单击"保存"按钮进行保存。

（2）保存网页中的图片

右击要保存的图片，在快捷菜单中单击"图片另存为"命令，在打开的"保存图片"对话框中选择保存位置，然后单击"保存"按钮。

（3）打印网页

打开要打印的网页，单击"文件"菜单中的"打印"命令或者单击命令栏中的打印机图标，选择打印命令，即可将网页打印出来。

图 6-10　使用收藏夹　　　　　　　图 6-11　使用历史记录

5. 设置 IE 浏览器的起始页

单击"工具"菜单中的"Internet 选项"命令，可以打开"Internet 选项"对话框，在对话框中可以进行各种设置。"Internet 选项"对话框如图 6-12 所示。

微视频 6-2：
设置浏览器参数

图 6-12　"Internet 选项"对话框

在"常规"选项卡中的"主页"中可以设置打开浏览器后出现的第一个页面，或单击"主页"按钮要到达的页面，具体设置方法如下。

① 若将当前打开的页面设置为浏览器的起始页，单击"使用当前页"按钮。

② 若单击"使用默认值"，则将 http://cn.msn.com/作为主页。

③ 若使用空白页作为浏览器的起始页，则单击"使用空白页"按钮。

④ 也可以在地址栏中直接输入作为浏览器起始页的网址，单击"确定"按钮。

⑤ 单击命令栏中的"主页"按钮，选择添加或更改主页命令，出现图 6-13 的对话框，在这个对话框中可以选择"将此网页作为唯一主页"或"将此网页添加到主页选项卡"或"使用当前选项卡集作为主页"单选按钮。

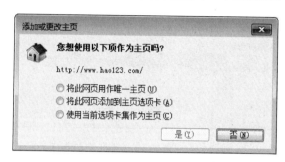

图 6-13 "添加或更改主页"对话框

6. 删除临时文件和历史记录

（1）临时文件

当访问 Internet 上的网页时，会在本地计算机的硬盘上生成临时文件，临时文件的作用是可以在下次访问该网页时，起到加速作用，可以设置临时文件占用磁盘空间的大小，若磁盘空间紧张，可以删除临时文件，释放磁盘空间。

（2）历史记录

用户访问过的网页被保存在特定的文件夹中，用户可以使用历史记录快速访问最近查看过的网页。可以设置网页保存在历史记录中的天数（默认为 20 天），也可以清空历史记录。

（3）设置临时文件和历史记录

在图 6-12 中单击"删除"按钮可以删除临时文件和历史记录，单击"设置"按钮可以设置临时文件占用磁盘空间的大小和保存历史记录的天数。

7. 设置家长控制

在 Windows 7 中，家长可以控制孩子的上网时间、玩游戏的级别以及可以使用的程序。具体设置如下。

① 首先要设置一个家长专用账户，如；administrator，该账户要有密码，该密码家长保留，不能泄露。

② 然后给孩子创建一个账户，如 boy。

③ 启动"Internet 选项"对话框，如图 6-12 所示，单击"内容"选项卡，如图 6-14 所示，单击"家长控制"按钮。出现图 6-15。

图 6-14　"Internet 选项"对话框

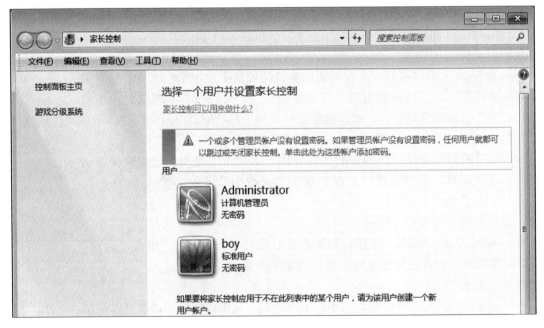

图 6-15　设置家长控制

④ 在图 6-15 中单击要控制的账户 boy，出现设置 boy 使用计算机的方式对话框，如图 6-16 所示。

⑤ 在图 6-16 中单击"启用，应用当前设置"单选按钮，在 Windows 设置中分别设置时间限制、游戏级别限制和允许或阻止应用程序，如图 6-17 所示。

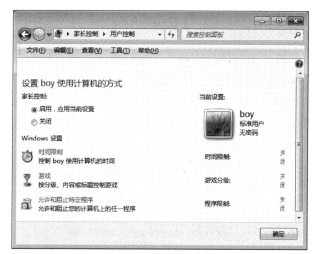

图 6-16 设置 boy 使用计算机的方式

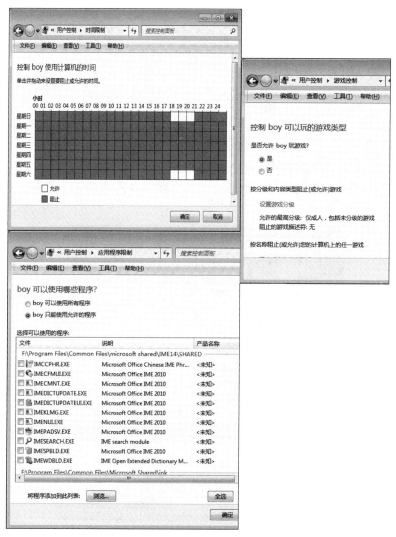

图 6-17 设置内容

实验案例 6-4：
实现 www 服务器

6.3.3　在自己的计算机上实现 WWW 服务器

在运行 Windows 操作系统的计算机上，就可以实现 WWW 服务器、FTP 服务器等。下面以 Windows 7 上实现 WWW 服务器为例，介绍 WWW 服务器的搭建过程。

1. 安装 Web 服务器组件

① 进入 Windows 7 的控制面板，"打开程序功能"，选择"打开或关闭 Windows 功能"选项，如图 6-18 所示。

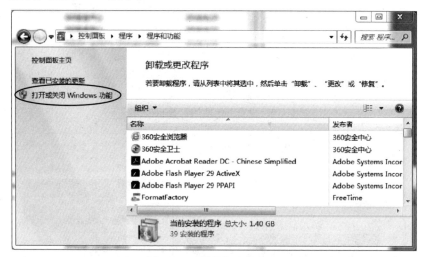

图 6-18　程序和功能窗口

② 在 Windows 功能窗口中，把 Interlnet 信息服务下面的所有组件全部选中，包括 Web 管理工具、万维网服务下的所有组件，然后单击"确定"按钮，如图 6-19 所示。

图 6-19　打开或关闭 Windows 功能窗口

2. 启动 IIS

配置完成后，依次打开"控制面板"→"管理工具"，如图 6-20 所示，双击"Internet 信息服务（IIS）管理器"选项。在"Internet 信息服务（IIS）管理器"看到：在 IIS 安装后，已经自动建立一个 Web 网站，名字为"Delault Web Site"，如图 6-21 所示。同时在 C 盘建立了一个 inetpub 的文件夹，在该文件夹下面有 wwwroot 和 ftproot 两个文件夹，如图 6-22 所示。

图 6-20　管理工具窗口

3. 利用 IIS 的默认 Web 站点发布网站

（1）将网页放置到默认文件夹

在服务器上，将制作好的网页文件复制到 C：\Inetpub\wwwroot 目录下，将网页的名字改为 Default.htm。例如：用记事本创建一个文件，将其保存问网页类型的文件，名为 default.htm，如图 6-23 所示。

（2）访问默认 Web 站点

在客户机上，在浏览器的 URL 栏中输入本主机 IP 地址或：http：\\127.0.0.1，就可以浏览默认站点了，如图 6-24 所示。

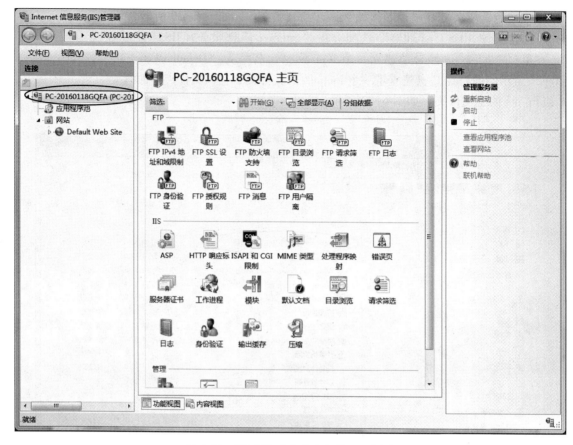

图 6-21　IIS 安装后自动建立的 Web 网站

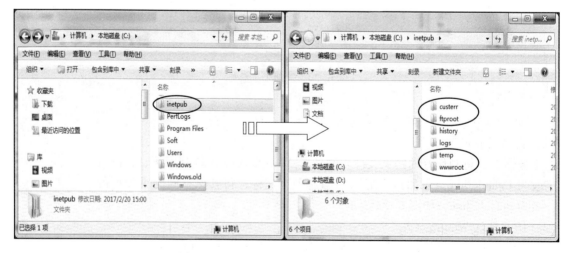

图 6-22　Inetpub 文件夹及其下面的文件夹

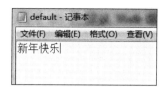

图 6-23 用记事本做一个简单网页文件

图 6-24 浏览默认站点

4. 管理 Web 站点

在图 6-21 中右击站点,在快捷菜单中选择"删除"命令可以删除站点,选择"重命名"命令可以给站点改名。选择"管理网站"命令或在图 6-21 右侧的窗格中可以停止站点或启动站点。

5. 建立新的 Web 站点

在 IIS 中,一台服务器上可以架设多个 Web 站点,不同站点的识别可以用不同的 IP 地址、不同的端口号或不同的主机头名。

如果利用不同的 IP 地址实现多个不同的网站,需要在 TCP/IP 属性中,为 Web 服务器添加多个 IP 地址,每个网站使用自己的 IP 地址,用户访问的 IP 地址不同,对应的网站不同。

Web 网站默认的端口是 80,如果利用不同的端口实现多个不同的网站,用户在访问非 80 端口的网站时,就需要用套接字访问,例如,服务器的 IP 地址是 202.119.19.15,网站使用端口为 8 000,则用户访问该网站时,需要键入 http://202.119.19.15:8000。

如果用不同的主机头名实现不同的网站,就需要在建立网站时,给每一个网站起一个主机名,然后将这些主机名在 DNS 服务器上注册,用户访问时输入不同的主机域名,就可以访问不同的网站。

下面以用不同的 IP 地址创建新网站为例,介绍网站创建过程。

① 为计算机添加多个 IP 地址。在"TCP/IP"属性中单击"高级"按钮,为服务器添加 IP 地址,如 192.168.1.100。

② 建立网站主文件夹,存放网页。在 C 盘建立一个文件夹,名 webfile1,在文件夹下创建一个网页,名为 Default.htm。

③ 在 Internet 信息服务(IIS)管理器中右击"网站"命令,选择"添加网站"选项,输入站点名为 web1,选择物理路径(为 C:\inetpub\webfile1),选择站点 IP 地址(为本机新添加的 IP 地址如 192.168.1.100)和使用的 TCP 端口号(为 80),如图 6-25 所示。

④ 单击"确定"按钮,则网站添加完毕,如图 6-26 所示。

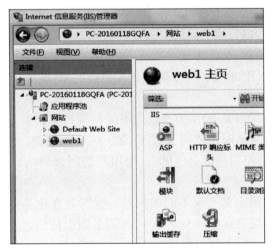

图 6-25　添加网站

图 6-26　添加网站完毕

6.4　电子邮件

　　电子邮件是 Internet 上使用最广泛的服务之一。用户只要能与 Internet 连接，具有能收发电子邮件的程序及个人的 E-mail 地址，就可以与 Internet 上具有 E-mail 所有用户方便、快速、经济地交换电子邮件，可以在两个用户间交换，也可以向多个用户发送同一封邮件，或将收到的邮件转发给其他用户。电子邮件中除传输文本外，还可传输包含声音、图像、应用程序等各类计算机文件。

6.4.1 电子邮件系统

1. 电子邮件系统的结构

人们生活中的邮政系统由邮局、邮递员和信箱组成，邮局为人们分发邮件，邮递员在用户和邮局间传递邮件，信箱则是用户与邮政系统的接口。电子邮件系统与人们生活中的邮政系统类似，也需要有电子邮局、电子邮递员、电子信箱。

（1）电子邮件服务器

电子邮件服务器相当于电子邮局，该服务器运行邮件传输代理软件，它负责接收本地用户发来的邮件，并根据目的地址发送到接收方的邮件服务器中；负责接收其他服务器上传来的邮件，并转发到本地用户的邮箱中。

（2）电子邮件协议

相当于电子邮递员，负责在用户和服务器之间、服务器和服务器之间传输电子邮件，发送邮件使用 SMTP（简单邮件传输）协议，接收邮件使用 POP3（邮局）协议或 IMAP 协议。

（3）电子信箱

相当于邮箱，电子信箱是建立在邮件服务器上的一部分硬盘空间，由电子邮件服务机构提供，用于保存用户的电子邮件。用户可以利用它发送和接收电子邮件。

电子邮箱的地址：用户名@主机名，该地址在全球是唯一的。

另外，收发电子邮件必须有相应的软件支持。常用的收发电子邮件的软件有 Exchange、Outlook Express 等，这些软件提供邮件的接收、编辑、发送及管理功能。现在，大多数 Internet 浏览器也都包含收发电子邮件的功能，如 Internet Explorer 和 Navigator/Communicator。

2. 电子邮件传输基本原理

电子邮件传输原理如图 6-27 所示，电子邮件的传输过程如下。

动画演示 6-4：
电子邮件传输
过程

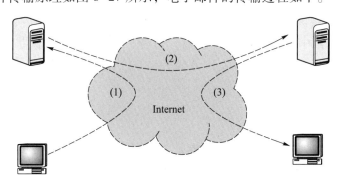

图 6-27 电子邮件传输原理

① 当用户在自己的计算机上用电子邮件软件将邮件编辑好并单击"发送"按钮后，通过 SMTP 协议将电子邮件送到自己的邮件服务器上。

② 本地电子邮件服务器接收邮件，然后根据邮件上的收件人地址通过 SMTP 协议将电子邮件发送给接收者的邮件服务器，并最终投递到接收者的电子信箱中。

③ 接收者通过 POP3 协议访问自己的电子信箱，如果有电子邮件，就将其下载的本地计算机上。

3. 常用的电子邮件协议

邮件服务器使用的协议有简单邮件转输协议 SMTP（simple mail transfer protocol）、电子邮件扩充协议 MIME（multipurpose internet mail extensions）、邮局协议 POP（post office protocol）和 Internet 报文存取协议 IMAP（internet mail access protocol）。

（1）SMTP

SMTP 即简单邮件传输协议，是一种可靠的电子邮件传输的协议。SMTP 是建立在 FTP 服务上的一种邮件服务，使用 TCP 端口 25，主要用于邮件服务器之间传输邮件信息。SMTP 目前已是事实上的邮件传输标准，它支持将邮件传给单个用户和多个用户。

（2）MIME 协议

MIME 是多用途网际邮件扩充协议，它设计目的是为了在发送电子邮件时附加多媒体数据，让邮件客户程序能根据其类型进行处理，有了 MIME 协议，人们在电子邮件中就可以传输多媒体邮件。

（3）POP3

POP3 是邮局协议的第 3 个版本，它是规定个人计算机如何连接到互联网上的邮件服务器进行收发邮件的协议。POP3 允许用户从服务器上把邮件存储到本地主机（即自己的计算机）上，同时根据客户端的操作删除或保存在邮件服务器上的邮件，而 POP3 服务器则是遵循 POP3 的接收邮件服务器，用来接收电子邮件的。POP3 是基于 FTP 的应用层协议，它使用 TCP 端口 110。

（4）IMAP

Internet 报文存取协议 IMAP 也用于下载电子邮件，但与 POP3 有很大的差别：POP3 在把邮件交付给用户之后，POP3 服务器就不再保存这些邮件；而当客户程序打开 IMAP 服务器的邮箱时，用户就可以看到邮件的首部；如果用户需要打开某个邮件，则可以将该邮件传送到用户的计算机；在用户未发出删除邮件的命令前，IMAP 服务器邮箱中的邮件一直保存着；另外，POP3 是在脱机状态下运行，而 IMAP 是在联机状态下运行。

6.4.2　使用电子邮件

1. 电子邮件地址

在 Internet 上收发电子邮件的前提是，要拥有一个属于自己的"电子信箱"，电子信箱实质上是邮件服务提供机构在服务器的硬盘上为用户开辟的一个专用存储空间。电子信箱可以向 ISP 申请，也可以在 Internet 网上申请免费的 E-mail 账号。有了 E-mail 账号和密码后就可以享用 Internet 上的邮件服务了。

电子邮件地址的典型格式是：

Username @ hostname

信箱　At　电子邮局

微视频 6-3：
使用在线邮箱

实验案例 6-5：
使用在线邮箱发邮件

其中 Username 就是用户在向电子邮件服务机构申请时获得的用户码。@ 符号后面的 hostname 是存放邮件用的计算机主机域名。例如，zhangali @sina. com，就是一个用户的 E-mail 地址。

"注意"用户名区分字母大小写，主机域名不区分字母大小写。

2. 申请电子邮箱

以在网易申请电子信箱为例，介绍申请电子信箱的过程。

① 登录网易主页（http://www. 163. com），如图 6-28 所示。

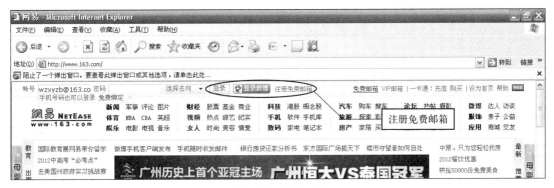

图 6-28　网易主页

② 单击"注册免费邮箱"按钮，出现图 6-29。

图 6-29　注册信息

③ 输入邮箱用户名（主机名可选为 163. com 或 126. com 或 yeah. net），然后输入密码、确认密码、验证码等信息。

④ 单击"立即注册"按钮。随后弹出注册成功页面，如图 6-30 所示。如果需要用手机收发邮件就填入自己的手机号和验证码，然后单击"立即激活"按钮，否则直接关闭注册成功页面。

图 6-30　注册成功页面

3. 利用浏览器在线收发电子邮件

下面以在网易网上申请的 jsjzy0010@163. com 电子信箱为例，介绍如何利用浏览器在线收发电子邮件。

① 网络连通后，在 IE 浏览器的地址栏中输入 www. 163. com，登录网易主页，单击"免费邮箱"按钮，进入网易的邮箱主页或直接在地址栏中输入 email. 163. com 进入网易的邮箱主页，输入账号和密码后，按"登录"按钮进入。界面如图 6-31 所示。

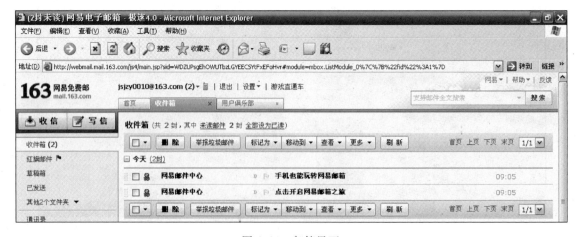

图 6-31　邮箱界面

② 如果要接收电子邮件，可以单击窗口左侧的"收件箱"按钮，就会看到别人发给自己的电子邮件，并显示收到邮件的部分主要信息，包括发件人（是谁发给自己的邮件）、主题（邮件的主题）、日期（邮件的发送日期和时间）、大小（邮件的大小）、附件（邮件是否有附件）等。

③ 如果要查看邮件的详细内容，单击"收件箱"按钮中的具体邮件，即可查看该邮件的具体内容。

④ 如果要发送电子邮件，单击"写信"标签，进入写邮件界面，如图 6-32 所示。

收件人：输入收件人的电子邮件地址，可以输入多个收件人的邮件地址，中间用分号分隔。

抄送：一封邮件除了发送给收件人，还可以抄送给其他人。当输入多个邮件地址时，中间用逗号分隔。

密送：暗送的地址是隐藏的，收到邮件的人看不到暗送邮件的地址，不知道该邮件还发送给了谁。

主题：输入邮件的主题，主题要清晰表达邮件的发送者或邮件内容，以免被接收者误以为是垃圾邮件而删除。

如果要添加附件，单击"添加附件"超链接，如图 6-32 所示，在随后出现的"选择要上传的文件"对话框中，浏览选择要上传的文件，打开"选择文件"对话框，查找要作为附件的文件，单击"打开"按钮。

图 6-32 写邮件界面

正文：填写邮件正文内容。

正确填写或者选择内容后，单击"发送"按钮。如果发送成功，提示"发送成功"。

6.5　文件传输

动画演示 6-5:
文件传输过程

6.5.1　文件传输服务

文件传输服务是 Internet 上最早的提供的服务之一，它允许用户将文件从一台计算机传输到另一台计算机上，使用 FTP 几乎可以传送任何类型的多媒体文件，如图像、声音、数据压缩文件等，并且能保证传输的可靠性。将文件从远程计算机复制到自己的计算机上称为下载，将文件从自己的计算机复制到远程计算机称为上载。

在 Internet 中，有数量众多的各种程序与文件，这是 Internet 巨大，宝贵的信息资源。通过使用 FTP 服务，用户就可以方便地访问这些信息资源。

FTP 提供两种服务方式，授权服务与匿名服务。

授权 FTP 服务是一种实时的联机服务，用户在访问 FTP 服务器之前必须进行登录，登录时要求用户输入其在 FTP 服务器上的合法账号和口令。只有成功登录的用户才能访问该 FTP 服务器，并对授权的文件进行查阅和传输。

匿名 FTP 服务的实质是提供服务的机构在它的 FTP 服务器上建立一个公开账户，并赋予该账户访问公共目录的权限，以便提供免费服务。如果用户要访问这些提供匿名服务的 FTP 服务器，一般不需要输入用户名与用户密码。

如果 FTP 服务器是向社会公众开放的就应该采用匿名服务，如果 FTP 服务器资源只给少数内部人员使用，就可以采用授权服务方式。

6.5.2　使用文件传输服务

1. 使用 FTP 命令下载文件

这是最早的传输文件的方法，这种方法需要进入 DOS 界面，用 ftp：//主机 IP 地址登录到 FTP 服务器上，然后利用 FTP 提供的命令来下载或上载文件，这种方法现在已经很少使用。

2. 使用浏览器下载文件

现在的浏览器都提供文件下载功能，具体又分两种情况。

（1）直接在网页上下载

微视频 6-4:
使用浏览器登录
FTP 服务器下载
文件

许多专门的下载网站都提供这种下载方式，用户向浏览网站一样连接到可以下载网页的页面上，单击页面上的下载超链接就可以下载文件。

Internet 上有许多免费软件下载网站，这些网站提供从网络维护管理到网络应用所需的各种软件，包括各种驱动程序、各种工具软件、各种浏览器软件、各种媒体播放软件、各种杀毒软件、各种办公软件等。这些网站都是基于 Web 技术的，用户可以向浏览网页一样通过输入网址或利用搜索引擎登录网站，然后像浏览网页一样找到所需软件，单击即可下载。国内主要软件下载网站有 QQ 电脑管家、新浪下载、天空下载、太平洋软件、华军软件园、多特软件站等。下面以在天空软件上下载搜狗拼音输入法为例，介绍下载软件过程。

① 登录天空软件网站。在地址栏键入 http://www.skycn.com/，进入天空软件网站主页。单击"常用软件"按钮，出现可下载的软件分类列表，如图 6-33 所示。

图 6-33　天空软件上的软件下载分类列表

② 在图 6-33 中找到并单击"搜狗拼音"输入法。出现图 6-34。

图 6-34　软件介绍

③ 在图 6-34 中了解这个软件的概况以及网友评论，然后单击"下载地址"按钮。出现图 6-35。

④ 在图 6-35 中选择一个下载地址，单击即可下载。

图 6-35　选择下载地址

（2）先登录 FTP 服务器再下载

这种方式是在浏览器的地址栏中输入 FTP://服务器 IP 地址或域名，登录到 FTP 服务器上，浏览并下载文件，这种方式多用于企业或学校内部的 FTP 服务器。例如：访问北京大学的 FTP 服务器，只需在 URL 地址栏中输入"ftp://ftp.pku.edu.cn"，连接成功后，在浏览器窗口中显示的是北京大学 FTP 服务器的目录结构。如图 6-36 所示，双击一个目录，就可展开下级目录，直到找到所需文件，双击该文件，回答保存位置，即可将文件复制到本地计算机。

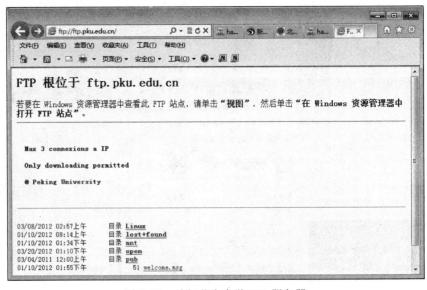

图 6-36　访问北京大学 FTP 服务器

3. 使用软件下载工具

为了提高从网上下载文件的速度,可使用 FTP 下载工具。FTP 下载工具可以采用多线程提高下载速度,还可以在网络连接意外中断后,通过断点续传功能能继续传输剩余部分。FTP 下载工具如迅雷、快车等,可以从很多提供共享软件的站点获得。

6.6 其他服务

6.6.1 远程登录服务

远程登录是 Internet 最早提供的基本服务功能之一。Internet 中的用户远程登录是指使用 Telnet 命令,使自己的计算机暂时成为远程计算机的一个仿真终端的过程。Telnet 协议是 TCP/IP 协议的一部分,它详细定义了客户机与远程服务器之间的交互过程。它的主要优点就是能够解决不同类型的计算机系统之间的互操作问题。Internet 上的计算机各异,不同的计算机使用不同的终端,Telnet 协议引入了网络虚拟终端(network virtual terminal,NVT)的概念,在用户端使用用户终端格式,通过 Telnet 协议转换成虚拟终端格式,在远程服务器端通过 Telnet 协议再转换成远程终端格式。其结构如图 6-37 所示。

动画演示 6-6:
远程登录过程

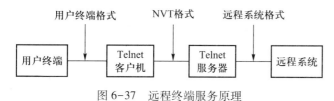

图 6-37　远程终端服务原理

6.6.2 网络新闻组服务

1. 网络新闻组概述

网络新闻组(usenet)是 Internet 上最早的五大应用之一,是一种利用网络进行专题研讨的国际论坛,它并不是通过网页,而是通过电子邮件参与讨论并共享资源。

网络新闻组拥有数以千计的讨论组,每个讨论组都围绕某个专题展开讨论,讨论内容五花八门,包罗万象,里面有人们感兴趣的各种话题,如哲学、数学、计算机、文学、艺术、游戏与科学幻想等,所有人们能想到的主题都会有相应的讨论组。

网络新闻组是动态的,新的新闻组不断在产生,同时某些新闻组也可能会解散。Usenet 的基本组织单位是特定讨论主题的讨论组,例如 comp 是关于计算机话题的讨论组,sci 是关于自然科学各个分支话题的讨论组,大的新闻组可以包含小的新闻组。

Usenet 不同于 Internet 上的交互式操作方式，在 Usenet 服务器上存储的各种信息，会周期性地转发给其他 Usenet 服务器，最终传遍世界各地。Usenet 的基本通信方式是电子邮件，但它不是采用点对点通信方式，而是采用多对多的传递方式。

用户可以使用新闻阅读程序（通常是电子邮件客户端程序）访问 Usenet 服务器，发表意见，阅读网络新闻。

虽然新闻组和 WWW、电子邮件、远程登录、文件传送同为互联网提供的重要服务内容之一。由于种种原因，国内的新闻服务器数量很少，各种媒体对于新闻组介绍得也较少，用户大多局限在一些资历较深的老网虫或高校校园内。大多数的新闻组是一种内部服务，即一个公司、一个学校的局域网内有一个服务器，根据本地情况设置讨论区，并且只对内部机器开放，从外面无法连接。常用对外开放的新闻组有以下几个。

① 新凡：news://news. newsfan. net

② 万千：news://news. webking. com. cn

③ 宁波：news://news. cnnb. net

④ 奔腾：news://news. cn99. com

⑤ 微软：news://msnews. microsoft. com

⑥ 前线：news://freenews. netfront. net

2. 新闻组的优点

新闻组是一种高效而实用的工具，它具有四大优点。

（1）海量信息

一个新闻组服务器可以包含成千上万的新闻组，每个新闻组中又有数以千计的讨论主题，其信息量巨大。

（2）直接交互性

在新闻组上，每个人都可以自由发布自己的消息，不管是哪类问题、多大的问题，都可直接发布到新闻组上和成千上万的人进行讨论。这似乎和 BBS 差不多，但它比 BBS 有两大优势：一是可以发表带有附件的"帖子"，传递各种格式的文件，二是新闻组可以离线浏览。但新闻组不提供 BBS 支持的即时聊天。

（3）全球互联性

全球绝大多数的新闻服务器都连接在一起，就像互联网本身一样。在某个新闻服务器上发表的消息会被送到与该新闻服务器相连接的其他服务器上，每一篇文章都可能漫游到世界各地。这是新闻组的最大优势，也是网络提供的其他服务项目所无法比拟的，而且新闻组的数据传输速度与网页相比要快。

（4）主题鲜明

每个新闻组只要看它的命名就能清楚它的主题，所以人们在使用新闻组时，也要主题明确。

6.6.3　网络博客

1. 博客概述

"博客"一词是从英文单词 Blog 音译而来，又译为网络日志、部落格等，是一种通常由个人管理、不定期张贴新的文章的网站。博客上的文章通常根据张贴时间，以倒序方式由新到旧排列。许多博客专注热门话题提供评论，更多的博客作为个人的日记、随感发表在网络上。博客中可以包含文字、图像、音乐、以及与其他博客或网站的链接。博客能够让读者以互动的方式留下意见。目前一些知名网站如新浪、搜狐、网易等网站都开展了博客服务，还有许多专门的博客网站，如博客网、Donews、中国博客、AnyP、139.com、Blogbus、天涯博客、博啦、歪酷网、博客动力等。

2. 博客的分类

博客主要可以分为以下几大类。

（1）基本的博客

Blog 中最简单的形式，就是作者对于特定的话题发表简短的评论，这些话题很随意，是作者有感而发。

（2）微博

即微型博客，目前是全球最受欢迎的博客形式，博客作者不需要撰写很复杂的文章，只需要写 140 字内的文字即可。

（3）小组博客

这种类型博客的成员主要由亲属、同学或朋友构成，如一个班级的博客、一个项目小组的博客、一群志趣相同的朋友的博客等，他们借助博客工具进行沟通和交流。

（4）协作式的博客

与小组博客相似，其主要目的是通过共同讨论使得参与者在某些方法或问题上达成一致，通常把协作式的博客定义为允许任何人参与、发表言论、讨论问题的博客日志。

（5）公共社区博客

公共出版在以前曾经流行过一段时间，但是因为没有持久有效的商业模型而销声匿迹了。博客与公共出版系统有着同样的目标，但是使用更方便，所花的代价更小，所以也更容易生存。

（6）商业、企业、广告型的博客

对于这种类型博客的管理类似于通常网站的 WEB 广告管理。商业博客分为：CEO 博客、企业博客、产品博客、"领袖"博客等。

6.6.4 网络播客

播客的英文名称为 Podcast，中文译直译为"播客"。播客服务就是服务提供者将视频、音频文件上传到网络上，供用户播放或下载共享。网络用户可将网上的音频、视频节目下载到自己的 iPod、MP3、MP4 播放器中随身收听收看，也可以自己制作音频、视频节目，并将其上传到网上与广大网友分享，目前，给各大网站如新浪、搜狐等也都开展了播客服务，也产生了许多专业播客网站，如土豆网、优酷网、我乐网、琥播网、悠视网、酷溜网、六间房、UUMe、Mofile 等。

播客的提供者可以分成以下三类。

（1）传统广播电视节目制作经营者

各类广播电台、电视台可以将他们制作的节目，经过编辑后放在网络上播出，同时增加一些符合播客格式的特制内容。

（2）专业播客提供商

作为信息服务业的新的业态，出现了专业播客服务提供商。例如土豆网，它们将一些音频、视频、娱乐节目、著名节目主持人的节目片断集中起来，供用户下载。

（3）个人播客

个人播客使用麦克风、视频头、计算机将自己的生活感悟记录下来，作为个人音频版、视频版的日记传输到播客共享空间与网友共享。

6.6.5　网络论坛

实验案例 6-6：
使用 BBS

BBS 是英文 Bulletin Board System 的缩写，翻译成中文为"电子布告栏系统"或"电子公告牌系统"，也叫网络论坛。BBS 是一种电子信息服务系统。它向用户提供了一块公共电子白板，每个用户都可以在上面发布信息或提出看法，现在多数网站上都建立了自己的 BBS 系统，供网民通过网络来结交更多的朋友，表达更多的想法。目前国内的 BBS 已经十分普遍，可以说是不计其数，其中 BBS 大致可以分为 6 类。

（1）校园网中论坛

目前，大学里几乎都有自己的 BBS。像清华大学的水木清华、北京大学的未名BBS 等，很受学生们的喜爱。大多数 BBS 是由各校的网络中心建立的，也有私人性质的 BBS。

（2）商业网站中论坛

这里主要是进行有关商业的商业宣传，产品推荐，产品的评价等，目前手机的商业网站、计算机的商业网站、房地产的商业网站、汽车的商业网站几乎都有 BBS。

（3）政府机构的论坛

主要用于政府与民众交流；发布、解释各种政策；收集市民的意见、建议；解答群众提出的问题。

（4）娱乐网站的论坛

主要用于交流情感。

（5）个人 BBS

有些个人主页的制作者们在自己的个人主页上建设了 BBS，用于接受别人的想法，更有利于与好友进行沟通。

（6）新闻论坛

许多新闻网站在新闻的后面允许用户发表评论。

6.6.6　即时通信

即时通信（instant messaging，IM）是指能够即时发送和接收互联网消息等的业务。自 1998 年面世以来，特别是由于近几年的迅速发展，即时通信的功能日益丰富，逐渐集成了电子邮件、文件传输、音频、视频、游戏和搜索等多种功能。即时通信不再是一个单纯的聊天工具，它已经发展成集交流、资讯、娱乐、搜索、电子商务、办公协作和企业客户服务等为一体的综合化信息平台。

从技术上来说，IM 完全基于 TCP/IP 网络协议簇实现，下面，以用户 A 和 B 进行即时通信为例，说明即时通信的原理和过程。

① 用户 A 输入自己的用户名和密码登录即时通信服务器，服务器通过读取用户数据库来验证用户身份，如果用户名、密码都正确，就登记用户 A 的 IP 地址、IM 客户端软件的版本号及使用的 TCP/UDP 端口号，然后返回用户 A 登录成功的标志，此时用户 A 在 IM 系统中的状态为在线。

② 根据用户 A 存储在 IM 服务器上的好友列表，服务器将用户 A 在线的相关信息发送到也同时在线的即时通信好友的 PC，这些信息包括在线状态、IP 地址、IM 客户端使用的 TCP 端口号等，即时通信好友 PC 上的即时通信软件收到此信息后将在 PC 桌面上弹出一个小窗口予以提示。

③ 即时通信服务器把用户 A 存储在服务器上的好友列表及相关信息回送到他的 PC，这些信息包括在线状态、IP 地址、IM 客户端使用的 TCP 端口号等信息，用户 A 的 PC 上的 IM 客户端收到后将显示这些好友列表及其在线状态。

④ 如果用户 A 想与他的在线好友用户 B 聊天，他将直接通过服务器发送过来的用户 B 的 IP 地址、TCP 端口号等信息，直接向用户 B 的 PC 发出聊天信息，用户 B 的 IM 客户端软件收到后显示在屏幕上，然后用户 B 再直接回复到用户 A 的 PC，这样双方的即时文字消息就不通过 IM 服务器中转，而是通过网络进行点对点的直接通信，这称为对等通信方式。

习题

习题答案：
第 6 章

一、选择题

1. Internet 的前身是_____。
    A. ARPANet　　　　B. Ethernet　　　　C. Cernet　　　　D. Intranet
2. 在 Internet 上，大学或教育机构的类别域名中一般包括_____。
    A. edu　　　　　　B. com　　　　　　C. gov　　　　　　D. org
3. DNS 协议主要用于实现下列_____网络服务功能。
    A. 域名到 IP 地址的映射　　　　　　B. 物理地址到 IP 地址的映射
    C. IP 地址到域名的映射　　　　　　D. IP 地址到物理地址的映射
4. 在下面的服务中，_____不属于 Internet 标准的应用服务。
    A. www 服务　　　　　　　　　　　B. E-mail 服务
    C. FTP 服务　　　　　　　　　　　D. NetBIOS 服务
5. 用于电子邮件的协议是_____。
    A. IP　　　　　　　B. TCP　　　　　　C. SNMP　　　　　D. SMTP

6. 在 Internet 上浏览信息时，WWW 浏览器和 WWW 服务器之间传输网页使用的协议是_____。

    A. FTP　　　　B. HTTP　　　　C. SNMP　　　　D. SMTP

7. 编写 WWW 网页文件用的是_____语言。

    A. Visual Basic　B. Visual C++　　C. HTML　　　　D. Java

8. 下列_____不属于动态网页实现技术。

    A. ASP　　　　B. HTML　　　　C. PHP　　　　D. CGI

9. 下列协议_____协议提供将邮件传输到用户计算机，而在服务器端又不删除的邮件服务。

    A. IMAP　　　　B. SMTP　　　　C. POP3　　　　D. MIME

10. 目前在邮件服务器中使用的邮局协议是_____。

    A. SMTP　　　　B. POP3　　　　C. MIME　　　　D. BBS

11. 在 Internet 中能够提供任意两台计算机之间传输文件的协议是_____。

    A. WWW　　　　B. FTP　　　　C. TELNET　　　D. SMTP

二、填空题

1. Internet 的发展大致经历了如下四个阶段：分别是_____、_____、_____、_____。

2. Internet 网络信息中心的主要职责是_____、Internet 赋号管理局的职责是_____。

3. 域名解析分为正向解析和反向解析，正向解析是根据_____解析出_____，反向解析是根据_____解析出_____。

4. 超文本是一种_____的组织方法；网页文件是用_____语言编写的；客户端浏览器或其他程序与 Web 服务器之间的应用层通信的协议叫_____。

5. 实现动态网页的技术主要有 CGI、_____、_____和_____。

三、简答题

1. 在 Internet 发展的四个阶段中，每个阶段主要解决了哪些问题？

2. 为什么要引入域名的概念？

3. 简述通过域名访问 Internet，直至看到网页的过程。

4. IMAP 和 POP3 协议都可以从邮件服务器读取电子邮件，两者之间有什么区别？

四、操作题

1. 设置 IE 浏览器的属性（分别从桌面和 IE 窗口下的"工具"菜单下进行）

① 默认首页为 http://www.sina.com。

② 历史记录保存 30 天。

2. 打开一个社交网站，如人人网，在网站内搜索同学、朋友的信息。

3. 到天空软件下载一个软件。

4. 给同学发一个电子邮件，并将下载的图片一起发过去。

5. 登录到自己学校的 BBS 的页面，并练习如何发帖子。

6. 给自己注册一个域名。

第 7 章　Internet 在各领域的应用

目前，Internet 应用越来越广泛，掌握 Internet 的访问工具已经成为每个政府公务人员、企业职工、学校的教师和学生以普通百姓必备的基本技能之一，只有掌握更多的访问工具，才能在浩瀚的 Internet 信息海洋中随心所欲的获取信息，尽情享用 Internet 给人们带来的便捷和实惠。本章介绍使用 Internet 各种资源的方法，包括使用电子邮件、网络新闻组、搜索引擎、即时通信软件、电子商务等工具方法和技巧。

电子教案：
第 7 章

7.1　在通信社交领域的应用

7.1.1　使用电子邮件客户端软件管理邮件

1. 电子邮件客户端软件

电子邮件客户端软件一般都比网页邮件系统提供更为全面的功能。使用客户端软件收发邮件，登录时不用下载网站页面内容，速度更快；使用客户端软件收到的和曾经发送过的邮件都保存在自己的计算机中，不用上网就可以对旧邮件进行阅读和管理；使用客户端软件还可以同时管理多个邮箱，只要启动客户端软件，就可以随心所欲处理不同信箱上的邮件，而不需要登录该信箱的页面。正是由于电子邮件客户端软件的种种优点，它已经成为人们工作和生活上进行交流必不可少的工具。

2. Foxmail 简介

Foxmail 是一款中文版电子邮件客户端软件，支持全部的 Internet 电子邮件功能。Foxmail 因其设计优秀、体贴用户、使用方便，提供全面而强大的邮件处理功能，具有很高的运行效率等特点，赢得了广大用户的青睐。

拓展阅读 7-1：Foxmail 和微信创始人—张小龙

Foxmail 有以下功能。

（1）自动拨号上网

Foxmail 的自动拨号功能使用户可免除手工进行连接的操作。可以在 Foxmail "设置" → "网络" 选项中，设置默认的上网方式和默认连接，Foxmail 启动后就会自动拨号连接。

（2）自动配置服务器地址

对于一些流行的免费邮箱，如：163、新浪等，Foxmail 会自动填写正确的 POP3、IMAP 和 SMTP 服务器地址，从而简化配置工作。

（3）同时管理多个邮箱

如果用户有多个邮箱，可以通过 Formail 统一管理，不需要分别登录不同的信箱，就可以管理不同信箱里的邮件。

（4）支持多种邮件协议

Foxmail 还支持多种邮件协议，用户可以选择下载邮件时使用 IMAP 还是 POP3，以满足不同用户的需求。

（5）自动接收邮件

用户在 Internet 中畅游时，可以让 Foxmail 在后台运行，以便及时收取新邮件。在新邮件到来时，可以让 Foxmail 给出提示信息。

（6）过滤垃圾邮件

Foxmail 提供了反垃圾邮件功能，可以使用贝叶斯过滤垃圾邮件，也可以 Foxmail 反垃圾数据库来过滤垃圾邮件。

（7）自动分发邮件

Foxmail 提供了过滤器，用户可以针对某个信箱设置条件，若邮件满足条件，就将其投送到某一个容器。通过此项设置可以将邮件进行分类，以便更好地管理各种邮件，而将一些无用的信件直接删掉。例如：设置将所有收信人为 zeng0001@163. net 的邮件放入个人信箱里，将所有发信人为 zengqing@sina. com 的邮件都直接送入废件箱。

3. 账户设置

首先在官网（http://www.foxmail.com/）下载 Foxmail 软件，并安装。安装后 Foxmail 会在桌面自动创建快捷方式。双击桌面上的 Foxmail 快捷方式图标，启动 Foxmail。

实验案例 7-1：
使用 Foxmail

第一次运行 Foxmail 时，系统会自动启动向导程序，如图 7-1 所示，引导用户添加第一个邮件账户。步骤如下。

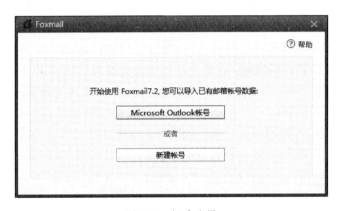

图 7-1　新建账号

① 在图 7-1 中单击"新建账号"按钮，如图 7-2 所示。

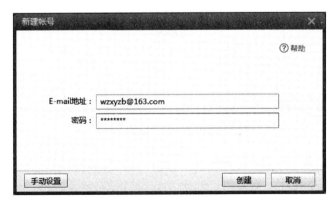

图 7-2　输入邮件账号和登录密码

② 输入邮箱地址，和登录密码，单击手动设置（若不需要单独设置服务器类型和服务器地址而使用默认的服务器类型和地址，可以直接单击"创建"按钮），如图 7-3 所示。

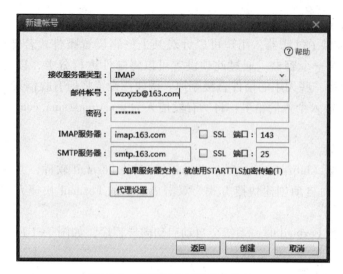

图 7-3　设置服务器类型和地址

③ 在接收服务器类型中，可以选择 IMAP、POP3、Exchange，选择 IMAP，将收件下载到本地计算机的同时，在邮箱里仍然保留邮件，选择 POP3，则邮件被下载到本地计算机后，邮箱中的邮件将被全部删除。POP3 服务器和 SMTP 服务器地址需根据个人电子信箱的情况，查看电子信箱服务说明来填写，对于网易、新浪等大型邮件服务提供商，Foxmail 会自动填写。这里选择 IMAP，并使用默认的服务器地址，单击"创建"按钮，如图 7-4 所示。

图 7-4　设置成功

④ 单击"完成"按钮，结束配置。

4. 撰写与发送邮件

① 启动 Foxmail，Foxmail 的主页面如图 7-5 所示。

② 在图 7-5 中单击"写邮件"选项，如图 7-6 所示。

③ 在"收件人"一栏中填写收信人的邮件地址，在"主题"栏中填写邮件的主题。在"抄送"栏中用逗号分隔依次填入几个邮件地址可将邮件同时发给其他人。

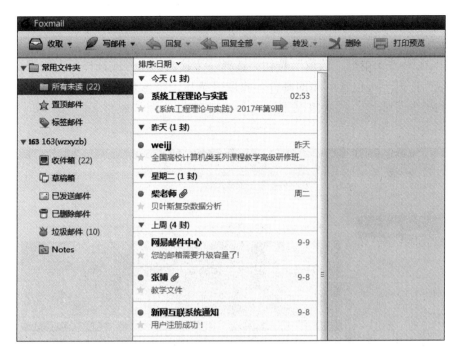

图 7-5 Foxmail 主页面

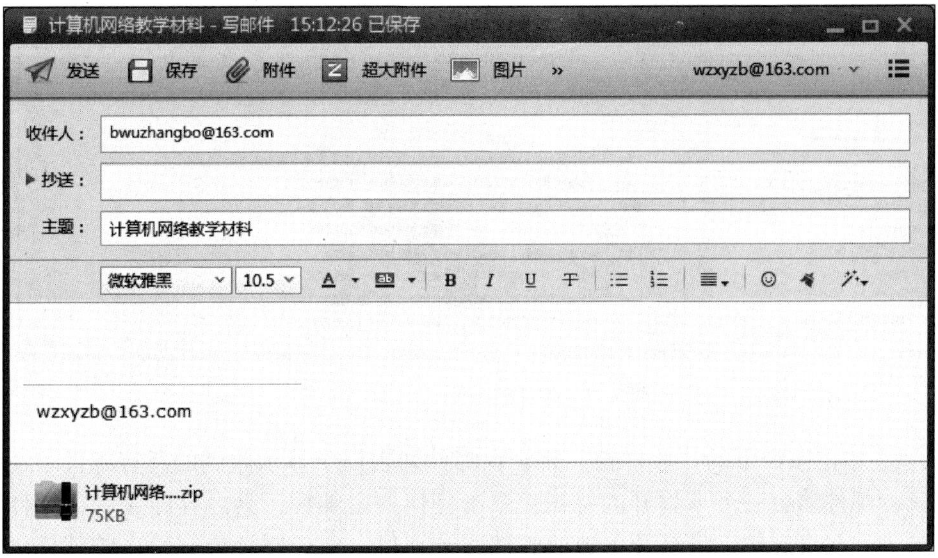

图 7-6 写邮件

④ 电子邮件可以在发送时携带文本文件、图像文件和程序等独立文件，称为附件。如果需要随邮件发送附件，单击窗口工具栏上的"附件"按钮，在出现的"打开"对话框中选择文件并单击"打开"按钮。这时，在正文框的底端将出现附件文件的图标。如果附件文件有多个，依次执行此步骤增加。

⑤ 邮件写好后,单击工具栏上的"发送"按钮。如果与 Internet 的连接已经建立,则邮件立刻被发送出去。

5. 接收与阅读邮件

① 在图 7-5 单击"收取"按钮,选择一个接收的账号或选择所有账号,就可以收取当前账户所包含邮箱的邮件。收取完毕后,将出现一个对话框,告诉用户共收到多少封邮件。默认情况下,收到的邮件将放在"收件箱"中,如图 7-7 所示。

图 7-7 收件箱

② 单击账户下的"收件箱"将会在邮件列表框中显示收到的所有邮件。还未阅读的邮件前有一个未拆开的标识。单击任何一个邮件,其内容即显示在邮件阅读框中。双击邮件,将打开单独的邮件阅读窗口,便于阅读内容较多的邮件,如图 7-8 所示。

③ 如果邮件包含了附件,主窗口上将会自动增加一个附件框,显示附件的文件图标和名称。双击附件的图标,将弹出一个对话框显示文件类型、大小等有关信息,如图 7-9 所示。

④ 双击附件则打开附件文件,如图 7-10 所示,单击"另存为"按钮,则把附件保存到指定位置。

图 7-8　阅读邮件

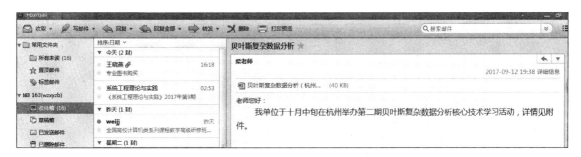

图 7-9　有附件的邮件

6. 邮件回复、转发以及再次发送等操作

　　这时，在选中待操作的邮件后，可以直接从"邮件"菜单或工具栏按钮上选择这些操作，也可以用鼠标在邮件列表中右击邮件，从弹出菜单中选择相应的操作选项。

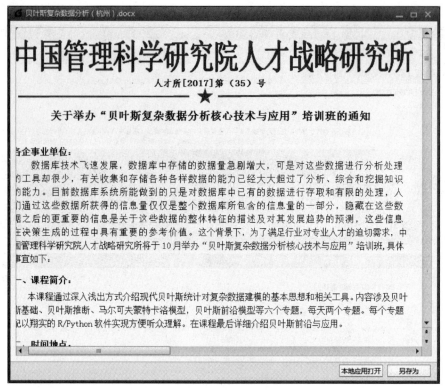

图 7-10　阅读附件内容

7. 使用联系人

Foxmail 提供的地址簿工具，可以使用用户对邮件地址和个人信息进行管理。Foxmail 地址簿以卡片的方式存放用户信息，一张卡片即对应一个用户，上面包括用户地址信息、联系信息以及其他一些相关信息。

新建联系人

① 在图 7-7 中，单击左下角的联系人"![icon]"图标，如图 7-11 所示。

图 7-11　地址簿

② 单击"新建联系人"命令，如图 7-12 所示。

输入姓、名、邮箱地址、电话等信息，单击"编辑更多资料"命令，可以输人更多的个人信息，然后单击"保存"按钮。新建的联系人就会出现在地址簿中。

图 7-12　输入联系人信息

③ 若要给联系人发送邮件，可以在地址簿中选择一个联系人并选中，再单击"写邮件"命令。输入主题和邮件内容就可以发送了。

8. 使用组

如果经常给多人发送相同的邮件，可以创建一个组，将这多个人都加入到这个组中，只要给这个组发送邮件，组中的成员就都可以收到。

① 在图 7-11 中单击"新建组"命令后，如图 7-13 所示。

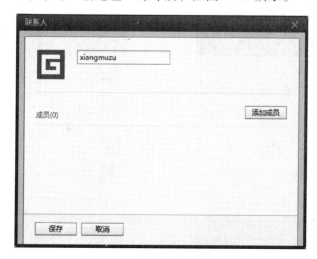

图 7-13　输入组名

②　输入组名，单击"添加成员"按钮，如图 7-14 所示。

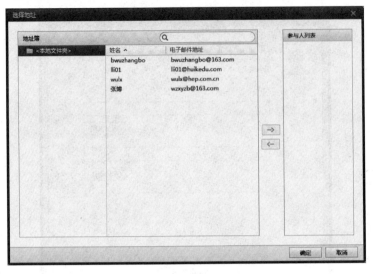

图 7-14　添加组成员

③　在地址栏中选中组成员，单击"→"按钮，添加到"参与人列表"中。单击"确定"按钮，回到图 7-13 中再单击"保存"按钮，完成创建。

④　若要给组发送邮件，可以在地址簿中单击一个组选中，再单击"写邮件"命令。输入主题和邮件内容就可以发送了。

拓展阅读 7-2：
QQ 之父——
马化腾

实验案例 7-2：
QQ 的使用

7.1.2　使用即时通信软件腾讯 QQ

腾讯 QQ 是目前使用最为广泛的一款即时聊天软件，由腾讯公司在 1999 年 2 月推出，其主界面和功能如图 7-15 和图 7-16 所示。

图 7-15　QQ 界面

图 7-16　QQ 功能

1. 好友添加与管理

在腾讯 QQ 中，可以通过"手机号""用户昵称"以及"用户 QQ 号"三种方式来查找添加好友，也可以找群、找主播、找教程等，如图 7-17 所示；对于添加的好友，可以对其进行分组、修改用户昵称、添加到通讯录列表等操作；当然也可以通过"好友群"进行多个好友之间的讨论。

图 7-17 查找好友

2. 与好友交流

在与好友的聊天过程中，可以采用聊天表情、魔法表情、即时发送图片等表现形式，而且支持音频、视频聊天、演示文档、分享屏幕、演示白板、多人聊天等功能，丰富了聊天的形式，也让用户可以一边聊天一边传文件，如图 7-18 和图 7-19 所示。

图 7-18 聊天

除上述主要功能外，QQ 还可以给好友发送邮件，与好友一起玩游戏、给好友转账、给好友送礼物以及删除好友、将好友拉入黑名单等。

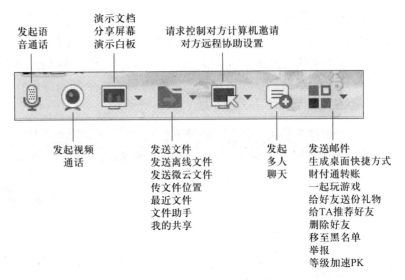

图 7-19　聊天窗口的功能按钮

实验案例 7-3：
QQ 群应用

3. 群应用

（1）创建群

选择创建群（如图 7-20 所示）→选择群类型（如图 7-21 所示）→填写群名称、设定群人数以及入群是否需要验证等信息（如图 7-22 所示）→邀请群成员（如图 7-23 所示）。

最后，首次建群需要输入姓名和手机号。建好的群如图 7-24。

图 7-20　选择创建群

图 7-21　选择群类型

图 7-22 设定群大小

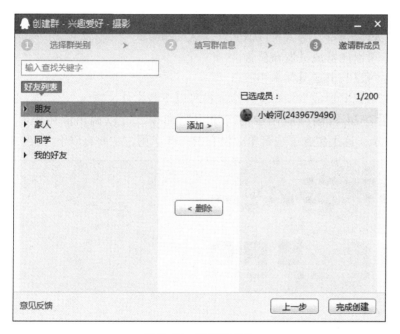

图 7-23 邀请群成员

（2）入群与退群

加入群：单击"群设置"按钮右边的下拉按钮 ，如图 7-24 所示，选择 "邀请好友入群"，然后在随后的界面中选择好友入群。

修改群名片：单击"群设置"按钮右边的下拉按钮，如图 7-24 所示，选择 "修改我的群名片"选项，输入名片内容即可。

退出群：单击"群设置"按钮右边的下拉按钮，如图 7-24 所示，选择"退出 该群"选项。

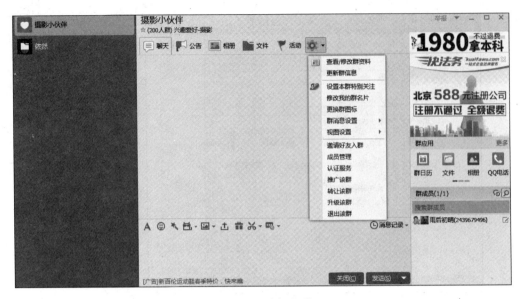

图 7-24　建好的群

（3）群应用

聊天：可以与群友聊天，传输文件，送礼物等。

公告：可以向群成员发布公告。

相册：可以与群成员共享相册。

文件：可以向群成员发布文件，成员可以下载文件。

单击图 7-24 右侧群应用中的"更多"命令，可以调出应用中心窗口，如图 7-25 所示。这里包含了主菜单中没有的一些应用，主要有以下内容。

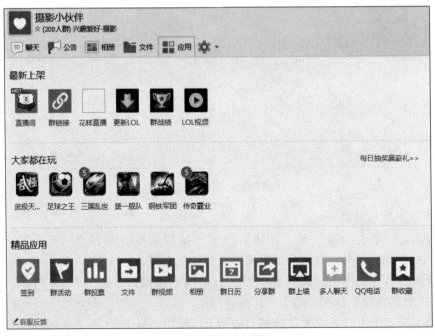

图 7-25　群应用

直播间：可以观看网络直播

签到：在群内签到。

群活动：可以查看其他群发布的同城活动，也可以创建群内活动或同城活动。

群视频：可以与群成员视频聊天。

群投票：参加群成员发起的投票，也可以拟定问题，发起投票。

多人聊天：在好友或已加入的群中，拉几个好友聊天。

分享群：将加群链接分享到微博、社交平台。

QQ 电话：支持群内所有成员或部分成员间语音通话。

（4）解散群

单击"群设置"按钮（主菜单右侧齿轮状的按钮 ☀ ），在随后出现的设置界面中可以对加群方式、群成员权限等进行设置。若要解散群，单击"解散该群"命令即可，如图 7-26 所示。

图 7-26　解散群

7.2　在企业经营活动中的应用

7.2.1　使用企业邮箱

1. 企业邮箱

所谓企业邮箱是按照企业自有域名而不是用电子邮件服务商的域名开通的邮箱，如 username@ 企业域名；是企业可以自行管理、自由分配、命名的邮箱。与个人邮箱的不同之处在于以下几点。

① 企业邮箱的电子邮箱地址以企业自己的域名作为后缀，企业每一个员工都可以拥有一个"username@企业域名"这样一个 E-mail，而且可以划分为多个子邮箱分配给员工使用，而个人邮箱以邮件服务商域名为后缀。

② 企业邮箱由企业统一管理，由企业的网络管理员对本企业的电子邮箱进行管理，无须求助于服务商。无论新员工加入要分配新邮箱，还是老员工离职要收回旧邮箱，企业的网络管理员只要增删员工电子邮箱账号即可。而个人邮箱只能为一个人服务。

③ 企业邮箱所有权属于企业，当员工离职时要交回邮箱，这样可以保护企业的利益，避免由于员工离职给企业带来的危害。个人邮箱所有权归个人所有，可以永久使用。

④ 与个人邮箱相比，企业邮箱性能更加安全、稳定、快捷、功能更强大，服务更周到。

2. 企业邮箱的优点

（1）建立及推广企业形象

以企业域名为后缀的企业邮箱，其影响力不亚于一个企业网站，有助于企业建立先进的网络形象，是企业借由互联网推广及宣传企业形象的又一重要途径。以企业邮箱跟客户联系，可起到强力的品牌推广效应，客户可通过邮箱后缀得知企业网站，并登录网站了解更多的企业资讯。同时，以整齐划一的企业邮箱对外交流时，可使企业给人以规模化及国际化的感觉，从而进一步提升企业形象及让客户增加信任度。

（2）便于管理

企业可以自行设定管理员来分配和管理内部员工的邮箱账号，根据员工的部门、职能的不同来设定邮箱的空间、类别和所属群体，并可以根据企业的发展状况随时添加、删除用户。当员工离职时，企业可回收邮箱并保存邮箱内的业务通信信息，从而保证业务活动的连贯性。

（3）适用面广

企业邮箱和网站建设可以分别进行，只要申请一个顶级域名（国内或国际域名均可），就可以利用邮件服务商提供的企业邮箱服务建立自己企业的电子邮件系统，一些暂时没有必要建站或者没有条件建站的企业可以使用企业邮箱提前进入信息化经营阶段。当然，如果建立了网站的企业更需要建立自己的企业邮箱。

（4）邮件收发方便

企业邮箱一般可通过 Web 方式和客户端软件方式来收发邮件，普遍支持 POP3/SMTP 等标准 E-mail 协议，并支持 Outlook、Foxmail 等大多数邮件客户端程序，满足用户不同的使用习惯，使得电子邮件的使用和管理更为方便。

（5）反垃圾邮件

目前，中国已经成为继美国之后的世界第二大垃圾邮件制造国。日益猖獗的垃圾邮件已经严重影响到企业的网络应用活动。企业邮箱使用专业的杀毒和反垃圾系统，保证企业获得绿色邮件通信的服务。

（6）专业技术服务

企业邮箱作为企业进行国内外事务，商务交流的基本途径之一，其安全性、稳定性将对企业的商务等活动有着比较重要的影响。而企业邮箱服务商具有专业的设备和专业的技术队伍，可以使通信过程中的企业资料和商务信息得到最大程度的保护。如为企业邮箱设立包括防火墙、安装反拒绝服务攻击设备及反病毒设施；在保护系统数据和用户文件方面，可以提供包括 RAID、磁盘阵列、磁带库、异地存储在内的多级冗余备份系统，确保数据万无一失；同时采用智能反垃圾邮件系统，拦截和过滤垃圾邮件。这些设施如果由企业自行实施将是一笔不菲的投入。

（7）价格低廉

企业邮箱租用的年费一般在几百元到千元之间，可供几个到上百个员工使用，价格低廉却可以获得专业的邮箱技术及系统安全保证，比起使用免费邮箱带来的价值要高得多，也比企业投入大量资金建造自己的邮件服务系统的方案来得切实可行得多。

3．使用企业邮箱

以申请网易企业邮箱为例，介绍企业邮箱的申请使用方法。

（1）申请企业邮箱

① 首先需要申请独立域名，如 example.com；

② 登录网易企业邮箱：http：//qiye.163.com/；

③ 选择用户数单击"询价购买"命令；

④ 填写购买邮箱的资料，包括企业名称、联系人、联系电话等；

⑤ 网易销售人员与企业联系后，完成购买。

（2）管理员配置 DNS 邮件交换（MX）记录

申请成功后，管理员要对 DNS 的邮件交换记录进行设置。邮件交换（MX）记录用于将电子邮件的后缀映射为电子邮件服务器主机名，由电子邮件转发服务器使用，由于企业注册的域名是 example.com，现在想把这个域名作为邮件服务器的域名（后缀），而实际的邮件服务器是 qiye.163.com，所以需要在 DNS 服务器中将企业域名 example.com 指向服务商的电子邮件服务器 qiye.163.com，以后 DNS 服务器收到后缀为 example.com 的邮件，就把它转给 qiye.163.com 的服务器。

假设企业在中国万网注册的域名，则修改邮件交换记录的过程如下。

① 在会员中心登录 DNS 托管账户，并转到 MX 记录维护页；

② 输入以下 MX 记录：

example.com 优先级 10 mx.qiye.163.com；

example.com 优先级 50 mx2.qiye.163.com；

③ 将 CNAME 记录修改为：mail.example.com CNAME qiye.163.com；

④ 将 TXT 设置修改为：v＝spf1 include：spf.163.com～all；

⑤ 保存更改，这样就成功完成了 DNS 参数配置。

修改后的 MX 记录维护页如图 7-27 所示。若在其他域名服务商注册的域名，界面略有不同，可参考企业邮件服务商的帮助说明。

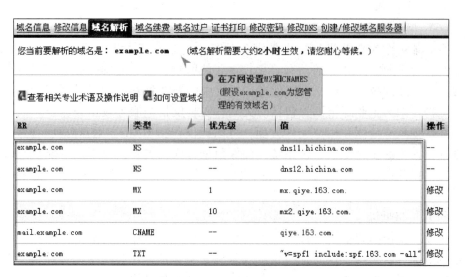

图 7-27　管理员配置 DNS 邮件交换（MX）记录

（3）管理员设置账户

① 以管理员身份登录到 Web 的界面，在管理功能区域找到"创建邮箱"选项，可进入添加邮箱用户程序。

② 按要求输入各项信息后，然后按"提交"按钮，完成邮件用户创建。

（4）客户端软件配置

以 Outlook Express 为例，客户端按照 7.1 节建立邮件账号，然后在图 7-7 中选择账号，单击"属性"按钮，单击"服务器"属性页，如图 7-28 所示，在图 7-28

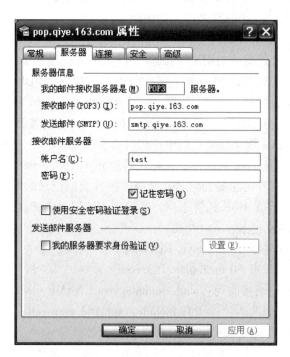

图 7-28　邮件账户"服务器"属性设置

中设置以下内容。

    ① 在"发送邮件（SMTP）"中填入：smtp. qiye. 163. com；

    ② 在"接收邮件（POP3）"中填入：pop. qiye. 163. com；

    ③ 在账户名中填写用户个人的账号全名，如 test；

    ④ 在"密码"中填写自己设置的邮箱密码；

    ⑤ 在"发送邮件服务器"下选择"我的服务器要求身份验证"复选框；

    ⑥ 单击"高级"属性页，选择"在服务器上保留邮件副本"复选框，这样，每个用户的邮件在服务器上都被保留备份，以免职工离职时带走相关资料，如图 7-29 所示。

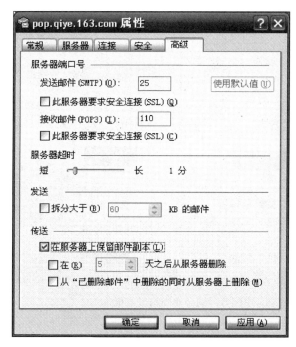

图 7-29　邮件账户"高级"属性设置

4. 国内主要的企业邮箱服务商

新浪企业邮箱：新浪网技术（中国）有限公司。

网易企业邮箱：网易公司。

21cn 企业邮箱：世纪龙信息网络有限责任公司。

263 企业邮箱：263 网络通信股份有限公司。

35 互联企业邮箱：厦门三五互联科技有限公司。

万网企业邮箱：北京万网志成科技有限公司。

Tom 企业邮箱：TOM 在线有限公司。

搜狐企业邮箱：北京搜狐新时代信息技术有限公司。

尚易企业邮箱：广州市尚易计算机技术有限公司。

双模企业邮箱：北京新网互联科技有限公司。

图 7-30 和图 7-31 所示是中国万网提供的企业邮箱服务的相关页面。

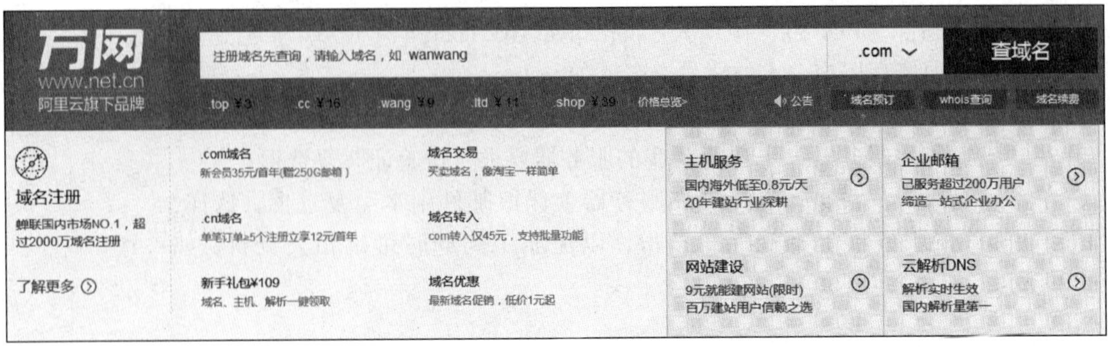

图 7-30　中国万网提供的主要服务

图 7-31　中国万网的企业邮箱服务报价

7.2.2　使用邮件列表

1. 邮件列表概述

邮件列表（mailing list）是互联网上最早的社区形式之一，也是 Internet 上的一种重要工具，用于各种群体之间的信息交流和信息发布。

邮件列表的出现是基于这样一种想法：如果用户想要向一个人发出一封电子邮件，那么就必须指定一个邮件地址。如果用户希望向不止一个人发送这一封电子邮件，那么就可以设置一个特殊的名字，称之为别名（alias），别名代表的是一组人，这里的组称为"讨论组"。例如，假设"讨论组 A"有 10 个人参加，那么这个别名"讨论组 A"代表的是这 10 个人的邮件地址，只要向"讨论组 A"发送邮件，那么邮件处理程序就会自动地将这一电子邮件发送给这个组中的每一个成员。这就是邮件列表。

邮件列表一般是按照专题组织的，目的是为从事同样工作或有共同志趣的人提供信息，开展讨论，相互交流或寻求帮助。大家根据自己的兴趣和需要加入不同主题的邮件列表，每个列表由专人进行管理，所有成员都可以看到发给这个列表的所有信件。每一个邮件系统的用户都可以加入任何一个邮件列表，订阅由别人提供的分类多样、内容齐全的邮件列表，成为信息的接收者，同时，也可以创建邮件列表，成为一个邮件列表的拥有者，管理并发布信息，向其订阅用户提供邮件列表服务，并可授权其他用户一起参与管理和发布。一般的电子邮件的发送都是"一对一"或"一对多"，邮件列表中可以实现"多对多"通信。

邮件列表有两种基本形式。公告型（邮件列表）：通常由一个管理者向小组中的所有成员发送信息，如电子杂志、新闻邮件等，但是普通成员不能向其他成员发送信息；讨论型：所有的成员都可以向组内的其他成员发送信息，其操作过程简单来说就是发一个邮件到小组的公共电子邮件，通过系统处理后，将这封邮件分发给组内所有成员。

目前，邮件列表不仅广泛应用于企业、同学亲友的联系、股票信息，而且拓展到技术讨论、邮购业务、新闻的发布、电子杂志等。甚至可以说，涉及社会的方方面面。

目前，国内比较大的专业邮件列表服务商有希网、索易、通易等。而 Sohu、163 等综合性网站也相继开通了邮件列表的服务。

2. 邮件列表与新闻组、网络论坛（BBS）的区别

新闻组和邮件列表都是在一组人之间对某一话题通过电子邮件共享信息，但两者之间有一个根本的区别，新闻组中的每个成员都可以向其他成员同时发送邮件，而对于现在通常的邮件列表来说，是由管理者发送信息，一般用户只能接收信息。

新闻组使用专门的 NNTP（network news transfer protocol，网络新闻传输协议），只要用户的计算机拥有支持 NNTP 协议的"新闻阅读器"程序，就可通过 Internet 随时阅读新闻服务器提供的分门别类的消息，要参加时用户无须事先申请，不感兴趣时也不用声明退出。而邮件列表完全是基于电子邮件系统的，信息的发送与接收方式都与普通的电子邮件相同，并有专人对邮件列表进行管理。

邮件列表与 BBS 都是通过网络讨论问题，但是两者之间的区别在于：采用的技术不同，邮件列表是基于邮件技术来进行交流的，而 BBS 是基于 Web 技术的；用户的使用方法不同，邮件列表通过电子邮件客户端软件来使用，BBS 则是通过浏览器来使用。

3. 订阅邮件列表

希网网络（CN99）曾是国内最大的邮件列表服务提供商，下面以在希网网络订阅邮件列表为例，介绍邮件列表订阅过程。

（1）注册过程

在使用邮件列表前，先要在希网注册，过程如下。

① 用户登录希网主页，找到新用户注册，如图 7-32 所示，按照提示输入注册信息，如图 7-33 所示。然后单击"确定"按钮。

图 7-32　新用户注册

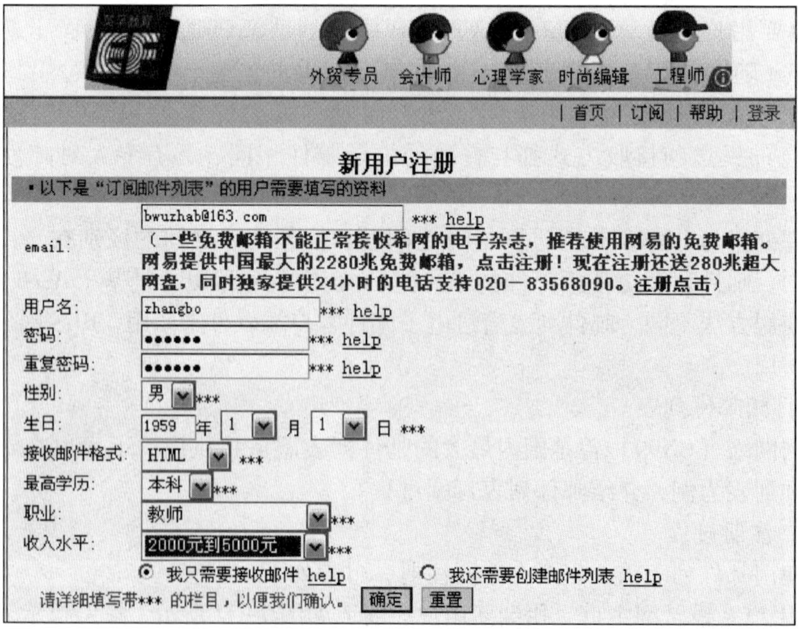

图 7-33　输入注册信息

② 网站邮件列表系统收到用户加入信息，并自动发送一封确认邮件到用户 E-mail 地址；

③ 用户收取邮件列表并按照邮件中的说明确认订阅（通常为单击一个链接，或者回复该邮件）；

④ 网站邮件列表系统收到用户的确认信息并再次发送邮件通知。

（2）邮件列表订阅过程

① 用户打开希网网络主页：http://www.cn99.com，如图 7-34 所示；输入邮箱地址和密码登录；

图 7-34　希网主页

② 浏览并选择一个邮件列表主题，单击"订阅"按钮，如图 7-35 所示；

③ 在随后出现的图 7-36 中单击"确定"按钮。

4. 创建邮件列表

先在希网网络上登录，如图 7-34 所示，单击"管理中心"进入"管理中心"页面，如图 7-37 所示，单击"创办新列表"，就可以进入邮件列表设置页面，如图 7-38 所示。

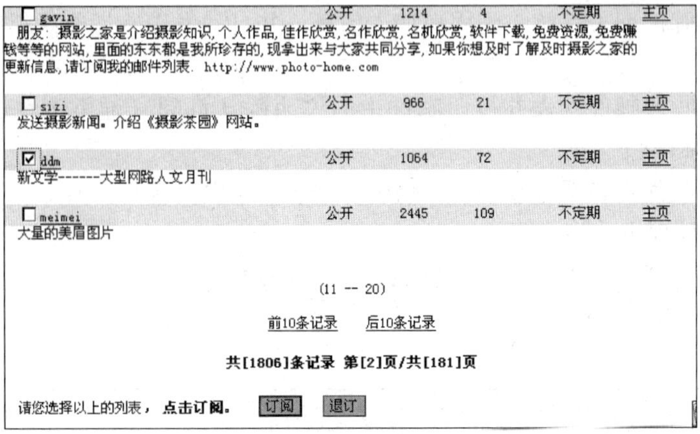

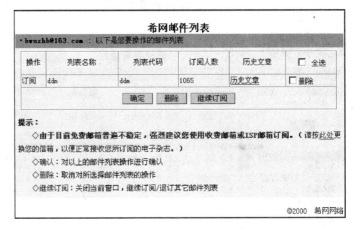

| | gavin | | 公开 | 1214 | 4 | 不定期 | 主页 |

朋友：摄影之家是介绍摄影知识，个人作品，佳作欣赏，名作欣赏，名机欣赏，软件下载，免费资源，免费赚钱等等的网站，里面的东东都是我所珍存的，现拿出来与大家共同分享，如果你想及时了解及时摄影之家的更新信息，请订阅我的邮件列表。http://www.photo-home.com

| | sizi | | 公开 | 966 | 21 | 不定期 | 主页 |

发送摄影新闻。介绍《摄影茶园》网站。

| ☑ | ddm | | 公开 | 1064 | 72 | 不定期 | 主页 |

新文学------大型网路人文月刊

| | meimei | | 公开 | 2445 | 109 | 不定期 | 主页 |

大量的美眉图片

(11 -- 20)

前10条记录   后10条记录

共[1806]条记录 第[2]页/共[181]页

请您选择以上的列表，点击订阅。 订阅 退订

图 7-35　订阅邮件列表

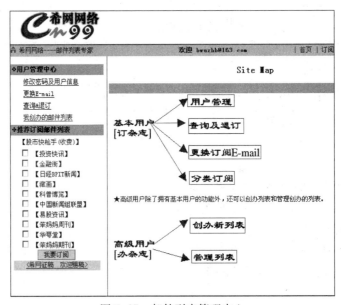

图 7-36　确定订阅

图 7-37　邮件列表管理中心

图 7-38 建立邮件列表

邮件列表设置主要包括：邮件列表名称、邮件列表分类、邮件列表类型、邮件列表介绍、管理者邮件等。参照说明，依次设置。需要特别注意，邮件列表的类型应设为管制。因为如果设置为公开的话，会引起连环的垃圾信。这里需要引起重视。表格填好后，单击"确认"按钮把表格提交给系统，邮件列表创建成功。例如：xxx@list.cn99.com（其中 xxx 是创建者的用户名）。

5. 管理邮件列表

创建邮件列表后，可以对列表进行管理。

进入"管理中心"，选择"邮件列表"选项，系统会给出用户所创建的邮件列表和相关信息，同时下方还有"选择"和"新建"功能。单击"选择"命令，系统会给出你创建邮件列表的信息，同时，还有以下功能。

① 修改配置：即可以修改自己创建的邮件列表的设置；

② 订阅代码：可以在自己的主页上生成订阅代码，用户填入 E-mail 地址后，单击"订阅"或"退订"按钮，可以完成订阅或退订，与"生成订阅代码"功能相似；

③ 取得订户：系统可以将邮件列表的订户清单用 E-mail 的形式发送到你的信箱；

④ 批量订阅：通过批量订阅方式，可以成批地将用户加入自己邮件列表的订户中，如果用户需加入的订户较多的话，也可由希网的系统一次统一加入；

⑤ 在线发信：可以以附件形式对外发信；

⑥ 删除订户：有权删除已订阅的订户。

如果用户还想创建邮件列表的话，直接用"新建"的功能即可。系统会直接将用户新创建的列表加入，不必重新申请用户名。

7.2.3 使用 CMS 管理网站

拓展阅读 7-3：
网站内容管理
系统

CMS 是 Content Management System 的缩写，一般被翻译为"内容管理系统"。CMS 提供一个网站的基本框架，由许多功能模块组成，用户可以在不需要学习编程和网页设计的情况下，使用这些模块，根据自己的需要来搭建、管理自己的网站。CMS 是基于模板的设计，每个模块，都提供若干模板，使网站的风格可以快速变换，并且能够根据需要对模板进行修改。利用 CMS，可以方便地处理文本、图片、图像、Flash、声音、视频等资源，更重要的是它提供了快捷、方便的资源管理手段，能够快速地开发网站并进行网站内容的管理。因此，CMS 是建设管理网站的得力工具，也是学习网站管理业务的捷径。

本节以凡科 CMS 为例来说明 CMS 的功能和使用。

1. 企业网站的主要元素

一个企业网站一般包含以下元素，如图 7-39 所示。

图 7-39　企业网站元素

① 网站名称或 logo：是企业的标志。

② 导航栏：一般位于网站首页醒目位置，帮助客户方便地浏览网站。

③ 横幅：一般刊登于页面最醒目的位置，利用文字、图片或动态效果把推广的信息传递给网站的访问者，达到推广网站、产品或服务的效果。

④ 文章：是指网站上的文字类信息，如企业介绍、行业新闻、企业公告、产品介绍等。

⑤ 产品展示：用图片或文字展示企业的产品。

⑥ 在线客服：及时解答访问者关注的问题。

2. 使用极速建站功能快速建设网站

登录凡科建站后台，进入"网站设计"后，在"网站主题"一栏中除了有基本的主题提供，如果用户想快速的拥有一个完整的网站成品，可以采用"极速建站"功能达到上述效果。

具体操作如下。

① 登录凡科网站，单击进入"网站设计"，如图 7-40 所示。

图 7-40 网站设计按钮

② 进入网站设计，在网站主题一栏单击"极速建站"按钮，如图 7-41 所示。

图 7-41 急速建站按钮

③ 可以根据行业选择不同的网站样板，单击要选择的网站样板后，鼠标放在样板上就可以单击"使用"按钮，如图 7-42 所示。

图 7-42 使用网站样板

④ 单击"使用"按钮后会出现如下窗口，一键极速建站将会删除网站原有的所有数据，如果是初次建站，可以考虑不用备份，如果不是初次建站，建议备份网站的数据。如果需要，也可根据实际需求选择是否保留网站现有的数据，是否需要保留手机网站的样式。若需要极速建站，则单击"确认"按钮即可，如图 7-43 所示。

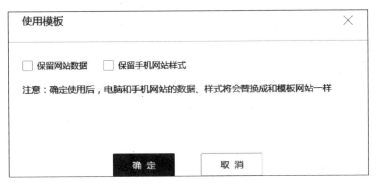

图 7-43　是否保留网站数据

3. 使用网站设计工具建设网站

如果想设计一个有自己独立风格的网站，则可以通过凡科提供的网站设计工具来设计一个网站。

（1）登录凡科网站

单击进入"网站建设"，如图 7-44 所示。默认，网站主页有标题和横幅。

图 7-44　网站建设初始页面

（2）设置浏览器的标题、网站标题和 logo

浏览器标题、网站标题是展示给用户看的"标识"，logo 是树立企业形象的工具，设置好这三个标识，对企业网站的宣传将起到积极作用。

① 设置浏览器标题。进入"网站设计"→"网站设置"，在基础设置中输入浏览器标题。如图 7-45 所示。

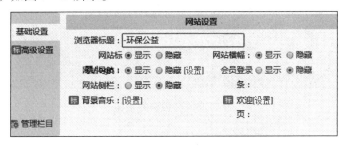

图 7-45　网站设置-输入浏览器标题

② 设置网站标题和 logo。在基础设置中，网站标题/logo 一项选择"显示"单选按钮，再在图 7-44 中，将鼠标指向"请编辑网站标题"，单击弹出的编辑（笔）按钮 ，输入网站标题名字。如图 7-46 所示。单击"显示 logo"按钮 ，随后单击添加图片按钮，可以上传 logo。

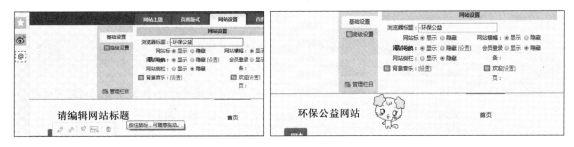

图 7-46　输入网站标题

（3）设置网站横幅

网站横幅有两种样式，使用图片文件作为横幅和使用 flase 文件作为横幅。

设置方法：

① 单击网站顶端的"网站设计"按钮，选择"网站设置"选项，单击网站横幅右边的"显示"单选按钮，如图 7-47 所示；

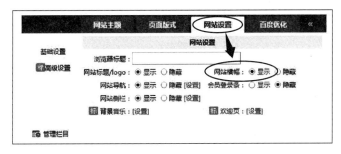

图 7-47　设置显示网站横幅

② 将鼠标指针移动到横幅上，单击"编辑横幅"按钮，如图 7-48 所示。

图 7-48　编辑横幅按钮

③ 在弹出的编辑窗口中单击"行业"旁边小箭头，展开该行业的横幅形式，如图 7-49 所示，可以根据需要挑选合适的横幅，根据页面的风格选择合适的宽高，也可以上传自己计算机中的图片作为横幅。选择好的横幅如图 7-50 所示。

图 7-49　横幅样式

若上传多张图片，系统将自动实现图片轮换，且可以设置图片轮换间隔时间、图片轮换顺序、图片切换动画、也可以为横幅添加特效，可根据内容挑选动画特效、文字特效或自定义特效。

图 7-50 选择的横幅

④ 横幅区的区域也可自由修改宽高，单击网页上的"样式"按钮，单击"横幅区"命令，可自定义修改横幅区域的高度和宽度，如图7-51所示。

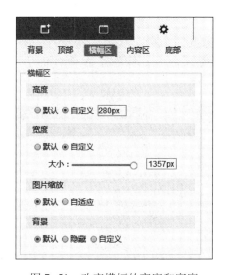

图 7-51 改变横幅的高度和宽度

⑤ 对图片横幅设置超链接。设置好横幅图片后，可以给不同的横幅添加自定义链接，单击图7-49"编辑窗口"的"设置链接"按钮，设置链接对象，如图7-52所示，设置完成后保存即可。

（4）设计网站的页面布局

一个网站包含许多模块与内容，在建站的时候灵活的调整页面版式，会出现不同的视觉效果，可以使用以下方法实现灵活的页面布局。

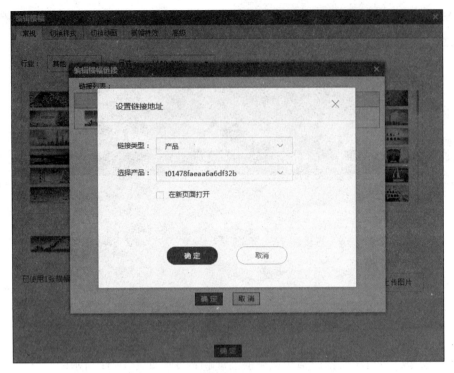

图 7-52　设置链接对象

① 使用标准版式实现页面布局。登录后台管理系统，进入"网站设计"→
"页面版式"→"标准版式"命令，标准版式中共提供了 8 种版式，如图 7-53
所示。

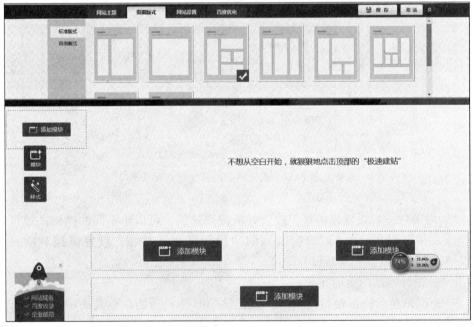

图 7-53　页面布局版式

② 使用"自由版式"设置页面布局。在建站时，还可以选择自由版式，实现网站不同板块的自由增删。进入"网站设计"→"页面版式"，如图 7-54 所示。在自由版式模拟图中，单击数字板块可以直接增删该区域，绿色区域为已选区域，网站的模块可以放置在这些已选区域。

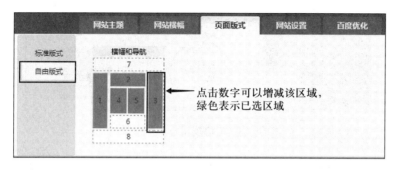

图 7-54　自由版式模拟图

③ 使用浮动模块调整页面布局。把鼠标移动到想要浮动的模块处右击，选择"浮动模块"选项，这时模块就处于浮动状态，可以自由的拖动模块到任意位置，或者拖动模块边框调整模块的大小尺寸，如图 7-55 所示。

图 7-55　使用浮动模块调整页面布局

④ 使用"模块列"模块，实现多列自由排版。当出现多个模块需要并列排版的时候，可以使用"模块列"模块，实现排版上的并列效果。

（a）进入网站，单击网站页上的"模块"按钮，网页侧边出现侧拉栏目，单击"排版"选项，根据需要选择模块，如选择"三列排版"，如图 7-56 所示。

（b）选择后出现一个三列的排版，把想要添加的模块拖动到相应的模块列上，如图 7-57 所示。

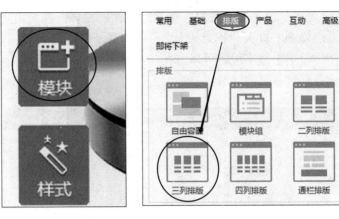

图 7-56　模块按钮与三列排版

图 7-57　三列排版

（c）放置好模块后就可以看到模块的并列效果。如图 7-58 所示。

图 7-58　三列排版效果

（5）添加网站内容

选择一个版式，如图 7-53 所示单击某个板块区域中的"添加模块"选项，则在该区域就显示该模块信息。可以选择的模块有"常用"、"基础"、"排版"、"产品"、"互动"、"高级"等六类模块，每个模块类下又有多个模块，如图 7-59 所示。

① 添加文章。单击模块，选择文本，然后将文本框拖到合适位置，单击编辑内容（笔）按钮，录入文本框中的文字，如图 7-60 所示。

图 7-59 系统提供的模块

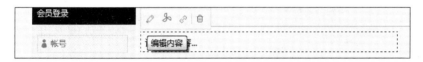

图 7-60 编辑内容按钮

② 添加图文展示模块。单击模块，选择图文展示，输入文字和插入图片，如图 7-61 所示。

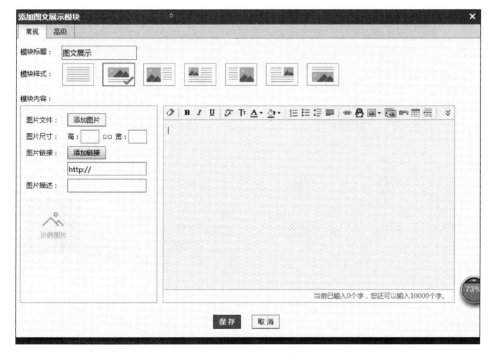

图 7-61 图文展示模块

③ 添加展示产品模块。网站很重要的一个作用就是展示产品，这需要把产品添加到网站，才能让客户随时随地浏览企业的产品信息。进入"网站设计"、单击模块，单击产品展示，如图 7-62 所示。单击添加新产品，输入产品详细信息，如图 7-63 所示。在图 7-63 中选择产品展示样式，把左侧要展示的产品选到右侧空白框，如图 7-64 所示。单击保存后返回首页，即可在网上看到产品的展示。

图 7-62　产品展示模块

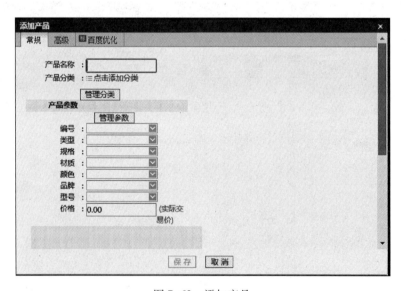

图 7-63　添加产品

④ 添加会员登录模块。单击"模块"命令，选择图会员登录模块，选择按钮样式，单击"确定"按钮。

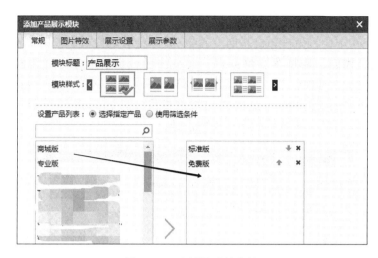

图 7-64 选择展示的产品

⑤ 添加客服模块，单击"模块"命令，选择客服模块，输入客服的 QQ 号和昵称等。

设计好的网页如图 7-65 所示。

图 7-65 设计好的页面

（6）设置导航栏

在图 7-44 中，将鼠标指针指向"首页"，单击管理栏目，如图 7-66 所示，系统提供了关于我们、购物车、留言板、会员注册、会员登录、联系我们等栏目，希望哪些项出现在导航栏里，就开启该栏目，使该栏目的"开启栏目"设置为√即可，如果想添加新的栏目，就单击"添加栏目"按钮，输入栏目的名称，单击"确定"按钮。新栏目所链接的网页需要设计。

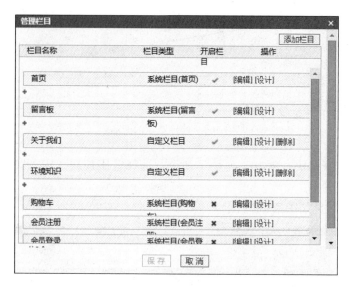

图 7-66　设置导航栏

（7）使用网站主题

网站主题是网站外观的皮肤颜色，在建站的时候客户可以根据自身企业网站的特点选择不同颜色风格的主题。单击"网站设计"→"网站主题"命令，选择合适的网站主题，如图 7-67 所示。单击一个主题后系统会立即帮助你更换网站的主体皮肤颜色。

图 7-67　使用网站主题

（8）使用文章导航模块

在网站管理后台添加文章时，可以对文章添加分类，如果文章数量太多，想在首页显示得更有调理，可使用文章分类模块，根据文章的分类进行显示，单击不同的文章分类，显示不同的文章。

添加文章分类模块。单击"网站设计"选项→单击网站页面左侧图标"模块"选项，在"高级"中找到"文章导航"模块，如图 7-68 所示；

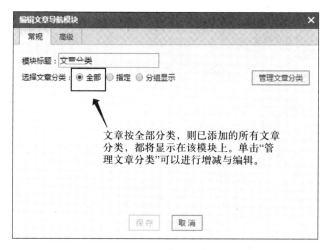

图 7-68　文章导航模块

① 使用全部分类。表示已添加的所有文章分类，都将显示在模块上。具体操作如下：在文章分类一栏选择"全部"单选按钮，单击"管理文章分类"按钮，可进行添加或编辑分类。

② 使用指定分类。表示可以选择性的把某些文章分类显示在模块上，具体操作如下：在文章分类一栏选择"指定"单选按钮，选择后，在下方显示原有的分类文章，选中需要显示在该模块上的文章分类，单击"保存"即可，如图 7-69 所示。

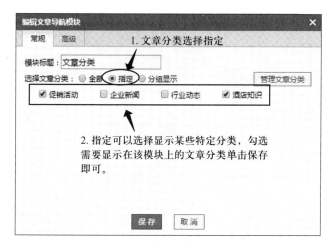

图 7-69　选择制定分类

③ 使用分组分类。可以显示顶级分类和下一级分类两个级别的文章类别，具体操作如下：在文章分类一栏选择"分组显示"单选按钮，单击"添加分组"按钮添加文章组别，如图 7-70 所示，输入分组名称，然后勾选出属于该分组下的文章分类，单击"确定"按钮，如图 7-71 所示。

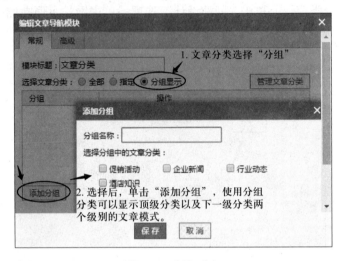

图 7-70　添加分组

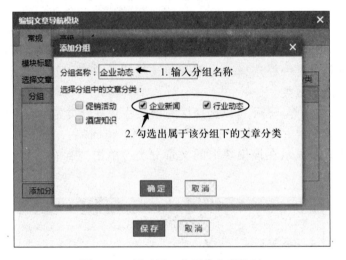

图 7-71　属于同一分组的文章类别

（9）添加文章及设置文章分类

有两种方法可以设置文章分类。

方法一：添加文章，同时设置文章分类。单击进入"添加文章"页面，填写好文章标题和文章内容后，选择"文章分类"选项，最后单击保存即可，如图 7-72 所示。

也可以对已经添加的文章进行分类，单击进入"文章管理"页面，在要修改的文章标题前单击铅笔图标按钮，即可对文章的分类进行编辑，如图 7-73 所示。

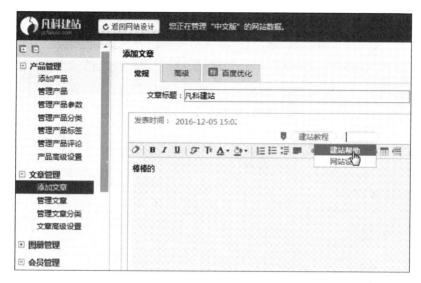

图 7-72 添加文章同时分类

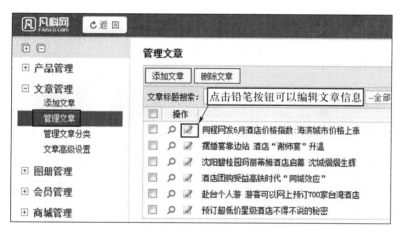

图 7-73 对已经添加的文章进行分类

方法二：直接设置文章分类。

① 设置分类类别。单击进入"网站管理"，再进入"文章管理"，选择"管理文章分类"选项，单击"添加文章分类"按钮，如图 7-74 所示。

② 单击"添加文章分类"按钮后，输入分类名，单击"确定"按钮，返回上级界面单击"保存"按钮即可，也可以在"管理文章分类"界面对分类进行编辑、删除等操作。

③ 批量设置文章分类，操作如图 7-75 所示。

（10）为网站添加产品导航

如果是一个营销网站，必定具有相当多的产品，然而，当用户单击产品页面时，如果全部的产品都呈现在用户面前，会让用户产生眼花缭乱的感觉，因此有必要设置产品分类这个栏目。

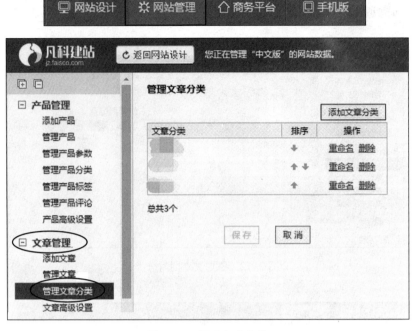

图 7-74 管理文章分类

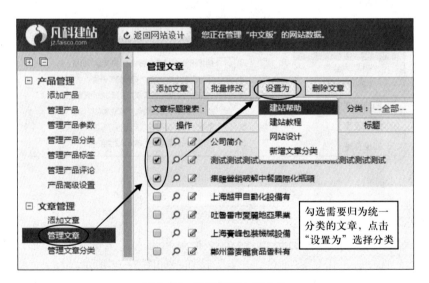

图 7-75 批量管理文章分类

① 进入网站设计页面后，单击新增模块选项，选择添加"模块"→"产品"→"产品导航"选项，如图 7-76 所示。

② 在弹出的设计窗口中，输入模块的名字，然后单击"管理分类"→"添加产品分类"按钮，如图 7-77 所示。填写产品分类的名称，然后单击"保存"按钮，如图 7-78 所示。

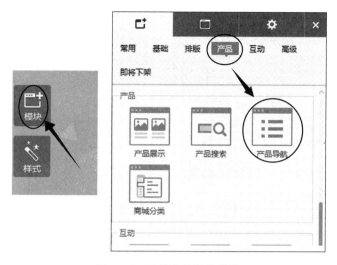

图 7-76 选择产品导航模块

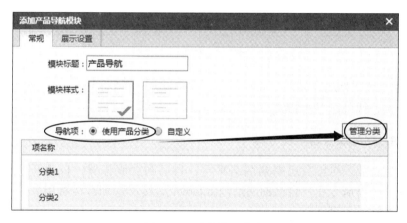

图 7-77 选择管理分类

图 7-78 填写分类名称

③ 设置好分类后单击网站上方的"网站管理"→"产品管理"选项，然后选择好需要归类的产品，然后单击"批量修改"→"产品分类"→"刚刚建立好的

产品分类"→"确定"按钮，如图 7-79 所示。

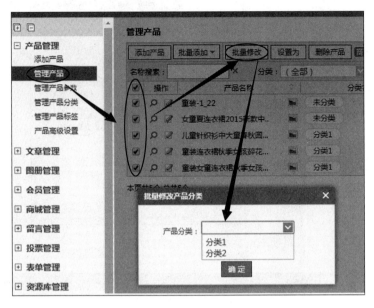

图 7-79　批量修改产品分类

④ 返回到网站的产品栏目页中，将产品导航模块移动到合适位置，然后单击相关的分类，就可以显示相关类的产品。

7.2.4　网站服务器实现方案

对大型企业，可以自己搭建网络平台，自己购置服务器，自己开发软件，自己维护网站，申请专线将自己的网站与 Internet 连接。这种方法费用高，要求企业有资金、有技术力量。

在 Internet 技术迅猛发展的今天，中小企业或学校也希望有自己的网站、拥有自己的域名、自己的主页、自己的电子信箱、自己的宣传阵地。但是，要建设一个网站需要投入大量的人力、物力和财力，这对中小企业来说是一个沉重的负担，虚拟主机服务和服务器托管服务的出现，为企业架设网站提供了多种选择，企业可以根据自己的经济实力和技术实力选择一种合适的服务器实现方式。

1. 虚拟主机服务

（1）虚拟主机概述

虚拟主机是指采用特殊的软硬件技术，是在网络服务器上划分出一定的磁盘空间供用户放置站点、应用组件等，把一台真正的主机分为若干台主机对外提供服务，每一台虚拟主机都可以具有独立的域名和地址，具有完整的互联网服务器（www、ftp、email）等功能。一台服务器上的不同虚拟主机是各自独立的，并由用户自行管理。但一台服务器主机只能够支持一定数量的虚拟主机，当超过这个数量时，用户将会感到性能急剧下降。

虚拟主机由 ISP 提供，主机机房和主机维护人员以及通信专线均由 ISP 提供，用户用租用的方式使用虚拟主机，网站维护由用户自己负责。ISP 除了提供虚拟主机服务外，还提供域名注册、网页设计、网站推广直到电子商务服务等。

由于多台虚拟主机共享一台真实主机的资源，每个用户承受的硬件费用、网络维护费用、通信线路的费用均大幅度降低，虚拟主机使 Internet 真正成为人人用得起的网络。现在，虚拟主机是中小型企业架设网站的首选方案，Internet 上大量的网站是用虚拟主机实现的。

（2）虚拟主机的特点

① 无须购置服务器：每一台虚拟主机都有独立的域名和 IP 地址，具有完整的 Internet 功能。

② 费用低廉：节约服务器、专线费用，节约维护费和人力资源费用。

③ 快捷方便：通过 FTP 方式可以随时修改自己主页内容。

④ 无须维护：主机由网络服务商的专业人员进行维护。

⑤ 功能受限：虚拟主机受共享系统资源所限，而且也受主机提供商允许在虚拟主机上运行的软件和服务的限制。

⑥ 安全保障性差：虚拟主机方式下，如果一个用户执行了非法或有问题的程序，就会造成整个服务器的瘫痪。

图 7-80 和图 7-81 所示是中国万网虚拟主机服务页面。

图 7-80　中国万网提供的虚拟主机服务页面

2. 服务器托管服务

（1）服务器托管服务概述

服务器托管方案是企业自己购买主机，将企业的主机放在 ISP 网络中心机房，通过租用 ISP 内部网络直接与上级主干网连接，从而节省了机房建设费用、主机维护费用和通信专线费用。这种方案服务器存储的信息量大，运行费用低，适合于信息量大、对硬盘空间需求大的企业。如果企业想拥有自己独立的网站服务器，同时又不想花费更多的资金进行通信线路、网络环境、机房环境的投资，更不想投入人力进行 24 小时的网络维护，可以使用主机托管服务。

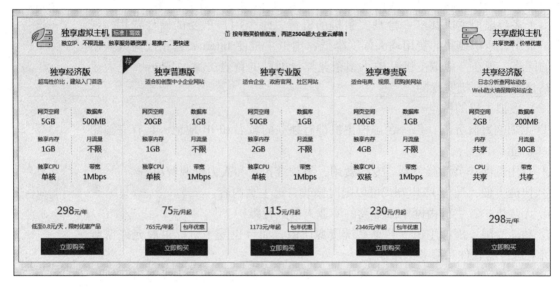

图 7-81　中国万网提供的虚拟主机服务报价页面

（2）服务器托管的特点

① 拥有独立的域名，可以通过 Telnet 和 FTP 进行远程管理，用户有自主权；

② 发布信息、资料的量大，高速接入 Internet，速度快，不限制数据流量；

③ 节省资金，用户不需要申请专线，不需要建设机房就可以独立控制自己的主机系统，在托管的主机上可以运行各种 Internet 应用服务，如 WWW、E-mail、数据库等，不需要日常机房的管理和维护；

④ 安全可靠，提供主机托管的机房拥有设施先进、环境良好，24 小时工程师监控、保安值守，配备不间断电源、防静电地板、恒温、恒湿空调、专用监控门禁等。

图 7-82 和图 7-83 所示是美橙互联提供的服务器托管的相关页面。

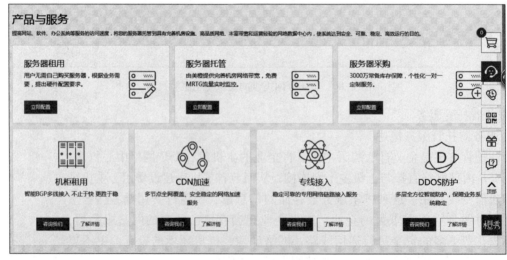

图 7-82　美橙互联的服务器托管服务页面

图 7-83　美橙互联的服务器托管服务报价页面

7.3　在商务政务领域的应用

7.3.1　电子商务

电子商务是信息技术与网络通信技术在经济活动中的应用，它的出现改变了传统商务活动模式，开辟了企业经营的新渠道，给企业生产经营活动带来了深刻的变革。

1. 电子商务的定义

电子商务指通过信息网络以电子数据信息流通的方式在全世界范围内进行并完成的各种商务活动、交易活动、金融活动和相关的综合服务活动的总称。

这里的"电子"是工具，广义的理解，电子工具包括电报、电话、广播、电视、传真、计算机、计算机网络和 Internet 等；狭义理解，电子工具只包含计算机网络，包括企业内部网络（局域网）、企业外部网和 Internet。现在的电子商务主要指在计算机网络上开展的商务活动。

这里的"商务"是活动的内容，也有广义和狭义之分，广义的商务活动包括企业生产经营的一切活动，具体地说从市场调研、原材料的采购、产品的开发设计、产品的加工生产、产品的促销和销售、资金的结算、产品的售后服务以及企业内部的管理等；狭义的理解商务活动主要是采购与销售环节，包括材料的采购、贸易洽谈、资金结算、商品销售等。

同样电子商务也有狭义和广义之分，狭义的电子商务就是企业通过业务流程的数字化、电子化实现产品交易的手段。从广义上看，电子商务是以信息技术为基础从事以商品交换为中心的各种活动的总称，包括生产、流通、分配、交换和消费各环节中连接生产及消费的所有活动的电子信息化处理。

2. 电子商务的分类

电子商务有很多分类方法，按照参与电子商务的交易主体分类，电子商务可以分为如下五类。

（1）企业对企业的电子商务

企业对企业（business to business，B2B）是指企业之间通过因特网、外联网、内联网或私有网络，以电子化的方式进行的商务活动，这种交易可以是企业及其供应链成员之间进行，也可能在企业和任何企业间进行，交易产品或服务的目的不是为了企业消费，而是为使其生产或销售起到增殖作用。

拓展阅读 7-4：阿里巴巴之父——马云

B2B 电子商务网站主要有两大类，一类是以企业为中心的交易模式，企业将销售业务在互联网上开展，或企业将自己的采购业务在互联网上开展；另一类是市场或交易中心模式，由第三方提供一个数字化的电子市场，供应商和商业采购者在此市场进行交易，典型代表是阿里巴巴。阿里巴巴的主页如图 7-84 所示。

图 7-84　阿里巴巴主页

　　若想在阿里巴巴上开一个店铺卖东西，首先需要具备企业营业执照或者个体营业执照。然后登录阿里巴巴首页，进入到阿里巴巴默认的企业注册页面，公司名称就填写营业执照上面的公司名称就可以了。注册成功之后，需要下载阿里巴巴提供的通信工具阿里旺旺，方便与客户的沟通。为了提升企业的信用等级，提高成交的机会，可以购买诚信通，另外为了方便网上交易，需要绑定一个支付宝账号。

　　（2）企业对消费者的电子商务

　　企业对消费者（business to customer，B2C）是指企业与消费者之间进行的电子商务活动，主要是借助于 Internet 为企业和消费者开辟交易平台来进行在线销售活动，也就是网上购物。

拓展阅读 7-5：
零售电子商务创始人——贝索斯

　　B2C 电子商务网站主要有两大类，一类是商业企业将自己的销售业务扩展到网络上，如北京图书大厦；另一类是纯粹的网上虚拟企业，如京东、当当网；也有加盟电子商城的模式如天猫。当当网的主页如图 7-85 所示。

图 7-85　当当网主页

　　（3）消费者对消费者的电子商务

　　消费者对消费者（customer to customer，C2C）是消费者对消费者的交易模式，其特点类似于现实商务世界中的跳蚤市场。其构成要素，除了包括买卖双方外，还包括电子交易平台提供者，类似于现实中的跳蚤市场场地提供者和管理员。

　　在 C2C 模式中，电子交易平台供应商扮演着举足轻重的作用，它既提供了卖方与买方交易的场所，又起到卖方与买方中介担保作用。淘宝网就是目前国内最大 C2C 电子商务平台，如图 7-86 所示。

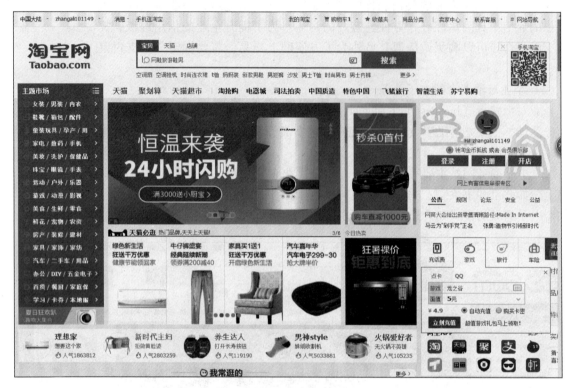

图 7-86　淘宝网的主页

在淘宝网上开店的大致步骤如下。

① 用户注册。登录淘宝网，注册会员。在会员注册页面中，输入会员名、密码、电子邮件、验证码等信息，然后，淘宝系统会发送"激活信"到注册的邮箱，打开邮箱单击"激活信"按钮，并单击"确认"按钮后，就完成了用户注册。注册成功后，还要去激活支付宝账户。

② 身份认证。淘宝网规定只有通过实名认证之后，才能出售宝贝，开店铺。所以在注册用户之后，还要进行相应的认证（包括个人实名认证和支付宝认证两个过程）。

③ 开店。发布商品。登录淘宝网，单击"我要卖"按钮，选择出售商品的类目，输入发布商品的信息，包括交易类型（拍卖还是一口价）、宝贝类型（全新还是二手），商品信息（名称、图片、描述），交易信息（价格、运费、有无发票、保修等）。然后确认提交。通过查询交易状态，如果买家已经付款，就单击"发货"按钮，然后确认收货人地址及交易信息、确认取货时间地点，选择物流公司并填写订单号，然后单击"确认"按钮。发货成功后可以在"我的淘宝""已卖出的宝贝"里查询买家是否已经收到货物。

④ 提现。登录支付宝，单击"我的支付宝"按钮，单击"提现"按钮，填写提现信息（姓名、支付宝账户、提现金额、支付密码等），然后单击"下一步"按

钮，出现"您的申请已提交，提现金额已扣除，提交银行处理中"时，提现成功。

（4）企业对政府的电子商务

企业对政府（business to government，B2G）是指企业与政府机构之间进行的电子商务活动，主要覆盖了企业和政府组织之间的许多事务，如政府的网上采购、招标投标、企业向税务部门纳税等。如中国招标网，如图7-87所示。

图7-87 中国招标网

（5）消费者对政府的电子商务

消费者对政府（customer to government，C2G）是指消费者对行政机构的电子商务，指的是政府对个人的电子商务活动。政府将电子商务扩展到各种福利费用的发放、自我报税以及个人所得税的征收等。

7.3.2 电子政务

1. 电子政务概述

电子政务就是政府机构应用现代信息和通信技术，将管理和服务通过网络技术进行集成，在互联网上实现政府组织结构和工作流程的优化重组，超越时间和空间及部门之间的分隔限制，向社会提供优质和全方位的、规范而透明的、符合国际水准的管理和服务。

电子政务包含多方面的内容。

（1）政府内部的电子政务

政府内部的电子政务主要是指上下级政府、不同地方政府、不同政府部门之间通过计算机网络而进行的信息共享和实时通信。在政府内部，下级部门通过网络向上级部门报送各种材料、请示，各级领导可以在网上及时了解、指导和监督各部门的工作，并向各部门做出各项指示，实现政府办公自动化。除此之外，还包括政府部门间的信息共建共享、政府实时信息发布、各级政府间的远程视频会议等，例如北京市人民政府网站的信息公开功能如图 7-88 所示，政务公开便民地图如图 7-89 所示。

图 7-88　北京市人民政府网站的信息公开功能

图 7-89　政务公开便民地图

（2）政府对企业的电子政务

政府对企业的电子政务主要是指政府通过电子网络系统进行电子采购与招标，精简管理业务流程，快捷迅速地为企业提供各种信息服务。主要包括电子采购与招标、电子税务、电子证照办理、信息咨询服务、中小企业电子服务等。例如：北京市人民政府网站提供的政府采购功能和招标信息公开功能如图 7-90 和图 7-91 所示。

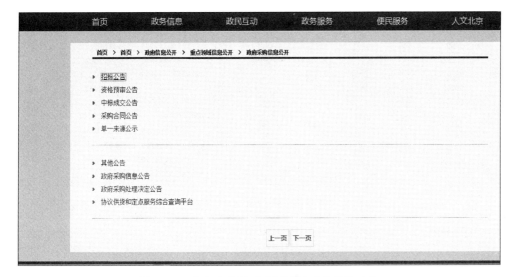

图 7-90 北京市人民政府网站的政府采购功能

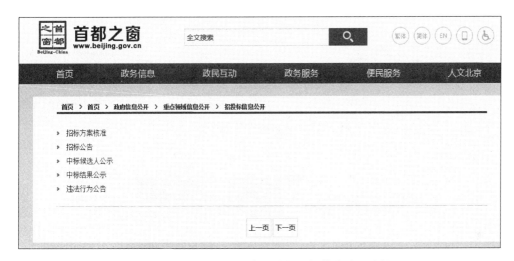

图 7-91 北京市人民政府网站的招标信息公开功能

（3）政府对公民的电子政务

政府对公民的电子政务是指政府通过电子网络系统为公民提供的各种服务。主要包括：公民网上查询政府信息、电子化民意调查和社会经济统计、教育培训服务、就业服务、电子医疗服务、社会保险网络服务、公民信息服务、交通管理服务、公民电子税务、电子证件服务，即允许居民通过网络办理结婚证、离婚证、出生证、死亡证明等有关证书。例如：北京市人民政府网站提供的对市民的政务服务功能如图 7-92 所示，政民互动功能如图 7-93 所示，查询服务如图 7-94 所示。

2. 电子政务的特点

相对于传统行政方式，电子政务的最大特点就在于其行政方式的电子化，即行政方式的无纸化、信息传递的网络化、行政法律关系的虚拟化等。

图 7-92　北京市人民政府网站的政务服务功能

图 7-93　北京市人民政府网站的政民互动功能

图 7-94　北京市人民政府网站的查询服务功能

（1）虚拟化

在传统的政府行政方式中，行政法律关系双方当事人（行政机关及其工作人员与行政相对方）是现实存在的，无论是面对面交谈，作出行政决定，还是通过传统邮寄手段递交申请、送达行政裁决，各方都能清楚地感受到对方的实际存在以及所接收信息的真实性。但电子政务则不同，在某种意义上讲，它是虚拟的。以北京市公安局开设的网上申请行政复议为例：行政相对人可以直接在政府网站公布的电子表格中填写相关内容，填写完毕后，单击"发送"按钮即可完成行政复议的申请程序。公安复议机关经过审查，可以通过电子邮件通知复议申请人是否受理，并可以通过电子传输的方式向复议申请人送达复议决定。在整个复议过程中，当事人双方完全可能从未谋面，也不能借助任何传统的凭据如受理通知书、实实在在的复议机关办公设施等来判断对方的可信度。行政相对方仅能从网站的设计以及内容感觉是在与行政机关打交道；行政机关也只能通过行政相对人在自己网站电子表格中填写的复议申请与行政决定书的编号来判断行政相对人的真实性与可信度。

（2）无纸化

减少纸面公文，实现无纸化办公，既是电子政务的特点之一，也是其宗旨之一。政府机关采用计算机及网络技术，使政府文件的生成、修改、存储、发送与接收都可以实现无纸化。无纸化行政有助于提高政府的工作效率，减少公文差错，但电子文件大量产生，这又会带来其他问题。

（3）即时性

传统的信息交流方式，如信函、电报、直接交付、发布公告等方式，在信息的发送与接收之间存在着长短不同的时差。而在电子政务中，各方当事人通过网络交换信息，无论实际的空间距离远近，一方发送信息与另一方接收信息几乎可以做到同时进行，就如同行政相对人与行政机关工作人员面谈一样直接、同步、互动。

（4）技术性

电子政务是借助于现代计算机与通信技术而建立在网络平台上的。电子政府的运行，电子政务的安全，电子信息数据库的保密等，都需要技术措施才能实现。可以说，电子政府就是用高科技武装起来的政府，它使政府的行政方式技术化、电子化。如网上申请许可、电子行政决定的通知与送达将成为行政管理关系中通行的行政方式。传统政务中以书面文件为中心而构建的行政运行体系，在电子政务中将被电子文件、电子签章、电子邮件等所取代。

7.3.3 互联网金融

互联网金融（ITFIN）就是互联网技术和金融功能的有机结合，依托大数据和云计算在开放的互联网平台上形成的功能化金融业态及其服务体系，包括基于网络平台的金融市场体系、金融服务体系、金融组织体系、金融产品体系以及互联网金融监管体系等，并具有普惠金融、平台金融、信息金融和碎片金融等相异于传统金融的金融模式。

1. 信息化金融机构

所谓信息化金融机构，是指通过采用信息技术，对传统运营流程进行改造或重构，实现经营、管理全面电子化的银行、证券和保险等金融机构。金融信息化是金融业发展趋势之一，而信息化金融机构则是金融创新的产物。

（1）网上银行

网上银行又称网络银行、在线银行，是指银行利用 Internet 技术，通过 Internet 向客户提供开户、查询、对账、行内转账、跨行转账、信贷、网上证券、投资理财等传统服务项目，使客户可以足不出户就能够安全便捷地管理活期和定期存款、转账、汇款、支付、信用卡及个人投资等。可以说，网上银行是在 Internet 上的虚拟银行柜台。

（2）网上证券交易

网上证券交易是指投资者通过互联网来进行证券买卖的一种方式，网上证券系统为客户提供网上股票交易的实际环境，使得股民通过 Internet 进行方便快捷的在线交易、行情查询。业务涵盖股票买卖、行情查询、银证转账、账户余额、开户、销户、密码修改等方面。交易系统由几个不同的模块组成，主要任务是完成证券金融信息的收集、整理、发布以及交易等工作。

（3）网上保险

网上保险是指保险公司或保险中介机构以互联网和电子商务技术为工具为客户提供有关保险产品和服务的信息，并实现网上投保、承保等保险业务，直接完成保险产品的销售和服务。

2. 众筹

众筹意为大众筹资或群众筹资，是指用团购、预购的形式，向网友募集项目资金的模式。众筹的本意是利用互联网和社会网络传播的特性，让创业企业、艺术家或个人对公众展示他们的创意及项目，争取大家的关注和支持，进而获得所需要的资金援助。众筹平台的运作模式大同小异——需要资金的个人或团队将项目策划交给众筹平台，经过相关审核后，便可以在平台的网站上发布，投资人自主投标。

股权众筹：是指公司出让一定比例的股份，面向普通投资者，投资者通过出资入股公司，获得未来收益。这种基于互联网渠道而进行融资的模式被称作股权众筹。另一种解释就是"股权众筹是私募股权互联网化"。

债权众筹：投资者对项目或公司进行投资，获得其一定比例的债权，它对投资者的回报是按照约定的比例给予的利息，届时投资者可以收回本金还可以得到承诺的收益。

产品众筹：是指面向投资者募集资金来生产某种产品，并约定产品出售后的回报。

公益众筹：指通过互联网方式发布公益筹款项目并募集资金。公益项目类别包括助学、助老、助残、关爱留守儿童等。

3. P2P 网贷

P2P 网贷是指个人与个人间的小额借贷交易，一般需要借助电子商务专业网络平台帮助借贷双方确立借贷关系并完成相关交易手续。借款者可以在平台上发布借款信息，包括金额、利息、还款方式和时间，实现自助式借款；借出者根据借款人发布的信息，自行决定借出金额，实现自助式借贷。

两种运营模式，第一是纯线上模式，其特点是资金借贷活动都通过线上进行，不结合线下的审核。平台只是通过视频认证、查看银行流水账单、身份认证等。第二种是线上线下结合的模式，借款人在线上提交借款申请后，平台通过所在城市的代理商采取入户调查的方式审核借款人的资信、还款能力等情况。

4. 第三方支付

第三方支付是指具备一定实力和信誉保障的非银行机构，借助通信、计算机和信息安全技术，采用与各大银行签约的方式，在用户与银行支付结算系统间建立连接的电子支付模式。例如：支付宝支付。

在通过第三方支付平台的交易中，买方选购商品后，使用第三方平台提供的账户进行货款支付，由第三方通知卖家货款到达、进行发货；买方检验物品后，就可以通知付款给卖家，第三方再将款项转至卖家账户。第三方支付过程如图 7-95 所示。

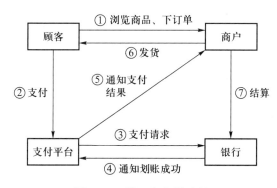

图 7-95 第三方支付过程

① 网上消费者浏览商户检索网页并选择相应商品，下订单达成交易。

② 随后，在弹出的支付页面上，网上消费者选择具体的某一个第三方支付平台，直接链接到其安全支付服务器上，在第三方支付的页面上选择合适的支付方式，单击后进入银行支付页面进行支付。

③ 第三方支付平台将网上消费者的支付信息，按照各银行支付网关技术要求，传递到相关银行。

④ 由相关银行检查网上消费者的支付能力、实行冻结、扣账或者划账，并将结果信息回传给第三方支付平台和网上消费者。

⑤ 第三方支付平台将支付结果通知商户。

⑥ 接到支付成功的通知后，商户向网上消费者发货或者提供服务。

⑦ 各个银行通过第三方支付平台与商户实施清算。

第三方是买卖双方在网上交易缺乏信用保障或法律支持的情况下的资金支付"中间平台"，买方将货款付给买卖双方之外的第三方，第三方提供安全交易服务，其运作实质是在收付款人之间设立中间过渡账户，使汇转款项实现可控性停顿，只有双方意见达成一致才能决定资金去向。第三方担当中介保管及监督的职能，并不承担什么风险，所以确切地说，这是一种支付托管行为，通过支付托管实现支付保证。

现在，第三方支付已不仅仅局限于最初的互联网支付，而是成为线上线下全面覆盖，应用场景更为丰富的综合支付工具。

5. 数字货币

简单地讲，数字货币就是通用货币的另一种存在和流通形式，是相对于现在流通的纸币和硬币而言，以数字的方式存在。它不能完全等同于虚拟世界中的虚拟货币，虚拟货币只能在特定的小环境下使用，如腾讯公司的 Q 币仅局限于网络游戏等虚拟空间。而数字货币经常被用于真实的商品和服务交易，而不仅仅局限在网络游戏等虚拟空间中。具有代表性的数字货币有比特币和莱特币。

比特币的概念最初由日本人中本聪在 2009 年提出，比特币不依靠特定货币机构发行，它依据特定算法，通过大量的计算产生，比特币经济使用整个 P2P 网络中众多节点构成的分布式数据库来确认并记录所有的交易行为，并使用密码学的设计来确保货币流通各个环节安全性。P2P 的去中心化特性与算法本身可以确保无法通过大量制造比特币来人为操控币值。基于密码学的设计可以使比特币只能被真实的拥有者转移或支付。这同样确保了货币所有权与流通交易的匿名性。比特币与其他虚拟货币最大的不同，是其总数量非常有限，具有极强的稀缺性。该货币系统曾在 4 年内只有不超过 1 050 万个，之后的总数量将被永久限制在 2 100万个。

莱特币受到了比特币的启发，并且在技术上具有相同的实现原理，莱特币的创造和转让基于一种开源的加密协议，不受到任何中央机构的管理。莱特币旨在改进比特币，与其相比，莱特币具有三种显著差异。第一，莱特币网络每 2.5 分钟（比特币是 10 分钟）就可以处理一个块，因此可以提供更快的交易确认。第二，莱特币网络预期产出 8 400 万个莱特币，是比特币网络发行货币量的四倍之多。第三，莱特币在其工作量证明算法中使用了由 Colin Percival 首次提出的 scrypt 加密算法，这使得相比于比特币，在普通计算机上进行莱特币挖掘更为容易。每一个莱特币被分成 100 000 000 个更小的单位，通过八位小数来界定。

以比特币等数字货币为代表的互联网货币爆发，从某种意义上来说，比其他任何互联网金融形式都更具颠覆性。在 2013 年 8 月 19 日，德国政府正式承认比特币的合法"货币"地位，比特币可用于缴税和其他合法用途，德国也成为全球首个认可比特币的国家。这意味着比特币开始逐渐"洗白"，从极客的玩物，走入大众的视线。也许，它能够催生出真正的互联网金融帝国。

7.4 搜索引擎与网络搜索技巧

7.4.1 搜索引擎的原理

1. 搜索引擎概述

随着互联网的快速发展，互联网已经成为人们获取商务信息的重要渠道，但是在浩瀚的信息海洋里，要找到自己想要的信息，就像大海捞针一样，十分困难。于是，出现了搜索引擎。

搜索引擎是指根据一定的策略、运用特定的计算机程序搜集互联网上的信息，在对信息进行组织和处理后，为用户提供检索服务的系统。搜索引擎已经成为互联网上最重要的应用之一，广泛应用于网站搜索、信息采集、知识获取等，现在，有问题就搜索已经成为人们的一种习惯。在企业界，也把搜索引擎作为重要的宣传工具进行企业网站的推广、投放网络广告等。

2. 搜索引擎的工作原理

搜索引擎的工作过程大致分为以下四个步骤。

（1）从互联网上抓取网页

搜索引擎中包含一个称为网络蜘蛛（spider）的程序，它可以自动访问互联网，并沿着任何网页中的所有 URL，像蜘蛛一样爬到其他网页，并把爬过的所有网页记录下来。为了能够反映网页的更新情况，spider 一般要定期的重新访问所有页面，并根据网页内容和链接关系的变化重新排序。

（2）建立索引数据库

由分析索引系统程序对收集回来的网页进行分析，提取相关网页信息（包括网页所在 URL、编码类型、页面内容包含的关键词、关键词位置、生成时间、大小、与其他网页的链接关系等），根据一定的相关度算法进行大量复杂计算，得到页面内容及超链中每一个关键词的相关度（或重要性），然后用这些相关信息建立网页索引数据库。

（3）接收查询

当用户输入关键词搜索后，由搜索系统程序从网页索引数据库中找到符合该关键词的所有相关网页，并对该关键词的相关度进行排序，相关度越高，排名越靠前。目前，搜索引擎返回主要是以网页链接的形式提供的，通过这些链接，用户便能到达含有自己所需资料的网页。通常搜索引擎会在这些链接下提供一小段来自这些网页的摘要信息以帮助用户判断此网页是否含有自己需要的内容。

（4）显示结果

由页面生成系统将搜索结果的链接地址和页面内容摘要等内容组织起来返回给用户。

3. 搜索引擎的类别

根据不同的划分标准，可以把搜索引擎分为多种。

（1）根据原理划分

根据搜索原理划分，搜索引擎可以分为目录型搜索引擎、关键词型搜索引擎、混合型搜索引擎。

① 关键词型搜索引擎，是名副其实的搜索引擎。它通过程序从互联网上提取各个网站的信息，并建立索引数据库，当用户查询信息时，输入要查询的内容（即关键词），搜索引擎就会从数据库中检索与关键词匹配的记录，并按照一定的排列顺序将结果返回给用户。Google、百度等是关键词型搜索引擎的代表。

随着搜索引擎的发展，关键词型的搜索引擎，已经略显落后，现在的搜索引擎已普遍使用超链分析技术，除了分析索引网页本身的文字，还分析索引所有指向该网页的链接的 URL、锚点（anchor text）、甚至链接周围的文字。被其他网页指向得越多的网页，在搜索结果中排序就越靠前。

② 目录式搜索引擎并不采集网站的任何信息，而是利用各网站向"搜索引擎"提交网站信息时填写的关键词和网站描述等资料，经过人工审核编辑后，如果符合网站登录的条件，则输入数据库以供查询，所以目录型搜索引擎实质上是按照目录分类的网站链接，Yahoo 是分类目录的典型代表，国内的搜狐、新浪等搜索引擎也是从分类目录发展起来的。分类目录的好处是，用户可以根据目录有针对性

地逐级查询自己需要的信息，而不是像技术性搜索引擎一样同时反馈大量的信息，而这些信息之间的关联性并不一定符合用户的期望。

③ 混合型搜索引擎同时融合目录和关键词两种技术。现在的大型网站一般都同时具有"搜索引擎"和"分类目录"查询方式，只不过一些网站的搜索引擎技术来自于其他提供全文检索的专业搜索引擎，如 Yahoo 拥有自己经营的网站分类目录，而曾经采用的网页搜索引擎包括 Inktomi、Google 等公司提供的技术。因此，从用户应用的角度来看，无论通过技术型的搜索引擎，还是人工分类目录型的搜索引擎，都能实现自己查询信息的目的，只不过两种形式可以获得的信息不同，分类目录通常只能检索到相关网站的网址，而搜索引擎则可以直接检索相关内容的网页。

（2）根据搜索内容划分

根据搜索内容划分可以将搜索引擎分为综合搜索引擎、垂直搜索引擎、特色搜索引擎。

① 综合搜索引擎简单地讲就是输入一个关键词，在搜索结果中会包含各种相关信息，如新闻、图片、网站信息等，综合搜索引擎具有信息量大、查询不准确、深度不够等不足。

② 垂直搜索引擎针对某一特定领域、某一特定人群或某一特定需求提供的有一定价值的信息和相关服务。其特点就是"专、精、深"，且具有行业色彩。譬如百度的 MP3 搜索就只搜索和音乐相关的内容。

③ 特色搜索引擎可以满足人们对特殊信息的搜索需要，比如找人、查询天气、地图、航班、邮政编码等。

除了上面的两种分类方法以外，按照包含检索工具的数量不同，可划分为独立搜索引擎和元搜索引擎两类；按照开发运作背景的不同，还可以划分为学术型搜索引擎和商业搜索引擎等。

表 7-1 列出了当前比较典型的搜索引擎的 URL。

表 7-1　常用搜索引擎

搜索引擎名称	URL 地址
百度	http://www.baidu.com
Google	http://www.google.com
中文 Yahoo	http://cn..yahoo.com
搜狗	http://www.sogou.com/
搜搜	http://wenwen.soso.com/
爱问/	http://iask.sina.com.cn
360 搜索	http://hao.360.cn/

7.4.2 搜索技巧

1. 网络搜索中使用的符号

（1）AND

AND 也可以用 "+" 或 "&" 或空格表示，A+B 表示网页之中必须同时出现 A 和 B 两个搜索词。

（2）OR

OR 也可以用 "｜" 号表示，A｜B 表示网页之中 A 和 B 两个搜索词只要有一个出现就行。

（3）NOT

NOT 也可以用 "—" 号表示，A—B 表示网页之只能出现 A 而不能出现 B。

不同的搜索引擎支持的逻辑运算符不完全相同。使用逻辑运算符之前，须阅读搜索引擎的 "帮助（Help）" 文件，确认其支持何种逻辑运算，了解和掌握逻辑符号的形式及其用法。

（4）通配符

在搜索关键词中也可以使用通配符 "＊" 和 "?"，"＊" 出现在搜索词中代表 "＊" 位置可以为任意若干字符，"?" 出现在搜索词中代表 "?" 位置可以为任意一个字符。

（5）""号

"" 代表 "" 中的词组是不可拆分的词组，如果用户输入一个长的词语，有些搜索引擎会将词语分成多个词组，结果会返回许多用户不需要的信息，这时可以用 "" 将词语 "引" 起来。

此外，检索式中还可以有表示强制搜索的加号 "+"、精确搜索的引号 """"、优先搜索的圆括号 "（）"、同义词搜索的 "~" 号等。

2. 搜索技巧

从某种意义上讲，检索式是检索策略的具体表现形式，高质量的检索式可以提高搜索效率和准确度。高质量的检索式取决于对搜索需求的正确理解，取决于关键词是否准确，取决于各种连接组配符号是否正确使用。

（1）选择合适的搜索工具

目前网络上的搜索引擎有几百个，但是每一种搜索引擎都有自己的特点，选择合适的搜索引擎可以事半功倍，多了解一些垂直搜索引擎和特色搜索引擎是很有益处的。

（2）构建合适的检索式

检索式是指搜索时用来表示用户搜索需求的逻辑表达式，它一般由关键词、各种逻辑运算符、通配符、位运算符以及系统规定的其他组配连接符号组成。关键词是检索式的主体，逻辑运算符等符号根据具体的查询要求，从不同的角度对关键词进行搜索限定。

（3）精心地挑选关键词

目前的搜索引擎并不能很好地处理自然语言。因此，在提交搜索请求时，最好把自己的想法，提炼成简单的，而且与希望找到的信息内容主题关联的查询词，使用关键词时尽可能具体、独特、专业，这样也避免因过于"宽泛"而产生多余信息。比如，地理位置关键词，越具体越好，范围越小越好。

（4）增加关键词缩小搜索范围

要想缩小搜索范围，最简单的窍门就是添加搜索词，输入时可以在两个词中间加上"AND""+"或空格。一般来说，提供的关键字越多，搜索引擎返回的结果越精确。

（5）使用双引号进行精确查找

当输入短语或一个短句时，搜索时关键词会被分开，产生出大量的多余信息，这时最好给关键词加上英文状态的双引号，短语或短句将以完整形式出现在搜索结果中，可以大大缩小查找范围。

（6）使用限定符号查找

很多搜索引擎都支持在关键词前冠以加号"+"（英文状态），限定搜索结果中必须包含的词汇，用减号"-"（英文状态）限定搜索结果中不能包含的词汇。比如"商务信息-电子"表示搜索结果中一定不能有"电子"这个词。

（7）使用括号确定优先级

检索式中可以使用括号（英文状态），以改变或调整各关键词的运算优先级，必要时括号还可以嵌套。

（8）细化查询

许多搜索引擎都提供了对搜索结果进行细化与再查询的功能，如有的搜索引擎在结果中有"查询类似网页"的按钮，还有一些则可以"在结果中查询"。

7.4.3 常用搜索引擎

拓展阅读 7-6：
百度创始人—李彦宏

目前网络上的搜索引擎种类繁多，其中比较常用的搜索引擎有百度、Google（谷歌）、Yahoo、中国搜索、搜狐的搜狗、腾讯的搜搜、新浪爱问等。在图 7-96 中是从搜网截取的国内专业搜索引擎大全，其中列出了目前国内主要的垂直搜索引擎。

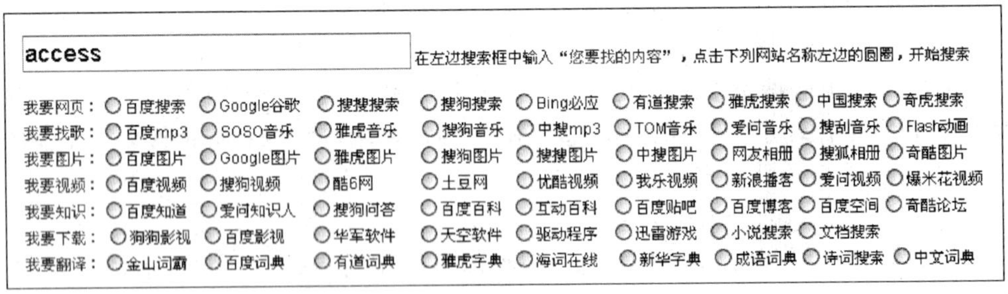

图 7-96　国内主要的垂直搜索引擎

1. 百度搜索引擎的主要功能

百度（nasdaq，Baidu）是全球最大的中文搜索引擎，2000 年 1 月由李彦宏、徐勇两人创立于北京中关村，致力于向人们提供"简单，可依赖"的信息获取方式。百度主页如图7-97所示，除了搜索网页外，还提供以下搜索功能。

图 7-97　百度主页

（1）百度新闻

每天发布8~10万条新闻，每5分钟对互联网上的新闻进行检查，及时提供最新的国内、国际新闻以及科技、娱乐、财经、体育、房产、社会等专题新闻。

（2）百度MP3搜索

百度MP3搜索是百度在数十亿中文网页中提取MP3链接，从而建立的庞大MP3歌曲链接库。支持用户按歌手名、歌曲名或它们的组合进行搜索。

（3）百度图片搜索

百度图片搜索是百度在数十亿中文网页中提取各类图片，建立了庞大的中文图片库。用户也可以通过图片目录搜索图片，也可以按照图片类型（.JPEG、.GIF、.PNG、.BMP）、图片尺寸搜索图片。

（4）百度贴吧

百度贴吧是一种基于关键词的主题交流社区，用户输入关键词后即可生成一个讨论区，称为某某吧，如该吧已被创建则可直接参与讨论，如果尚未被建立，则可直接发表主题建立该吧。

（5）百度知道

百度知道是一个基于搜索的互动式知识问答分享平台，百度知道允许用户自己根据具体需求，有针对性地提出问题，通过积分奖励机制发动其他用户，来创造该问题的答案，达到分享知识的效果。

（6）百度百科

百度百科是一部开放的、由全体网民共同撰写的百科全书，已经收录了100多万个词条。每个人都可以自由访问并参与撰写和编辑，分享及奉献自己所知的知识，所有人将其共同编写成一部完整的百科全书，并使其不断更新完善。

（7）百度视频

百度视频是百度汇集互联网众多在线视频播放资源而建立的庞大视频库。百度视频搜索拥有最多的中文视频资源，提供用户最完美的观看体验。

（8）百度地图

百度地图是百度提供的一项网络地图搜索服务，覆盖了国内近400个城市、数千个区县。在百度地图里，用户可以查询街道、商场、公园、楼盘、餐馆、学校、银行的地理位置，百度地图还提供了丰富的公交换乘、驾车导航的查询功能，为人们提供最适合的路线规划。

2. Google 搜索引擎

Google（谷歌）由斯坦福大学的两名博士生 Larry Page 和 Sergey Brin 于 1998 年 9 月发明，目前被公认为是全球规模最大的搜索引擎，它提供了简单易用的免费服务和 50 多种语言搜索结果。谷歌搜索引擎主页如图 7-98 所示。

图 7-98　Google 搜索引擎主页

除了具有搜索网页、视频、图片、资讯、地图等与百度类似功能外，还提供了博客搜索、翻译等功能。

（1）博客搜索

能搜索数百万个博客，提供最新的相关搜索结果。用户可以搜索博客或博文，并可按日期等条件缩小搜索范围。Google 博客搜索能搜索多种语言的博客内容。

（2）Google 在线翻译

Google 免费的在线翻译服务可即时翻译文本和网页。而且支持语音翻译。该翻译器支持中文、英语、德语以及其他 50 多种语言。

7.5　文献检索

科技文献数据库提供商一般跟多个出版社或出版集团建立合作关系，在出版纸质图书的同时，也在网上发布电子书籍，用户只需要在文献数据库的网站上注册，既可以访问数据库中的资源。出于保护知识版权的原因，阅读或下载这些电子版图书需要支付一定的费用。目前中国高校及有些科研部门一般采用包库的方式购买特定学科的专题数据库供学校或部门内部使用。国内科技文献数据库提供商主要有中国知网（CNKI）、维普资讯、万方数据等。

7.5.1 中国知网

中国知网又名中国期刊网是中国知识基础设施工程（china national knowledge infrastructure，CNKI）的一个重要组成部分，于 1999 年 6 月正式启动。它的数据库主要有中国期刊全文数据库（CJFD）、中国重要报纸全文库（CCND）、中国优秀博硕士论文全文库（CDMD）、中国基础教育知识库（CFED）、中国医院知识库（CHKD）、中国期刊题录数据库（免费）、中国专利数据库（免费）等。它的网址是 http://www.cnki.net/index.htm。

中国期刊网全文库：是目前世界上最大的连续动态更新的期刊全文库，收录 1994 年以来 6 600 多种中文学术期刊，其中全文收录期刊 5 000 多种，数据每日更新。内容涉及理、工、农、医、教育、经济、文史哲等 9 个专辑，126 个专题。具体包括：理工 A、理工 B、理工 C、农业、医药卫生、文史哲、经济政治与法律、教育与社会科学、电子技术与信息科学等。

中国重要报纸全文库：收录 2000 年 6 月以来国内公开发行的重要报纸 430 种，每年精选 120 万篇文章。按内容分 6 大专辑：文化、艺术、体育及各界人物，政治、军事与法律，经济，社会与教育，科学技术，恋爱婚姻家庭与健康等 36 个专题数据库，数据每日更新。

中国优秀博/硕士论文全文库：收录 2000 年以来我国的优秀博/硕士论文 2 万余份，按内容分 9 大专辑：理工 A（数理科学）、理工 B（化学化工能源与材料）、理工 C（工业技术）、农业、医药卫生、文史哲、经济政治与法律、教育与社会科学、电子技术与信息科学等。

中国专利数据库：收录 1985 年以来我国的发明专利和实用新型专利。

中国知网主页如图 7-99 所示。

图 7-99　中国知网主页

7.5.2　维普资讯

维普资讯是科学技术部西南信息中心下属的一家大型的专业化数据公司，是中文期刊数据库建设事业的奠基人，公司全称重庆维普资讯有限公司。目前已经成为中国最大的综合文献数据库。从 1989 年开始，一直致力于对海量的报刊数据进行科学严谨的研究、分析，采集、加工等深层次开发和推广应用。

维普资讯网建立于 2000 年，经过 10 年的商业建设，已经成为全球著名的中文信息服务网站，是中国最大的综合性文献服务网，并成为 Google 搜索的重量级合作伙伴，是 Google Scholar 最大的中文内容合作网站。其所依赖的《中文科技期刊数据库》，是中国最大的数字期刊数据库，该库自推出就受到国内图书情报界的广泛关注和普遍赞誉，是我国网络数字图书馆建设的核心资源之一，广泛被我国高等院校、公共图书馆、科研机构所采用，是高校图书馆文献保障系统的重要组成部分，也是科研工作者进行科技查证和科技查新的必备数据库。目前已拥有包括港澳台地区在内 5 000 余家企事业集团用户单位，网站的注册用户数超过 300 余万，累计为读者提供了超过 2 亿篇次的文章阅读服务。实践了以信息化服务社会，推动中国科技创新的建站目标。

维普资讯主页如图 7-100 所示。

图 7-100　维普资讯主页

7.5.3　万方数据

万方数据库是由万方数据公司开发的，涵盖期刊，会议纪要、论文、学术成果、学术会议论文的大型网络数据库。也是和中国知网齐名的中国专业的学术数据库。其主页如图 7-101 所示。

图 7-101　万方数据主页

万方期刊：集纳了理、工、农、医、人文五大类 70 多个类目共 4 529 种科技类期刊全文。

万方会议论文：《中国学术会议论文全文数据库》是国内唯一的学术会议文献全文数据库，主要收录 1998 年以来国家级学会、协会、研究会组织召开的全国性学术会议论文，数据范围覆盖自然科学、工程技术、农林、医学等领域，是了解国内学术动态必不可少的帮手。

万方主页：提供学术论文、期刊检索、会议检索、外文文献检索、专利检索、标准检索、成果检索、图书检索、法规检索、机构检索、专家检索等内容。

习题

习题答案：
第 7 章

一、简答题

1. 建立邮件账户主要经过哪些步骤？

2. 和个人邮箱相比，企业邮箱有哪些优点？

3. 腾讯 QQ 有哪些功能？

4. 简述邮件列表、网络新闻组和网络论坛的区别与联系。

5. 什么是 CMS？

6. 什么是虚拟主机服务？有哪些特点？

7. 什么是服务器托管服务？有哪些特点？

8. 电子商务有哪些类型？

9. 网上开店要经过哪些步骤？

10. 电子政务包括哪些内容？

11. 简述网络搜索中可以使用哪些符号以及这些符号的含义。

12. 网络搜索有哪些技巧？

13. 国内科技文献数据库提供商主要有哪些？

二、操作题

1. 用 QQ 在同学间互相传输一个文件。

2. 到当当网或京东进行一次购物体验。

3. 打开一个搜索引擎，如百度，并进行搜索练习。

4. 到万方数据搜索一篇文章。

第8章　计算机网络安全

　　计算机网络的开放和共享给人们的信息交流带来方便，但是，开放与安全、共享与保密是天生的一对矛盾，如何在开放的情况下确保主机和信息的安全？使其不受人为的攻击和病毒的攻击？如何在开放的网络中保证传输的信息不被别人所窃取？随着网络应用范围日益扩大，这个问题越来越受到人们的重视，也成为网络用户最为担心的一个问题，从应用角度看，安全问题已经成为阻碍网络应用向纵深发展的瓶颈。本章讨论网络安全问题，首先给出网络安全的定义，然后分析影响网络安全的因素，重点介绍几种网络安全技术，包括数据加密技术、数字证书与身份认证技术、防火墙技术、虚拟专用网技术等。

电子教案：
第8章

8.1　网络安全概述

8.1.1　网络安全的概念

网络安全是指网络系统的硬件、软件及其系统中的数据受到保护，不受偶然的或者恶意的原因而遭到破坏、更改、泄露，系统连续、可靠、正常地运行，网络服务不中断。

网络安全主要有两个方面的安全，一是网络系统自身的安全，二是信息的安全，具体地说，网络安全的含义如下。

① 运行系统的安全：即保证信息处理和传输系统的安全。

② 信息存储的安全：指在数据存储过程中不被别人窃取。

③ 信息传播的安全：即信息传播过程中不被别人窃取。

④ 信息内容的安全：即信息在传输过程中不被别人篡改。

8.1.2　网络面临的威胁与对应措施

要解决网络安全问题首先要了解威胁网络安全的要素，然后才能采取必要的应对措施。网络安全的主要威胁来自以下方面。

（1）网络攻击

拓展阅读 8-1：
网络攻击

网络攻击就是攻击者恶意的向被攻击对象发送数据包，导致被攻击对象不能正常地提供服务的行为。网络攻击分为服务攻击与非服务攻击。

服务攻击就是直接攻击网络服务器，造成服务器"拒绝"提供服务，使正常的访问者不能访问该服务器。

拓展阅读 8-2：
网络攻击常用
手段

非服务攻击则是攻击网络通信设备，如路由器、交换机等，使其工作严重阻塞或瘫痪，导致一个局域网或几个子网不能正常工作。

阻止网络攻击的主要对策是通过安装防火墙，防火墙可以过滤不安全的服务，从而降低风险。由于只有经过精心选择的应用协议才能通过防火墙，所以使网络环境变得更安全。

（2）网络安全漏洞

网络是由计算机硬件和软件以及通信设备、通信协议等组成的，各种硬件和软件都存在不同程度漏洞，这些漏洞可能是由于设计时的疏忽导致的，也可能是设计者处于某种目的而预留的，例如，TCP/IP 在开发时主要考虑的是开放、共享，在安全方面考虑很少。网络攻击者就研究这些漏洞，并通过这些漏洞对网络实施攻击。

这就要求网络管理者必须主动了解这些网络中硬件和软件的漏洞，并主动的采取措施，打好"补丁"。

（3）信息泄露

网络中的信息安全问题包括信息存储安全与信息传输安全。

信息存储安全问题是指静态存储在联网计算机中的信息可能会被未授权的网络用户非法使用；信息传输安全问题是信息在网络传输的过程中可能被泄露、伪造、丢失和篡改。

保证信息安全的主要技术是数据加密解密技术，将数据进行加密存储或加密传输，这样即使非法用户获取了信息，也不能读懂信息的内容，只有掌握密钥的合法用户才能解密数据利用信息。

（4）网络病毒

网络病毒是指通过网络传播的病毒，网络病毒的危害是十分严重的，其速度传播非常快，而且一旦染毒清除困难。

网络防毒一方面要使用各种防毒技术，如安装防病毒软件、加装防火墙；另一方面也要加强对用户的管理。

（5）来自网络内部的安全问题

主要指网络内部用户有意无意做出危害网络安全的行为，如泄露管理员口令；违反安全规定、绕过防火墙与外部网络连接；越权查看、修改、删除系统文件和数据等危害网络安全的行为。

解决方法应从两个方面入手，一是在技术上采取措施，如专机专用，对重要的资源加密存储、身份认证、设置访问权限等，另一方面要完善网络管理制度。

不管采用了哪些安全措施，网络的故障都是难免的，一旦发生故障后果将是灾难性的，因此，要及时地做好重要数据的备份，以便在出现故障时，通过备份恢复数据。

8.2 数据加密技术及其应用

8.2.1 数据加密的概念

1. 数据加密基本概念

加密就是将信息通过一定的算法转换成不可读的形式，加密前的数据叫明文，加密后的数据叫密文，用于实现加密的算法叫加密算法，算法中使用的参数叫加密密钥，用于将密文转换成明文的算法称为解密算法，算法中使用的参数叫解密密钥。加密解密模型如图 8-1 所示。

图 8-1 数据加密解密模型

2. 密钥及其作用

加密算法和解密算法的操作通常都是在一组密钥控制下进行的。密码体制是指一个系统所采用的基本工作方式以及它的两个基本构成要素，即算法和密钥。

加密算法不可能是经常变化的，是相对稳定的，而密钥可以视为加密算法中的可变参数。从数学的角度来看，改变了密钥，实际上也就改变了明文与密文之间等价的数学函数关系。在这种意义上，可以把加密算法视为常量，即运算法则是基本不变的，而密钥则是一个变量，每次加密可以使用不同的密钥。可以事先约好，发送每一个新的信息都改变一次密钥，或者是定期更换密钥。加密算法实际上很难做到绝对保密，因此现代密码学的一个基本原则是一切秘密寓于密钥之中。

在一个加密系统中，加密算法是可以公开的，真正需要保密的是密钥，而密钥只能由通信双方来掌握。如果在网络传输过程中，传输的是经过加密处理后的数据信息，那么即使有人窃取了这样的数据信息，由于不知道相应的密钥，也很难将密文还原成明文，从而可以保证信息在传输与储存中的安全。

对于同一种加密算法，密钥的位数越长，破译的困难也就越大，安全性也就越好。

3. 加密通信的过程

假设用户 A 想用密文和用户 B 通信，那么，用户 A 可以先生成一个密钥，或者双方通过秘密途径协商一个密钥，然后将发送的数据用这个密钥按照一定的算法加密，生成一个密文，然后，将密文通过网络传输给用户 B，同时，也要将密钥通过秘密的途径传送给用户 B，用户 B 收到密钥和密文后，用密钥和解密算法解密密文，从而实现了密文通信。在这个过程中，如果有窃听者也收到了用户 A 给用户 B 的密文，但是，由于他不掌握密钥，所以不能理解密文的真正含义。

8.2.2　数据加密方法

加密技术分为两类，即对称加密和非对称加密。如果密码体制所用的加密密钥和解密密钥相同或由一个密钥能够推导出另一个密钥，称为对称密码体制。如果加密密钥和解密密钥不相同，则称为非对称密码体制。

1. 对称加密

对称加密即信息的发送方和接收方用同一个密钥去加密和解密数据。它的最大优势是加/解密速度快，适合于对大数据量进行加密，但密钥管理困难，如果第三方获取密钥就会造成失密。如果进行通信的双方能够确保专用密钥在密钥交换阶段未曾泄露，那么就可以保证数据传输的机密性，如果发送方在发送数据的同时，随报文一起发送报文摘要或报文散列值则接收方用同样的算法就可以验证报文的完整性。

对称加密的机密性强，而且密钥长度越长，加密的强度越强，但是需要一个安全的渠道来传输密钥，一旦密钥失窃，就无机密可言。对称密钥的代表是数据加密标准 DES，它是将明文经过一系列分段、乘积、迭代后得到密文，其加密和解密采用同一密钥。

对称加密的特点如下。

① 加密密钥和解密密钥相同，用什么密钥加密就用什么密钥解密。

② 加密速度快，抗破译性强。

③ 可以多次使用 DES 对文件重复加密。

④ 密钥使用一定时间就得更换，每次起用新密钥时均需要经过秘密渠道将密钥传递给对方。

⑤ 密钥量大，与 N 个人通信要保存 N 个密钥，N 个人彼此通信，密钥量将达到 $N(N-1)/2$ 个密钥。

⑥ 无法满足不相识的人进行私人谈话的保密要求。

⑦ 不能解决数字签名、身份验证问题。

2. 非对称加密

非对称加密又称公钥加密，使用一对密钥来分别完成加密和解密操作，用一个密钥加密，则用加密的密钥不能解密，只能用另一个密钥解密。两个密钥中一个叫公钥，可以像电话簿一样公开发布，另一个叫私钥，由用户自己秘密保存。根据加密密钥不可能推出解密密钥，也不可能解密密文。典型非对称密钥密码体制是 RSA。

使用非对称密钥加密传输数据的过程如下。

① 通信双方各自先生成一对密钥，公钥送给传送给另一方，私钥自己保存。

② 发送方用接收方的公开密钥对信息加密，传送给接收方。

③ 接收方用自己的私有密钥对文件进行解密得到文件的明文。

非对称密钥的特点如下。

① 密钥分配简单，公开密钥可以向电话簿一样分发给用户。

② 密钥保存数量少，N 个成员相互通信，只需 N 个密钥。

③ 互不相识的人可以进行保密通信。

④ 可以实现数据传输的机密性、数字签名、身份验证、防抵赖、防伪造，通过与对称加密相结合也可以验证数据完整性。

8.2.3　数字摘要

在电子商务类的应用中，为了实现身份的认证性、鉴别数据完整性和防止抵赖，人们在信息加密技术的基础上，使用非对称数据加密技术，实现了数字摘要（数字指纹）、数字签名、数字时间戳等技术，用这些技术代替现实生活中的常用的个人手写与印章签名、纸质防伪、身份证或营业证书。

1. 数字摘要技术

数字摘要（digital digest）是一种对传输的数据进行某种散列运算得到固定比特的摘要值，该摘要比较短，它与原始信息报文之间有一一对应的关系。也就是说，每个信息报文按照某种散列运算都会产生一个特定的数字摘要，就像每个人都有自己独特的指纹一样，所以，数字摘要又称数字指纹或数字手印（digital thumbprint）。依据这个"指纹"，接收方可以验证数据在传输过程中是否被篡改，就像人类可以通过指纹来确定某人的真实身份一样。数字摘要技术是检验数据完整性的一个有效手段。

数字摘要是由哈希（Hash）算法计算得到的，所以也称哈希值。哈希算法是一个单向的不可逆的数学算法，信息报文经此算法处理后，会产生数字摘要，但不可能由此数字摘要再用任何办法或算法来还原原来的信息报文，这样就保护了信息报文的机密性。

2. 用数字摘要验证数据完整性

通信双方先约定一种哈希算法，发送方将发送的数据经哈希算法处理后，得到数字摘要，将这个摘要和原始报文一起发送给接收者，接收者收到数据和摘要后，用同样的哈希算法对报文进行运算，也算出一个摘要，然后和收到的摘要做比较，若结果相同就说明数据传输过程中没有被篡改，或者说数据是完整的。

8.2.4 数字签名技术

在生活中人们用笔签名或盖章，这个手工的签名或印章的作用是：文件中所约束的内容是签名者认可的，是真实而不是伪造的，具有法律效力；在网络中传输文件时可以使用类似手工签名功能的数字签名。

1. 数字签名的定义

所谓数字签名（digital signature），也称为电子签名，指在利用电子信息加密技术实现在网络传送信息报文时，附加一个特殊的唯一代表发送者个人身份的标记，起到传统手书签名或印章的作用，表示确认、负责、经手、真实等。或者说，数字签名就是在发送的信息报文上附加一小段只有信息发送者才能产生而别人无法伪造的特殊个人数据标记（数字标签），而且这个特殊的个人数据标记是原信息报文数据加密转换生成的，用来证明信息报文是由发送者发来的。

数字签名技术从原理上说是利用了公开密钥加密算法和数字摘要技术，主要是为了解决电子文件或信息报文在通过网络传送后的可能产生的否认与真实性问题。

2. 带数字签名的数据传输过程

带数字签名的数据传输过程如图 8-2 所示。其传输过程如下所述。

① 发送方借助数字摘要技术，使用公开的单向 Hash 函数（如 SHA1）对报文 M 进行数学变换，得到报文的数字摘要 A。

② 发送方用自己的私有密钥对数字摘要 A 进行加密，得到一组加密的比特串，由于私有密钥只有自己才有，所以把这个加密的比特串叫作数字签名。

③ 发送方把产生的数字签名附在信息报文 M 之后，用接收方的公钥对数据进行加密，然后通过网络发给接收方。

④ 接收方收到加密的数字签名和信息报文。

⑤ 接收方利用自己的私有密钥进行解密，得到数字签名 A 和数据报文 M。

⑥ 接收方用发送方的公钥解密数字签名得到发送方的消息摘要 A，同时也证明了发送方的身份，发送方不能抵赖（因为公钥私钥对是权威机构发放的，公钥是众所周知的）。

⑦ 接收方再将得到的报文 M 用与发送方一样的单向 Hash 函数进行数学变换，产生数字摘要 A′。

⑧ 接收方将数字摘要 A 与数字摘要 A′进行比较，如果相同，说明报文 M 在传输过程中没有被篡改。

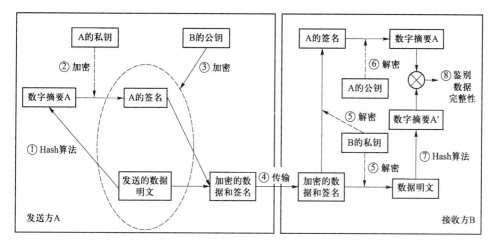

图 8-2　带数字签名的数据传输过程

3. 电子签名法

2004 年 8 月 28 日，全国人大通过了《电子签名法》，《电子签名法》中明确规定：电子签名是指数据电文中以电子形式所含、所附用于识别签名人身份并表明签名人认可其中内容的数据。而数据电文是指以电子、光学、磁或者类似手段生成、发送、接收或者储存的信息。

拓展阅读 8-3：
电子签名法

这部法律规定：可靠的电子签名与手写签名或者盖章具有同等的法律效力，届时消费者可用手写签名、公章的"电子版"秘密代号、密码或指纹、声音、视网膜结构等安全地在网上"付钱"、"交易"及"转账"。

8.2.5　数字证书

数字证书用于在 Internet 上验证对方的身份，它由权威机构发放（认证中心）和认证。

1. 数字证书的概念和类型

数字证书是由权威机构——CA 证书授权（certificate authority）中心发行的，能提供在 Internet 上进行身份验证的一种权威性电子文档，它捆绑了个人或企业的真实身份，使人们可以在互联网交往中用它来证明自己的身份和识别对方的身份。

数字证书就像生活中的身份证或企业的营业执照，不同之处是身份证和营业执照是全国统一发放统一认证的，而许多认证机构都可以颁发数字证书，数字证书只在局部范围代表自己的身份，使用数字证书前，需要向权威机构申请，这个权威机构可大可小，证书的认证只能由签发机构认证。目前数字证书有个人数字证书、企业数字证书、代码签名数字证书和服务器数字证书。

2. 数字证书的内容

数字证书的格式必须包括以下内容。

① 证书的版本号，相当于身份证的第一代、第二代；

② 数字证书的序列号，相当于身份证上的身份证号；

③ 证书拥有者的姓名，相当于身份证上的姓名；

④ 证书拥有者的公开密钥，在申请数字证书时，权威机构会随机产生公钥私钥对，使用户通过该对密钥进行加密数据传输，私钥自己保留，公钥会随自己发送的信息送给接收方，对方可以利用此公钥用密文与自己通信；

⑤ 公开密钥的有效期，为了保证密钥的安全性，密钥一般经过一段时间就需要更换，该有效期确定此公钥/私钥的使用期限；

⑥ 签名算法，就是进行数字签名时使用的加密算法；

⑦ 办理数字证书的单位，相当于身份证中的发证机构；

⑧ 办理数字证书单位的数字签名，相当于身份证中发证机构盖章。

3. 数字证书的使用

（1）数字证书的申请

用户要携带有关证件到各地的证书受理点，或者直接到证书发放机构即 CA 中心填写申请表并进行身份审核，审核通过后交纳一定费用就可以得到装有证书的相关介质（磁盘或 Key）和一个写有密码口令的密码信封。

（2）数字证书的使用

用户在进行需要使用证书的网上操作时，必须先准备好装有证书的存储介质。如果用户是在自己的计算机上进行操作，操作前必须先安装 CA 根证书。一般所访问的系统如果需要使用数字证书会自动弹出提示框要求安装根证书，用户直接选择确认即可；当然也可以直接登录 CA 中心的网站，下载安装根证书。操作时，一般系统会自动提示用户出示数字证书或者插入证书介质（IC 卡或 key），用户插入证书介质后系统将要求用户输入密码口令，此时用户需要输入申请证书时获得的密码信封中的密码，密码验证正确后系统将自动调用数字证书进行相关操作。使用后，用户应记住取出证书介质，并妥善保管。当然，根据不同系统数字证书会有不同的使用方式，但系统一般会有明确提示，用户使用起来都较为方便。

数字证书一般是与业务信息内容一起发送的，信息接收方在网上收到发送方发来的务信息的同时，还收到发送方的数字证书。通过对数字证书的验证，可以确认发送方的真实身份。同时，数字证书中还包含发送方的公开密钥。借助证书上数字摘要验证，确信收到的公开密钥肯定是发送方的，就可以利用这个公开密钥，完成数据传送中的加/解密工作。

8.2.6　身份认证

1. 身份认证的概念

身份认证技术用于在计算机网络中确认操作者身份。计算机网络世界中一切信息包括用户的身份信息都是用一组特定的数据来表示的，计算机只能识别用户的数字身份，所有对用户的授权也是针对用户数字身份的授权。

那么，如何保证以数字身份进行操作的操作者就是这个数字身份合法拥有者，也就是说保证操作者的物理身份与数字身份相对应，是一个至关重要的问题，身份认证技术就是为了解决这个问题而产生的。

2. 身份认证方法

在真实世界，对用户的身份认证基本方法可以分为这三种。

① 根据用户所知道的信息来证明用户的身份；如个人掌握的口令、密码等。

② 根据用户所拥有的东西来证明用户的身份；如个人的身份证、护照、钥匙、驾驶证等。

③ 直接根据用户独一无二的身体特征来证明用户的身份；比如人的指纹、声音、视网膜、笔迹、血型、面貌等。

在网络世界中身份真认证手段与真实世界中一致，有时为了达到更高的身份认证安全性，会将上面 3 种挑选 2 种混合使用，即所谓的双因素认证。

以下罗列几种常见的认证形式。

（1）静态密码

在网络登录时输入正确的密码，计算机就认为操作者就是合法用户。这种方法简单，但是容易被猜测、截取或泄漏。

（2）智能卡

智能卡（IC 卡）是一种内置集成电路的芯片，芯片中存有与用户身份相关的数据，智能卡由专门的厂商通过专门的设备生产，是不可复制的硬件。智能卡由合法用户随身携带，登录时必须将智能卡插入专用的读卡器读取其中的信息，以验证用户的身份。但是每次从智能卡中读取的数据都是静态的，通过内存扫描或网络监听等技术还是很容易截取到用户的身份验证信息，因此还是存在安全隐患。

（3）短信密码

是一种动态密码，登录时身份认证系统以短信形式发送随机的 6 位密码到客户的手机上。客户在登录或者交易认证时输入此动态密码，从而确保系统身份认证的安全性，但比较麻烦。

（4）动态口令牌

目前最为安全的身份认证方式，也是一种动态密码。动态口令牌是客户手持用来生成动态密码的终端，主流的是基于时间同步方式的，每 60 秒变换一次动态口令，口令一次有效，它产生 6 位动态数字进行一次一密的方式认证。由于它使用起来非常便捷，85% 以上的世界 500 强企业运用它保护登录安全，广泛应用在 VPN、网上银行、电子政务、电子商务等领域。

（5）USB Key

基于 USB Key 的身份认证方式采用软硬件相结合、一次一密的强双因子认证模式，很好地解决了安全性与易用性之间的矛盾。USB Key 是一种 USB 接口的硬件设备，它内置单片机或智能卡芯片，可以存储用户的密钥或数字证书，利用 USB Key 内置的密码算法实现对用户身份的认证。目前运用在电子政务、网上银行中。

（6）数字签名

数字签名又称电子加密，可以区分真实数据与伪造、被篡改过的数据。数字签名利用发送方的公钥对传输数据的真实性进行验证。

（7）生物识别技术

通过可测量的身体或行为等生物特征进行身份认证的一种技术。生物特征分为身体特征和行为特征两类。身体特征包括：指纹、掌形、视网膜、虹膜、人体气味、脸形、手的血管和 DNA 等；行为特征包括：签名、语音、行走步态等。生物识别技术是最前沿的身份识别技术，因为一个人的特征是无法模仿和复制的，而且这些特征是"随身携带"的。

8.3 防火墙技术及其应用

8.3.1 防火墙的概念

1. 防火墙的概念

防火墙的概念起源于中世纪的城堡防卫系统，那时人们为了城堡的安全，在城堡的周围挖一条护城河，每一个进入城堡的人都要经过吊桥，并且还要接受城门守卫的检查。人们借鉴了这种防护思想，设计了一种网络安全防护系统，这种系统被称为防火墙。

"防火墙"是一种计算机硬件和软件的组合，是在网络之间执行安全策略的系统，它布置在内部网络与外部网络之间，通过检查所有进出内部网络的数据包，分析数据包的合法性，判断是否会对网络安全构成威胁，在外部网与内部网之间建立起一个安全屏障，从而保护内部网免受非法用户的侵入，其结构如图 8-3 所示。

图 8-3 防火墙的位置

防火墙的主要功能包括以下方面。

① 检查所有从外部网络送入内部网络的数据包；
② 检查所有从内部网络流出到外部网络的数据包；
③ 执行安全策略，限制所有不符合安全策略要求的数据包通过；
④ 具有防攻击能力，保证自身的安全性；
⑤ 记录通过防火墙的信息内容和活动。

2. 防火墙实现技术

防火墙实现技术一般分为以下两类。

（1）网络级防火墙

主要是用来防止内部网络出现外来非法入侵。属于这类的技术有分组过滤路由器和授权服务器。前者检查所有流入内部网络的数据包，然后将不符合事先制定好的准则的数据包拒绝在防火墙之外，而后者则是检查用户的登录是否合法。

（2）应用级防火墙

从限制用户对应用程序的访问来进行接入控制。通常使用应用网关或代理服务器来区分各种应用。例如，可以只允许访问内部网络的 WWW 服务器的数据包通过，而阻止访问 FTP 应用的数据包通过。

8.3.2 数据包过滤型防火墙

1. 数据包过滤路由器

这种防火墙实现在路由器上，在路由器上运行防火墙软件，对通过的 IP 分组，检查他们的 IP 分组头，检查内容可以是报文类型、源 IP 地址、目的 IP 地址、源端口号、目的端口号等，再根据事先确定好的规则，决定哪些分组允许通过，哪些分组禁止通过。

其基本原理如下。

（1）设置分组过滤规则

在路由器上先设置分组过滤规则，该规则可以用源 IP 地址、目的 IP 地址、源端口、目的端口、协议类型等参数，根据数据包进出方向来设置是允许通过还是阻止通过；设置规则时可以使用两种默认安全策略：一种是授权策略，凡是过滤规则表中没有被列出的服务都是被允许的；一种是阻止策略，凡是分组过滤规则表中没有被列出的服务都是被禁止的，对于安全性要求高的网络应该执行阻止策略。

（2）检查通过路由器的分组

当有 IP 分组进出数据包过滤路由器时，路由器从数据包中提取相关参数，如 IP 地址、端口号、协议类型等，然后对照规则表中的规则逐条检查，符合转发规则的分组可以通过，符合阻止规则的分组将被丢弃。如果即不符合转发规则，也不符合阻止规则的就执行默认规则。数据包过滤型防火墙的原理如图 8-4 所示。

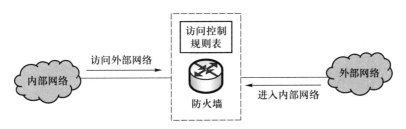

图 8-4　数据包过滤型防火墙的原理

规则是按顺序执行的，如果符合了列在前面的某项规则，检查工作就停止，后面的规则就不会得到执行，正因为如此，在设置访问控制规则时，规则的次序非常重要，如果次序安排不当，可能会使某些规则的功能丧失。例如：规则 1：阻止 IP 地址 135.201.12.100 的主机访问内部网络；规则 2：允许所有的主机访问内部网络的 WWW 服务器。如果先执行规则 1，再执行规则 2，就可以阻止主机 135.201.12.100 对内部网络的一切访问，反之，先执行规则 2 后执行规则 1，规则 1 就失去了意义。

2. 数据包过滤规则举例

某内部网络拟执行如下安全策略：设内部网络有 WWW 服务器，其 IP 地址是 202.112.16.2，TCP 端口 80，该服务器允许所有外部用户访问；内部网有电子邮件服务器，其 IP 地址 202.112.16.3，TCP 端口 25，允许 IP 地址为 60.1.1.2 的外部用户访问，阻止主机 ABC 进入内部网络；默认规则：阻止。根据上述安全策略，可以建立以下过滤规则。

规则 1：阻止主机 ABC 访问内部主机；

规则 2：允许 IP 地址为 60.1.1.2 的主机用户访问内部网络的邮件服务器；

规则 3：允许内部网络用户访问外部网络的 WWW 和电子邮件服务器；

规则 4：允许外部网络用户访问内部 WWW 服务器；

默认规则：阻止一切访问。

根据上述规则，配置访问控制规则表如表 8-1 所示。

表 8-1　访问控制规则表

规则号	方向	动作	源主机地址	源端口	目的主机地址	目的端口	协议
1	进入	阻止	ABC	*	*	*	*
2	进入	允许	60.1.1.2	*	202.112.16.3	25	TCP
3	输出	允许	*	*	*	80	TCP
4	输出	允许	*	*	*	25	TCP
5	进入	允许	*	*	202.112.16.2	80	TCP
6	进入	阻止	*	*	*	*	*
7	输出	阻止	*	*	*	*	*

3. 数据包过滤型防火墙的特点

① 允许外部网络与内部网络之间直接交换数据包。

② 网络安全性依赖于"地址过滤"，非常脆弱。

③ 不能甄别非法用户，利用 IP 地址欺骗等手段可以突破防火墙。

④ 访问控制规则容易配错。

8.3.3　应用级网关

应用级网关在被保护网络的主机与外部主机之间过滤和传递数据，防止内部网络主机与外部主机间直接建立联系。应用级网关可以记录并控制所有的进出通信，并对 Internet 的访问做到内容级的过滤；应用级网关对过往的通信具有登记、日志、统计和报告功能和审计功能；还可以在应用层上实现对用户身份认证和访问控制。

应用级网关通常是在特殊的主机上安装软件来实现的，这个主机通常要有两个网络接口，一个连接内部网，一个连接外部网，这种主机又叫双宿主主机。

应用级网关有两种类型，一种叫电路型网关，一种是代理服务器型网关。

1. 电路型网关

电路型网关可以在应用层过滤进出内部网络特定服务的用户请求与响应，它在应用层"转发"合法的应用请求，丢弃非法请求的数据包。如果应用型网关认为用户身份与服务请求、响应是合法的，它就会将服务请求与响应转发到相应的服务器或主机；如果应用型网关认为服务请求与响应是非法的，它就将拒绝用户的服务请求，丢弃相应的包，并且向网络管理员报警。对于外部客户来说，电路型网关就是服务器，对内部受保护的主机说，电路型网关就是客户。电路型网关安全性高，但是它不能检查应用层的数据包以消除对应用层的攻击。电路型防火墙的原理如图 8-5 所示。

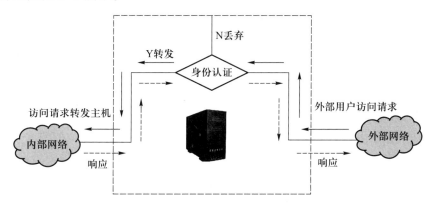

图 8-5 电路型防火墙

2. 代理服务器

代理服务器作用在应用层，也是一台双宿主主机，在代理服务器上运行应用服务代理程序模块，提供应用层服务的控制，代理服务器上运行了哪种应用代理，就可以提供相应的代理服务，对于不支持的服务就不提供相应的代理。代理服务器完全接管了用户与服务器的访问，隔离了用户主机与被访问服务器之间的数据包的交换通道，当外部用户向受保护网络的主机提出访问请求时，由应用代理代替外部用户访问内部主机，然后将访问的结果转发给外部用户。例如，当外部网络主机用户希望访问内部网络的 WWW 服务器时，代理服务器截获用户的服务请求，如果检查后确定为合法用户，允许访问该服务器，那么应用代理将代替该用户与内部网络的 WWW 服务器建立连接，完成用户所需要的操作，然后再将检索的结果回送给请求服务的用户，如图 8-6 所示。对于外部网络的用户来说，它好像是"直接"访问了该服务器，而实际访问服务器的是应用代理。应用代理应该是双向的，它既可以作为外部网络主机用户访问内部网络服务器的代理，也可以作为内部网络主机用户访问外部网络服务器的代理。代理服务器一般都具有日志记录功能。日志中记录了网络上所发生的事件，管理员可以根据日志监控可疑的行为并做相应的处理。

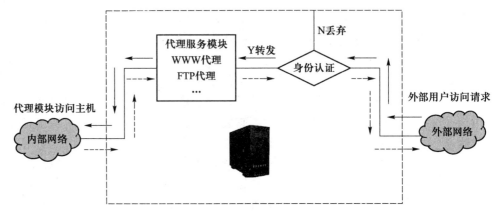

图 8-6　代理服务型防火墙

8.3.4　防火墙的实现

简单的数据包过滤路由器、电路型网关和代理服务型网关可以作为防火墙使用，但是它们各有自己的优势和劣势，在实际应用中常根据内部网络安全策略与防护目的的不同，将几种防火墙技术结合起来使用。下面介绍几种常见的防火墙结构。

1. S-B1 防火墙

这种防火墙由一个数据包过滤路由器和一个应用级网关组成，如图 8-7 所示。这种防火墙当有外部用户访问访问内部主机时，访问请求数据包先交给数据包过滤路由器，数据包过滤路由器检查其源 IP 地址、源端口、目的 IP 地址、目的端口等信息，对照事先设置好的访问控制规则表，如果不允许通过就丢弃，如果允许通过将数据包转发给应用级网关，由应用级网关进行身份验证，如果身份合法，就将访问请求发送到内部网络的服务器或用应用代理访问内部服务器；同样，如果内部用户要访问外部网络也要经过应用网关和数据包过滤路由器的审查。

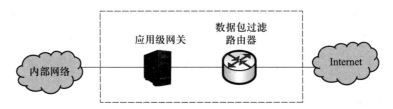

图 8-7　S-B1 防火墙

2. S-B1-S-B1 型防火墙

对于内部网络安全性要求更高的网络可以在 S-B1 防火墙的基础上，在内部网络再增加一级 S-B1 防火墙，为了对外提供服务，将企业对外部网络用户提供服务的服务器置于两级防火墙之间，将企业内部使用的安全性要求高的服务器置于内部子网；这样，在内部路由器和外部路由器之间形成一个子网，人们称之为过滤子网或屏蔽子网，如图 8-8 所示。

在这种结构的防火墙保护之下，外部用户访问内部网络需要经过两级过滤路由器和应用型网关的审查，安全性大大提高。

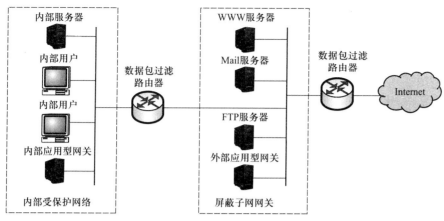

图 8-8　S-B1-S-B1 防火墙

8.4　虚拟专用网

8.4.1　虚拟专用网的概念

1. VPN 的概念

虚拟专用网 VPN 是 Virtual Private Network 的缩写，是将物理分布在不同地点的网络通过公用骨干网，尤其是 Internet 连接而成的逻辑上的虚拟子网。为了保障信息的安全，VPN 技术采用了鉴别、访问控制、保密性、完整性等措施，以防止信息被泄露、篡改和复制。

虚拟专用网是针对传统的企业"专用网络"而言的。传统的专用网络往往需要建立自己的物理专用线路，使用昂贵的长途拨号以及长途专线服务；而 VPN 则是利用公共网络资源和设备建立一个逻辑上的专用通道，尽管没有自己的专用线路，但是这个逻辑上的专用通道却可以提供和专用网络同样的功能。换言之，VPN 虽然不是物理上真正的专用网络，但却能够实现物理专用网络的功能。VPN 是被特定企业或用户私有的，并不是任何公共网络上的用户都能够使用已经建立的 VPN 通道，而是只有经过授权的用户才可以使用。在该通道内传输的数据经过了加密和认证，使得通信内容既不能被第三者修改，又无法被第三者破解，从而保证了传输内容的完整性和机密性。因此，只有特定的企业和用户群体才能够利用该通道进行安全的通信。

2. VPN 的特点

（1）降低成本

VPN 是利用了现有的 Internet 或其他公共网络的基础设施为用户创建安全隧道，不需要使用专门的线路，如 DDN 和 PSTN，这样就节省了专门线路的租金。在专线模式下，采用远程拨号进入内部网络，访问内部资源，需要支付长途话费；而采用 VPN 技术，只需拨入当地的 ISP 就可以安全地接入内部网络，这样也节省了线路话费。

（2）易于扩展

如果采用专线连接，实施起来比较困难，当企业不同的地域扩展其业务部门或内部网络节点增多时，网络结构趋于复杂，费用昂贵。如果采用 VPN，只是在节点处架设 VPN 设备，就可以利用 Internet 建立安全连接，如果有新的内部网络想加入安全连接，只需添加一台 VPN 设备，改变相关配置即可。

（3）保证安全

VPN 技术利用可靠的加密认证技术，在内部网络之间建立隧道，能够保证通信数据的机密性和完整性，保证信息不被泄露或暴露给未授权的实体，保证信息不被未授权的实体改变、删除或替代。

3. VPN 技术

VPN 的关键技术是安全技术，VPN 采用了加密、认证、存取控制、数据完整性鉴别等措施，相当于在各 VPN 设备间形成一些跨越 Internet 的虚拟通道——隧道，使得敏感信息只有预定的接收者才能读懂，实现信息的安全传输，使信息不被泄露、篡改和复制。

目前 VPN 主要采用 4 项技术来保证安全，这 4 项技术分别是隧道技术（tunneling）、加解密技术（encryption & decryption）、密钥管理技术（key management）、使用者与设备身份认证技术（authentication）。

（1）隧道技术

是 VPN 的基本技术，类似于点对点连接技术，它在公用网建立一条数据通道（隧道），让数据包通过这条隧道传输，如图 8-9 所示。隧道是由隧道协议形成的，分为第二、三层隧道协议。第二层隧道协议是先把各种网络协议封装到 PPP 中，再把整个数据包装入隧道协议中。这种双层封装方法形成的数据包靠第二层协议进行传输。第二层隧道协议有 L2F、PPTP、L2TP 等。L2TP 协议是目前 IETF 的标准，由 IETF 融合 PPTP 与 L2F 而形成。

第三层隧道协议是把各种网络协议直接装入隧道协议中，形成的数据包依靠第三层协议进行传输。第三层隧道协议有 VTP、IPSec 等。

图 8-9　利用公共网络开凿隧道

（2）加解密与密钥管理技术

加密技术分为对称加密和非对称加密，两种方法在 VPN 中都有使用，在双方大量通信时采用对称加密算法，而在管理、分发密钥环节则采用非对称加密技术。

（3）密钥管理技术

主要任务是如何在公用数据网上安全地传递密钥而不被窃取。现行密钥管理技术又分为 SKIP 与 ISAKMP/OAKLEY 两种。SKIP 主要是利用 Diffie – Hellman 的演算法则,在网络上传输密钥;在 ISAKMP 中,双方都有两把密钥,分别用于公用、私用。

(4) 身份认证技术

最常用的是使用者名称与密码或卡片式认证等方式。

4. VPN 工作过程

VPN 的基本处理过程如下。

① 要保护的主机发送明文信息到其 VPN 设备;

② VPN 设备根据网络管理员设置的规则,确定是对数据进行加密还是直接传送;

③ 对需要加密的数据,VPN 设备将其整个数据包(包括要传送的数据、源 IP 地址和目的 IP 地址)进行加密并附上数字签名,加上新的数据报头(包括目的地 VPN 设备需要的安全信息和一些初始化参数),重新封装;

④ 将封装后的数据包通过隧道在公共网上传送;

⑤ 数据包到达目的 VPN 设备,将数据包解封,核对数字签名无误后,对数据包解密。

8.4.2 设置 VPN 客户端

要使用 VPN 需要在 VPN 客户机上创建一个 VPN 连接。创建步骤如下。

实验案例 8-1: 配置 VPN 客户端

① 在 Windows 7 客户机上依次单击"开始"→"控制面板"→"网络和共享中心"。

② 在图 8-10"网络共享中心"中单击"设置新的连接或网络"命令。

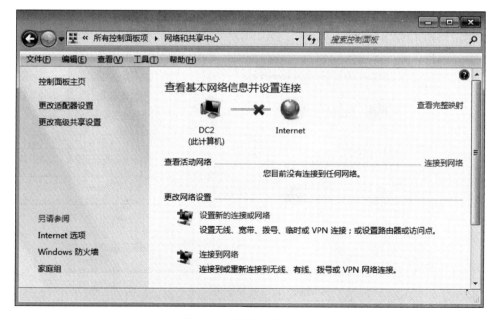

图 8-10 网络和共享中心

③ 在图 8-11 "设置连接或网络" 窗口中选择 "连接到工作区" 选项，单击 "下一步" 按钮。

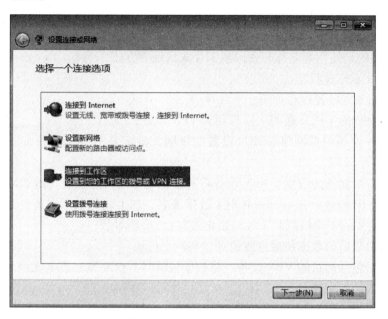

图 8-11　设置连接或网络

④ 在图 8-12 "连接到工作区" 窗口中单击 "使用我的 Internet 连接（VPN）" 命令。

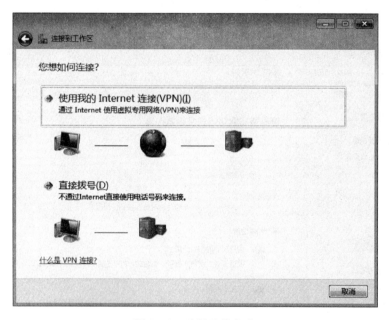

图 8-12　选择连接方式

⑤ 接下来，当客户端当前没有连接 Internet 的话，会询问是否设置 Internet 连接，在图 8-13 中选择 "我将稍后再设置 Internet 连接" 选项。

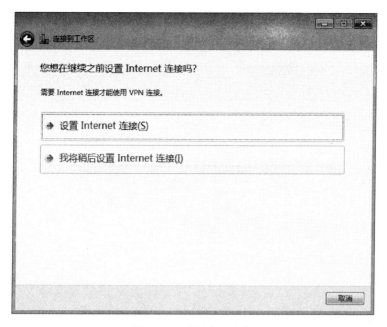

图 8-13 选择稍后连接

⑥ 在图 8-14 "键入要连接的 Internet 地址" 中的 "Internet 地址" 右侧输入 VPN 服务器外网地址, 如: 172.16.4.1, 同时选择 "现在不连接, 仅进行设置以便稍后再连接", 单击 "下一步" 按钮。

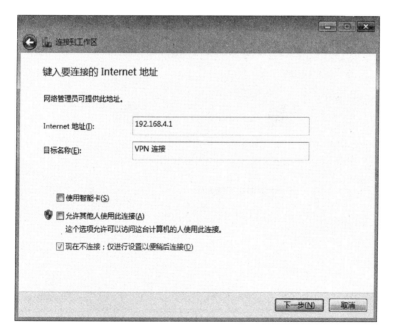

图 8-14 输入 VPN 服务器的 IP 地址

⑦ 在图 8-15 "输入您的用户名和密码" 中, 输入用来连接 VPN 服务器的用户名和密码 (该用户名和密码由 VPN 服务提供方的网络管理员创建), 在域

中输入验证这个用户的域名（该域名由 VPN 服务提供方提供）。单击"创建"
按钮。

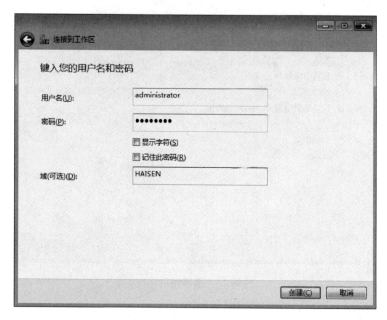

图 8-15　输入用户名、密码和域名

⑧ 出现图 8-16 显示"连接已经可以使用"，单击"关闭"按钮。

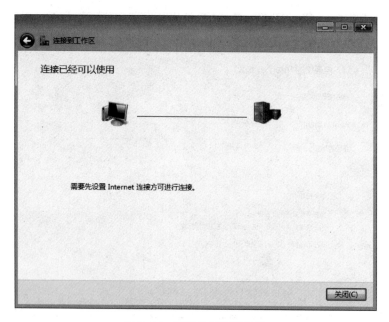

图 8-16　连接已经可以使用

⑨ 在图 8-10"网络共享中心"中单击"连接到网络"命令，弹出如图 8-17
所示的对话框。

图 8-17 已建立的 VPN 连接

⑩ 在图 8-17 中右击"VPN 连接",选择"属性"选项,出现 VPN 连接属性对话框,单击"安全"标签,如图 8-18 所示。

⑪ 在"VPN 类型"下面选择"点对点隧道协议（PPTP）"选项,其他保留默认设置,单击"确定"按钮。

⑫ 在图 8-17 所示的对话框中右击"VPN 连接",选择"连接"命令,出现"连接 VPN 连接",如图 8-19 所示。

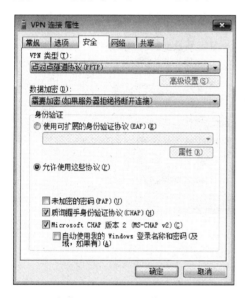

图 8-18 VPN 连接属性

图 8-19 建立连接

⑬ 输入密码,单击"连接"按钮便可利用 haisen\administrator 账户连入 VPN 服务器。

8.5 网络安全防护与数据备份

实验案例 8-2：配置 Windows 防火墙

8.5.1 Windows 防火墙

Windows 防火墙顾名思义就是在 Windows 操作系统中系统自带的软件防火墙。

Windows 防火墙会依照特定的规则，允许或是限制传输的数据通过。

要设置 Windows 防火墙，可以在控制面板中双击"Windows 防火墙"。Windows 防火墙界面如图 8-20 所示。

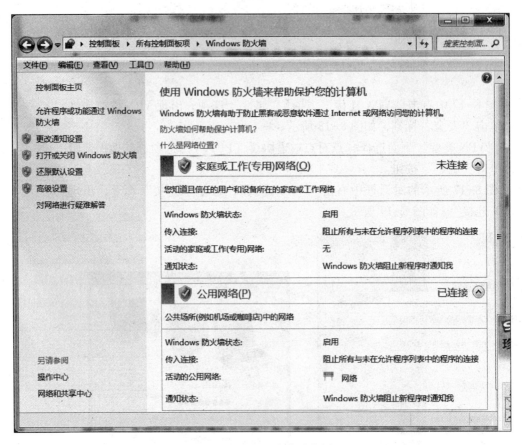

图 8-20　Windows 防火墙主界面

1. 网络位置与设置内容

使用 Windows 防火墙，首先要选择网络位置，所谓网络位置，可以理解为计算机处在什么样的网络之中，以便为计算机设置适当的安全级别。

网络位置有以下四种选择。

（1）家庭网络

如果计算机是在家庭网络或在认识并信任的网络上使用，选择"家庭网络"。家庭网络中的计算机可以属于某个家庭组。对于家庭网络，"网络发现"处于启用状态，它允许查看网络上的其他计算机和设备并允许其他网络用户查看计算机。

（2）工作网络

如果计算机工作在小型办公网络或其他工作区网络，选择"工作网络"。默认情况下，"网络发现"处于启用状态，它允许查看网络上的其他计算机和设备并允许其他网络用户查看计算机，但是，无法创建或加入家庭组。

（3）公用网络

如果计算机工作在公共场所或与 Internet 连接，选择公共网络，可以保护计算机免受来自 Internet 的任何恶意软件的攻击。家庭组在公用网络中不可用，并且网络发现也是禁用的，即计算机对周围的计算机是不可见的。一般，用户的计算机都是要访问互联网的，应该选择公用网络。

（4）"域"网络

"域"网络位置用于域网络（如在企业工作区的网络），这种类型的网络位置由网络管理员控制，因此无法选择或更改。

Windows 防火墙主要有以下设置内容。

① 允许程序或功能通过 Windows 防火墙。

② 更改通知设置。

③ 打开或关闭 Windows 防火墙。

④ 还原默认设置。

⑤ 高级设置。

2. 允许程序或功能通过 Windows 防火墙设置

在图 8-20 中单击"允许程序或功能通过 Windows 防火墙"命令，如图 8-21 所示，在这里可以设置允许哪些程序在哪种网络中可以通过防火墙，单击"允许另一应用程序"按钮，可以添加新的应用程序。

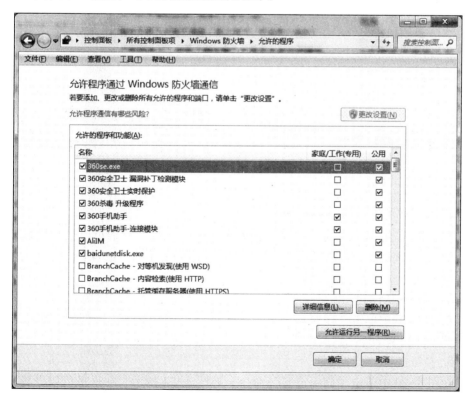

图 8-21　设置允许通过防火墙的程序

对于只使用浏览、电子邮件等系统自带的网络应用程序，Windows 防火墙根本不会产生影响。也就是说，用 Internet Explorer、Outlook Express 等系统自带的程序进行网络连接，防火墙是默认不干预的。

3. 更改通知设置

在图 8-20 中单击"更改通知设置"命令，如图 8-22 所示，可以设置在每种类型的网络中的策略。也可以打开和关闭防火墙。

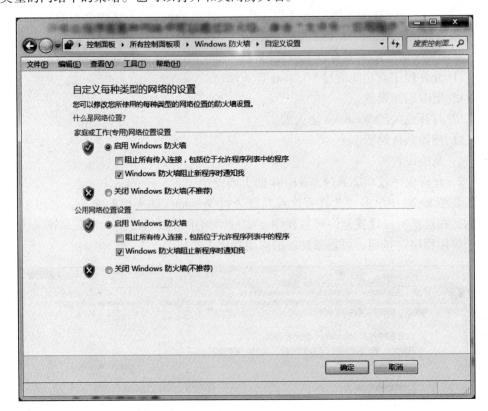

图 8-22　更改通知设置

4. 打开或关闭 Windows 防火墙

在图 8-20 中单击"打开或关闭防火墙"命令，结果和"更改通知设置"一样，如图 8-22 所示，可以设置在每种类型的网络中的策略。也可以打开和关闭防火墙。

5. 还原默认设置

在图 8-20 中单击"还原默认设置"命令，如图 8-23，单击"还原默认设置"按钮即可恢复 Windows 默认设置。

6. 高级设置

在图 8-20 中单击"高级设置"命令，如图 8-24 所示，在这里可以设置入站规则和出站规则。入站规则是设置哪些程序可以通过网络访问本计算机，出站规则是本计算机的哪些程序可以访问远程计算机。

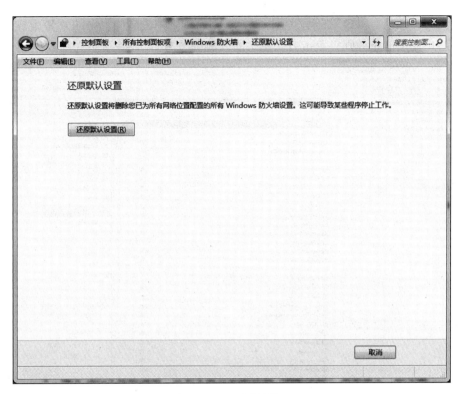

图 8-23 还原默认设置

图 8-24 Windows 防火墙高级设置主界面

（1）设置入站（或出站）规则

单击"入站规则"命令，如图 8-25 所示，图中绿色有"√"的程序项，都是被允许的，红色有 "⊘" 的程序项，都是被阻止的。单击右侧栏中的 "禁用规则"，可以禁止使用这条规则；单击右侧栏中的 "删除"，可以删除这条规则。

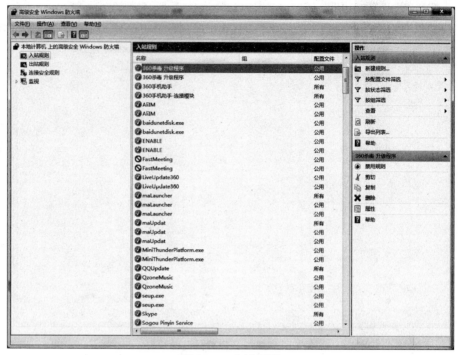

图 8-25 入站规则

（2）新建规则

① 在图 8-25 中右侧栏中单击 "新建规则" 命令，如图 8-26 所示。

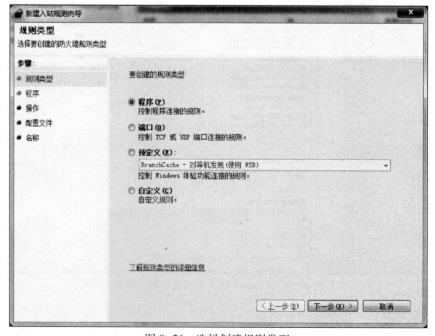

图 8-26 选择创建规则类型

② 若根据程序新建规则，则在图 8-26 中选择"程序"单选按钮，单击"下一步"按钮，如图 8-27 所示。

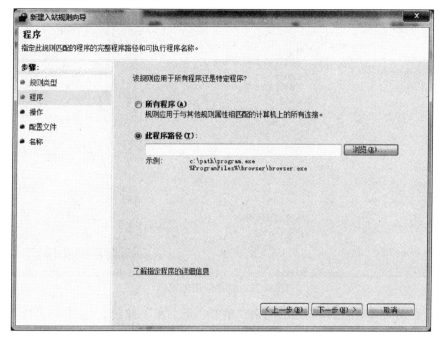

图 8-27 选择或输入程序

③ 在图 8-27 中选择程序或直接输入程序名，单击"下一步"按钮，如图 8-28 所示。选择"允许连接"或"阻止连接"或"只允许安全连接"。单击"下一步"按钮。如图 8-29 所示。

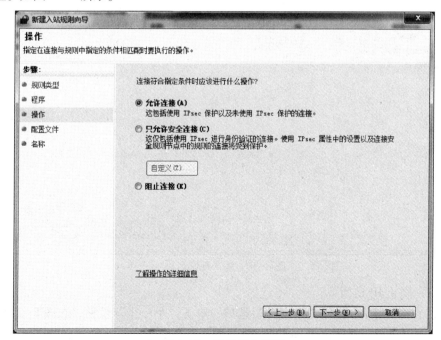

图 8-28 设置操作规则

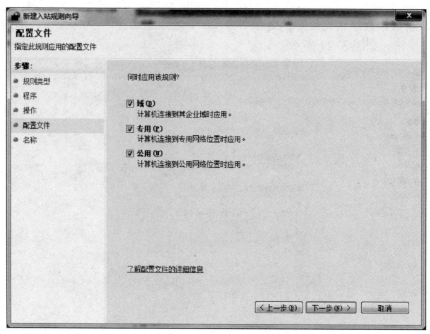

图 8-29 选择应用的网络

④ 在图 8-29 中选择应用的网络，单击"下一步"按钮。

⑤ 在图 8-30 中为规则起一个名字，单击"完成"按钮。

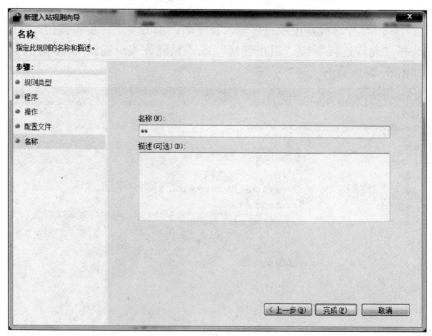

图 8-30 输入规则名称

（3）阻止 IP 访问

① 在图 8-26 中选择"自定义"选项，单击"下一步"按钮，在图 8-27 中选择所有程序或指定程序，单击"下一步"按钮，如图 8-31 所示。

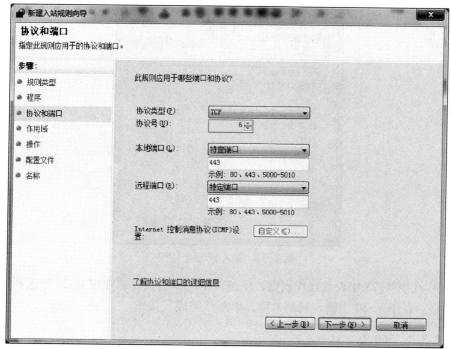

图 8-31 选择协议和端口

② 在图 8-31 中选择协议类型，本地端口号和远程端口号，单击"下一步"按钮。

③ 在图 8-32 中单击"添加"按钮，在图 8-33 中添加本地或远程 IP 地址，然后单击"下一步"按钮，又出现图 8-28。

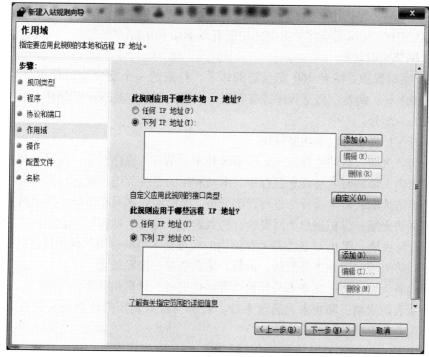

图 8-32 添加 IP 地址

图 8-33　输入 IP 地址范围

④ 在图 8-28 中设置操作规则，单击"下一步"按钮。在图 8-29 中选择应用的网络。在图 8-30 中输入规则名称，单击"完成"按钮。

8.5.2　360 安全卫士

360 安全卫士是一款由奇虎 360 公司推出的功能强、效果好、受用户欢迎的集系统防护和安全杀毒于一体的软件。360 安全卫士拥有查杀木马、清理插件、修复漏洞、电脑体检、电脑救援、保护隐私，电脑专家，清理垃圾，清理痕迹多种功能，并独创了"木马防火墙"等功能，依靠抢先侦测和云端鉴别，可全面、智能地拦截各类木马，保护用户的账号、隐私等重要信息。

360 卫士在网络安全防护方面的功能有以下几个方面。

1. 网络实时防护

360 实时保护是结合 360 安全防御体系，打造的一个能全方位保护计算机安全，抵御木马、病毒、恶意程序等有害程序入侵的产品。是 360 安全卫士主程序不可分割的一部分。

实时保护包含有以下功能模块。

漏洞防火墙：自动监视 Windows 系统补丁、第三方程序漏洞，及时提醒修复。

系统防火墙：对容易被恶意程序、木马利用的系统关键位置进行实时保护。

木马防火墙：对木马行为进行智能分析，及时阻止木马在系统中的运行。

网页防火墙：保护用户上网安全，拦截钓鱼、挂马、欺诈等恶意网站。

U 盘防火墙：阻止 U 盘等移动存储内的病毒和木马的感染，保护计算机安全。

进程防火墙：阻止木马激活、运行，防范盗号、隐私被盗。

驱动防火墙：防范驱动木马导致杀毒软件失效、计算机蓝屏。

注册表防火墙：防止木马篡改系统，对木马经常利用的注册表关键位置进行保护，阻止木马修改注册表。

ARP 防火墙：确保局域网内的连接不受 ARP 欺骗攻击的侵扰，打造干净的局域网。

2. 断网急救箱

可以对网络硬件配置、网络连接配置、浏览器配置以及 DHCP 服务、DNS 服务等进行诊断和修复。

3. LSP 修复

LSP 的中文名叫分层服务提供程序，是 TCP/IP 等协议的接口。浏览器，聊天工具等等都要通过这个接口来获取相应的信息。某些间谍软件通过修改 Winsock2 的设置，损坏 LSP，进行"浏览器劫持"，这时，所有与网络交换的信息都要通过这些间谍软件，从而使得它们可以监控使用者的信息。LSP 修复工具，可以用于解决 LSP 损坏后浏览器会被重定向到恶意网页的问题或浏览器故障。

8.5.3 数据备份与还原

系统在使用过程中，不可避免地会出现设置故障或文件丢失，为防范这种情况，需要对重要的设置或文件进行备份，在遇到设置故障或文件丢失时，就可以通过这些备份文件进行恢复。

> 实验案例 8-3：
> 备份与还原文件

1. 备份文件

① 在控制面板找到并打开"备份和还原"，如图 8-34 所示。单击"备份和还原"命令后即可进入备份还原设置界面，如图 8-35 所示。

> 拓展阅读 8-4：
> 个人数据备份的
> 常见方案

图 8-34 控制面板

② 首先单击"设置备份"命令，之后会进入备份设置，主要是设置将备份文件存放在哪个盘，之后会提示将系统备份文件保存到什么位置，如图 8-36 所示。

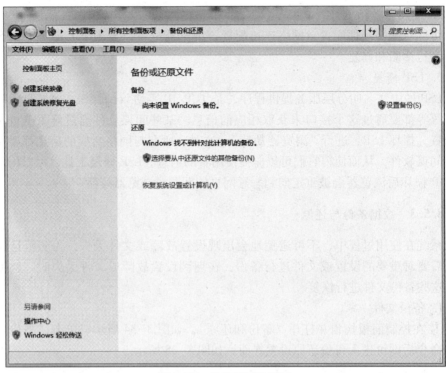

图 8-35　备份还原主界面

图 8-36　选择保存备份的位置

③ 单击"下一步"按钮，选择备份内容，如图 8-37 所示。这里有以下两个选择：

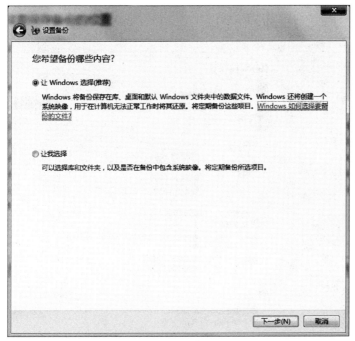

图 8-37　选择备份内容

（a）"让 Windows 选择"，将自动备份保存在库、桌面、默认 Windows 文件夹中的数据文件，同时还创建一个系统镜像，用于计算机无法工作时将其还原；

（b）"让我选择"，用户自己决定备份哪个盘、哪个文件夹下的哪些文件。这里选择"让 Windows 选择"，单击"下一步"按钮。

④ 在图 8-38 中单击"保存设置并运行备份"按钮，开始备份，如图 8-39 所示。

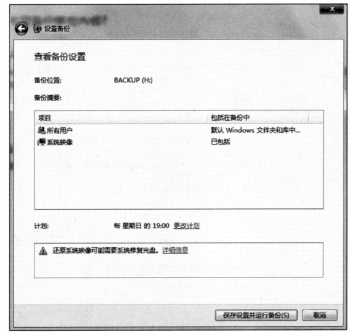

图 8-38　备份设置

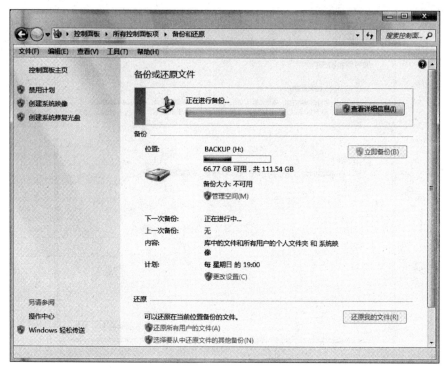

图 8-39　开始备份

2. 还原文件

① 在控制面板中打开备份与还原对话框，如图 8-40 所示。

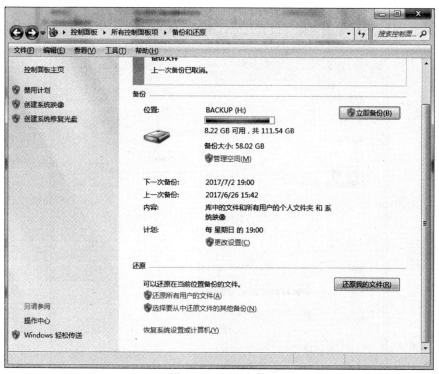

图 8-40　还原文件

② 单击"还原我的文件"按钮。在随后出现的对话框中，找到要还原的文件，即可还原。

3. 创建系统恢复光盘

系统恢复光盘可以用于启动计算机，可以使计算机从严重的错误中恢复过来，或从系统镜像中对计算机进行还原。

在图 8-35 中，单击"创建系统恢复光盘"命令，如图 8-41 所示。插入光盘，单击"创建光盘"按钮即可。

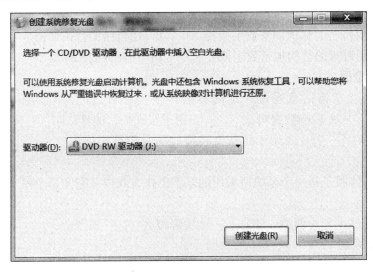

图 8-41　创建系统恢复光盘

习题

习题答案：
第 8 章

一、选择题

1. 网络安全不包括_____。

    A. 保证信息处理和传输系统的安全

    B. 在数据存储和传输过程中不被别人窃取

    C. 软件、硬件、数据被共享

    D. 信息在传输过程中不被人篡改

2. 信息完整性是指_____。

    A. 信息不被篡改　　　　　　　B. 信息不泄露

    C. 信息不丢失　　　　　　　　D. 信息是真实的

3. 下列_____不是对称密钥的特点。

    A. 加密密钥和解密密钥相同，用什么密钥加密就用什么密钥解密

    B. 加密速度快，抗破译性强

    C. 保存的密钥量大

    D. 可以满足不相识的人进行私人谈话的保密要求

4. 下列_____不是非对称密钥的特点。

    A. 密钥分配简单

    B. 密钥保存数量少

    C. 互不相识的人可以进行保密通信

    D. 无法保证数据的机密性和抵赖

5. 数字签名是通过_____实现的。

    A. 用自己的私钥加密数字摘要   B. 用自己的公钥加密数字摘要

    C. 用对方的公钥加密数字摘要   D. 用对方的私钥加密数字摘要

二、填空题

1. 加密就是将信息通过一定的算法转换成不可读的形式，加密前的数据叫_____，加密后的数据叫_____，用于实现加密的算法叫_____，算法中使用的参数叫_____，用于将密文转换成明文的算法称为_____，算法中使用的参数叫_____。

2. 密码体制是指一个系统所采用的基本工作方式以及它的两个基本构成要素，即_____和_____。

3. 加密技术分为两类，即_____加密和_____加密。

三、简答题

1. 简述计算机网络面临的主要安全问题。

2. 简述带数字签名的数据传输过程。

3. 简述身份认证有哪些方法。

4. 简述数据包过滤防火墙的原理的注意问题。

5. 简述代理型应用网关的原理。

6. 简述电路型网关的原理。

7. 简述虚拟专用网（VPN）的工作原理。

四、操作题

1. 建立一个 VPN 连接。

2. 将 Windows 防火墙关闭再打开。

3. 备份一组文件，再将其还原。

4. 下载并安装 360 卫士，学习使用断网急救箱和 LSP 修复。

第9章　计算机网络常见故障诊断

计算机网络是一个复杂的综合系统，网络在长期运行过程中总是会出现这样那样的问题。引起网络故障的原因很多，网络故障的现象种类也很多，本章主要分析常见家庭、办公室等小型局域网络经常出现的简单网络故障，并提出处理办法。

电子教案：
第9章

9.1　网络故障诊断方法

9.1.1　网络故障类型

按照引起网络故障的原因，网络故障可分为硬件连接故障、网络参数配置故障、网络协议故障和安全故障。

1. 硬件连接故障

硬件连接故障的现象是网络不通。这种故障通常涉及网卡、网线、交换机、路由器等设备和通信介质。其中任何一个设备的损坏或不能正常工作，都会导致网络连接的中断。设备电源的突然关闭或损坏是造成硬件连接故障常见原因之一。

2. 网络参数配置故障

参数配置故障指的是网络中的客户机配置内容不当引发的网络故障。如网络属性参数被配错，浏览器参数被配置错误。在组建网络以及网络使用的过程中，很多重要的参数配置一旦被修改、破坏就会导致网络系统故障。

常见的配置故障现象包括：本机无法和其他计算机实现通信；无法访问任何其他网络设备；连入 Internet 时，用 Ping 命令检测正常，但无法上网浏览等。

网络配置故障通常涉及网卡、网络协议安装、配置与管理；浏览器配置、防火墙配置等内容。其中任何一项出现问题，都会导致网络无法访问。

3. 安全故障

安全故障通常表现为系统感染病毒、存在安全漏洞、有黑客入侵等几个方面。当计算机连入 Internet 时，如果没有做好安全防护，很容易出现安全故障。这类故障的现象通常表现为网络的流量突然变大，系统负载增大，网络响应速度明显变慢。

9.1.2　网络故障的诊断方法

在解决网络故障的过程中，可以采用多种诊断问题的方法，包括试错法、参照法、替换法。

1. 试错法

试错法是一种通过不断地试探、推测而得出故障原因的方法。也就是面对未知问题的时候，先试着采取一种措施，看看效果如何，如果效果好就继续，否则就停止。采用这种方法需要对问题进行评估，依据经验提出解决问题的方案，并对得到的结果进行检验，然后不断地重复这一过程，直到得到正确的解决方案为止。

在下列情况下可以采用试错法。

① 在没有解决网络故障之前，每次测试仅做一项改变；

② 确保所做的修改具有恢复性；

③ 依据工作经验，可确定产生故障的原因，并能够提出相应的解决方案。

与其他故障排除法相比，采用试错法可节约很多时间，大大减少所投入的人力和物力。

试错法排除故障的步骤如下。

① 故障提出。首先应该了解网络故障发生的现象。

② 故障评价。根据对网络故障发生现象的分析，评价网络故障发生的原因，并给出需要采取的排除故障的方法。

③ 故障定位。根据上面的分析，为故障定位，确定可能的故障原因。

④ 实施方案。实施相应的解决方案。

⑤ 测试步骤。判定是否正确地解决了网络故障。如果没有解决，则要从步骤②开始重复这一过程，直到问题正确解决为止。

⑥ 解决问题。问题得以解决，记录这种情况下解决问题的方法，为以后解决此类故障积累经验。

比如在某单位局域网中，一台工作站以前可以正常地接入互联网，现在突然不能上网了。经检查，工作站的 IP 地址、子网掩码、网关及 DNS 服务器的 IP 地址都设置无误，经过对故障现象的诊断，在浏览器的地址栏内输入 IP 地址就能上互联网了。据此可以推测，在工作站的 DNS 服务器增加设置一条有效的 DNS 服务器的 IP 地址，这时在浏览器的地址栏内载入网址就可以像以前一样正常上网了。

2. 参照法

参照法是一种可以比较快速解决网络故障的方法，它并不需要懂得太多的网络知识或具有太多的网络故障排除经验。但前提是只有在故障设备与正常工作设备相近的情况下才可以使用参照法。

现在很多单位或部门在购买计算机时，从方便维护的角度，选择成批相同型号的计算机并设置基本相同的参数。只要充分利用这一点，在设备发生故障时，参考相同设备的配置有助于迅速解决问题。

当网络故障与操作系统相关联时，问题会变得难以解决。另外，从故障的提出到得到相应的解决方案通常会耗费很长时间。这时，如果拥有一台可以工作的相似设备，便可以采用参照法来帮助解决网络故障。

在下列情况下可以采用参照法。

① 当故障设备与正常工作设备具有相似的条件。

② 不做出任何可能导致冲突的配置修改。

③ 确保所做的修改具有可恢复性。

参照法排除故障的步骤。

① 故障提出。网络管理员首先应该了解网络故障发生的现象。

② 故障评价。网络管理员根据对网络故障发生现象的分析，评价网络故障发生的原因。并给出需要采取的排除故障的方法。

③ 故障定位。根据上步的分析，为故障定位，确定可能的故障原因。

④ 参考相似设备配置。分析相似设备的配置，并做好记录测试。判定是否正确地解决了网络故障。如果没有解决，则要从步骤②开始重复这一过程，直到问

题正确地解决为止。

⑤ 解决问题。问题得以解决，记录这种情况下解决问题的方法，为再次解决此类故障积累经验。

3. 替换法

替换法是一种常用的网络检测与维护的方法。采用这种方法，网络管理员必须明确导致故障发生的原因，并且有正常的设备可供选择。

替换法的操作步骤比较简单，但这种方法的最大困难在于确定产生故障的原因，并且只有在发生故障的组件存在缺陷的情况下替换法才非常有效。当替换一个不存在缺陷的组件时会浪费人力和物力，因此在更换设备前必须仔细分析故障发生的原因。

下列情况可以采用替换法。

① 故障定位的网络设备限定在 1 个或 2 个组件。

② 确保有可以更换的正常工作的网络设备。

③ 每次只能更换一个组件。

④ 如果先前更换的网络设备没有解决问题，则在替换第二个网络设备之前必须把先前更换的设备安装回去。

9.2　常用诊断命令

拓展阅读 9-1：
局域网简单故障
的排查技巧

TCP/IP 协议提供了一组实用程序，用于帮助用户对网络进行测试和诊断，这组程序需要在命令提示符界面下运行，单击"开始"菜单选择"运行"命令，在运行命令窗口中的"打开"组合框中输入 CMD，单击"确定"按钮，即可调出命令提示符界面。

9.2.1　IPConfig 命令

实验案例 9-1：
使用 IPConfig
命令

1. 命令介绍

IPConfig 实用程序和可用于显示当前的 TCP/IP 属性的设置值。一般用来检验人工配置的 TCP/IP 属性是否正确。但是，如果计算机和所在的局域网使用了动态主机配置协议（DHCP），这个程序所显示的信息就更加实用。这时，IPConfig 可以让人们了解自己的计算机是否成功地租用了一个 IP 地址，如果租用则可以了解它目前分配到的是什么地址。IPConfig 不仅可以查看计算机当前的 IP 地址，还可以查看子网掩码和默认网关以及 DNS 服务器的地址等信息。这些信息对测试网络故障和分析故障原因是非常必要的。

2. IPConfig 命令的使用

（1）IPConfig

使用 IPConfig 时不带任何参数选项，可以显示本计算机的 IP 地址、子网掩码和默认网关值，当一个计算机上安装了多块网卡时，该命令格式将显示每个接口

（网卡）的 IP 地址、子网掩码和默认网关值。

（2）IPConfig/all

当使用 all 选项时，IPConfig 能够显示计算机名、IP 地址、子网掩码、默认网关、网卡物理地址等信息，还可以显示有没有使用 DHCP 服务器、WINS 服务器，如果是通过 DHCP 服务器自动获取的 IP 地址，IPConfig 还将显示 DHCP 服务器的 IP 地址和租用地址预计失效的日期，如图 9-1 所示。

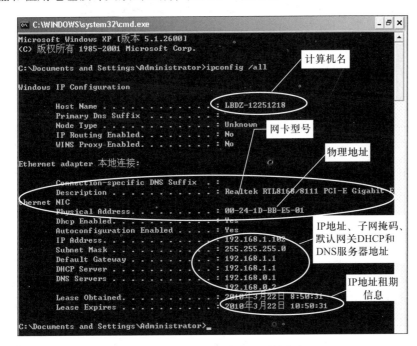

图 9-1 IPConfig/all 命令显示的信息

（3）IPConfig /release 和 IPConfig /renew

这两个选项，只在向 DHCP 服务器租用 IP 地址的计算机上起作用。

IPConfig /release，是释放已经获取的 IP 地址，本计算机所有接口所租用的 IP 地址将被释放，交还给 DHCP 服务器。

IPConfig /renew，是重新获取 IP 地址。该命令使计算机设法与 DHCP 服务器取得联系，并重新租用一个 IP 地址。在大多数情况下网卡获取的新地址与以前所获取的地址是相同的，原因是租期的因素在起作用，在一个租期未到期之前，客户机得到的总是同一个地址。

9.2.2 Ping 命令

1. 命令介绍

Ping 是个使用频率极高的实用程序，用于确定本地主机是否能与另一台主机发送与接收数据报，根据返回的信息，就可以推断 TCP/IP 参数是否设置得正确以及运行是否正常。

按照默认设置，Windows 上运行的 Ping 命令发送 4 个 ICMP 数据包，每个数据

实验案例 9-2：
使用 Ping 命令

包 32 字节，如果一切是正常的，应能得到 4 个回送应答，如图 9-2 所示。如果收到 1 个、2 个或 3 个回答，说明网络有间歇性的故障。

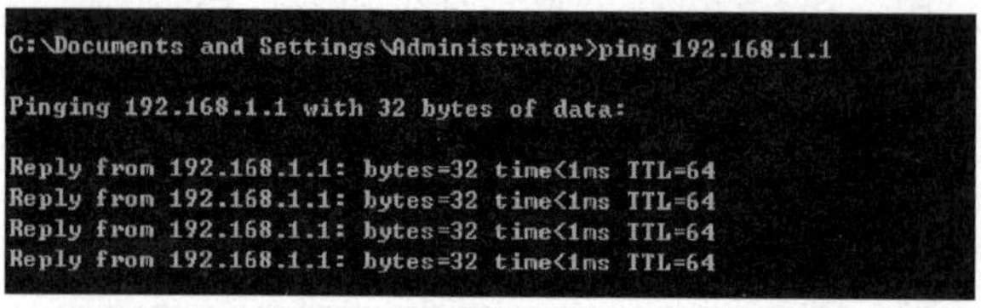

```
C:\Documents and Settings\Administrator>ping 192.168.1.1

Pinging 192.168.1.1 with 32 bytes of data:

Reply from 192.168.1.1: bytes=32 time<1ms TTL=64
Reply from 192.168.1.1: bytes=32 time<1ms TTL=64
Reply from 192.168.1.1: bytes=32 time<1ms TTL=64
Reply from 192.168.1.1: bytes=32 time<1ms TTL=64
```

图 9-2　Ping 命令显示的信息

Ping 还能显示 TTL（生存时间）值，可以通过 TTL 值推算一下数据包已经通过了多少个路由器。如果 TTL 值是 2 的乘方（一般 Ping 本地计算机是 128，Ping 本地交换机或网关是 64），则说明没有经过路由器，如果返回一个比 2 的乘方数略小的值，例如，返回 TTL 值为 119，那么可以推算数据报离开源地址时的 TTL 起始值为 128，数据包经过了 9 个路由器。

在 Ping 命令测试中，如果网络未连接成功，除了出现 "Request Time out" 错误提示信息外，还有可能出现 "Unknown hostname（未知用户名）"，"Network unreachable（网络没有连通）"，"No answer（没有响应）"和"Destination specified is invalid（指定目标地址无效）"等错误提示信息。

"Unknown hosmame" 表示主机名无法识别。通常情况下，这条信息出现在使用了 "Ping 主机名[命令参数]" 之后，如果当前测试的远程主机名字不能被命令服务器转换成相应的 IP 地址（名称服务器有故障，主机名输入有误，当系统与该远程主机之间的通信线路故障等），就会给出这条提示信息。

"Network unreachable" 表示网络不能到达。如果返回这条错误信息，表明本地系统没有到达远程系统的路由。此时，可以检查局域网路由器的配置，如果没有路由器（软件或硬件），可进行添加。

"No answer" 表示当前所 Ping 的远程系统没有响应。返回这条错误信息可能是由于远程系统接收不到本地发给局域网中心路由的任何分组报文，如中心路由工作异常、网络配置不正确、本地系统工作异常、通信线路工作异常等。

"Destination specified is invalid" 表示指定的目的地址无效，返回这条错误信息可能是由于当前所 Ping 的目的地址已经被取消，或者输入目的地址时出现错误等。

"Request Time out（请求超时）" 则表示网络未连接成功，如图 9-3 所示。

出现以上错误提示的情况时，就要仔细分析一下网络故障出现的原因和可能有问题的网上节点了，可以从以下几个方面着手检查。

① 网卡是否安装正确，IP 地址是否被其他用户占用。

② 检查本机和被测试的计算机的网卡及交换机（集线器）显示灯是否为亮，是否已经连入整个网络中。

③ 是否已经安装了 TCP/IP 协议，TCP/IP 协议的配置是否正常。

④ 检查网卡的 I/O 地址、IRQ 值和 DMA 值，是否与其他设备发生冲突。

⑤ 如果还是无法解决，建议用户重新安装和配置 TCP/IP 协议。

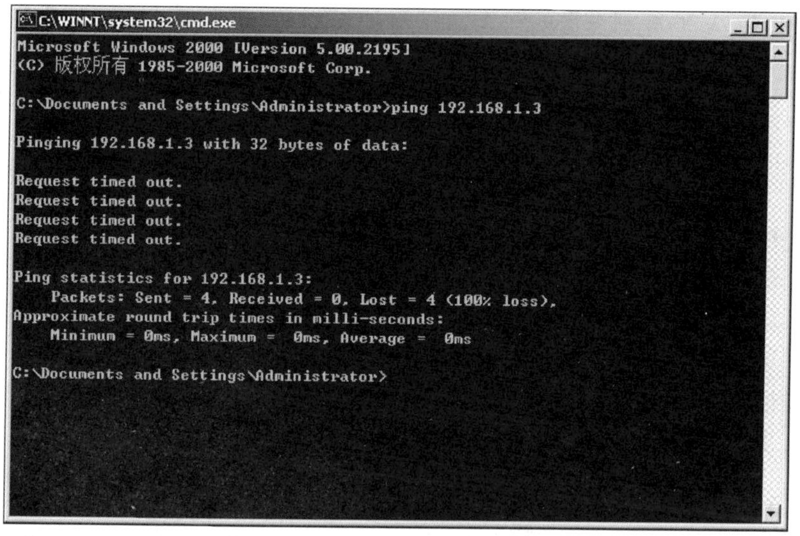

图9-3 Ping 测试的目标计算机失败信息

2. Ping 命令的使用

（1）Ping 127.0.0.1

127.0.0.1 被称为环回地址，用于测试本地 TCP/IP 是否安装正确，这个 Ping 命令被送到本地计算机的 IP 软件，该命令永不退出该计算机。

（2）Ping 本机 IP 地址

这个命令被送到自己计算机所配置的 IP 地址，如果自己的计算机始终没有应答，则表示本地配置或安装存在问题。出现此问题时，局域网用户应断开网络电缆，然后重新发送该命令。如果网线断开后本命令正确，则表示另一台计算机可能配置了相同的 IP 地址。

（3）Ping 局域网内其他 IP

该命令经过网卡及网络电缆到达其他计算机，再返回。收到回送应答表明本地网络运行正确。但如果收到 0 个回送应答，那么可能子网掩码（进行子网分割时，将 IP 地址的网络部分与主机部分分开的代码）不正确或网卡配置错误或电缆系统有问题。

（4）Ping 默认网关 IP

这个命令如果收到应答正确，表示局域网中的作为默认网关的路由器正在正常运行。

（5）Ping 远程 IP

如果收到 4 个应答，表示成功地使用了默认网关。对于 Internet 用户则表示能够成功地访问 Internet。

（6）Ping 目的 IP 地址 -t

该格式连续对目的 IP 地址执行 Ping 命令，直到被用户以 Ctrl+C 中断。

（7）Ping 目的 IP 地址 -L 数字

指定 Ping 命令中一个数据包的长度，默认为 32 个字节。例如 Ping

192.168.1.1 −l 3000 则发送的每个数据包的长度是 3000 字节，而不是默认的 32 字节。

（8）Ping　−n　数字

执行特定次数的 Ping 命令，默认为 4 次。例如 Ping　192.168.1.1　−n　10，则发送 10 个数据包，而不是默认的 4 个。

（9）Ping −a

指定对目的地 IP 地址进行反向名称解析。如果解析成功，Ping 将显示相应的主机名。

（10）Ping　/?

获得帮助。显示 Ping 命令可以使用那些参数，以及参数的含义。/? 参数可以用于任何 TCP/IP 命令。

实验案例 9-3：
使用 arp 命令

9.2.3　arp 命令

1. 命令介绍

使用 arp 命令，能够查看本地计算机或另一台计算机的 ARP 高速缓存中的当前内容。此外，使用 arp 命令，也可以用人工方式输入静态的网卡物理/IP 地址对，使用这种方式将默认网关和本地服务器等常用主机的网卡地址和 IP 地址对写入 ARP 高速缓存，有助于减少网络上的信息量。

2. arp 命令的使用

① arp −a 或 arp −g　　用于查看高速缓存中的所有项目，如图 9-4 所示。

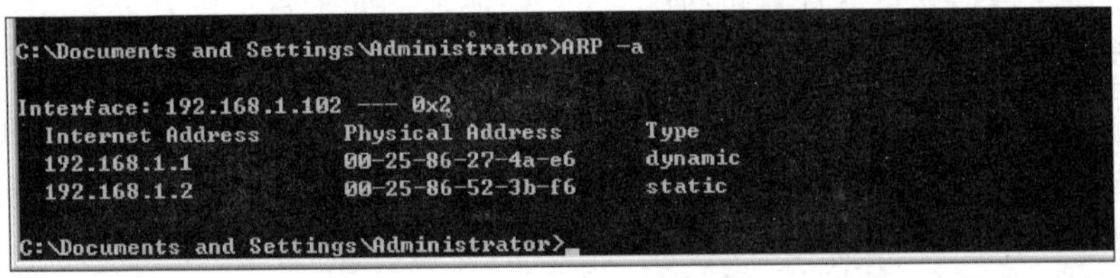

```
C:\Documents and Settings\Administrator>ARP -a

Interface: 192.168.1.102 --- 0x2
  Internet Address      Physical Address      Type
  192.168.1.1           00-25-86-27-4a-e6     dynamic
  192.168.1.2           00-25-86-52-3b-f6     static

C:\Documents and Settings\Administrator>
```

图 9-4　ARP 命令显示的信息

当一个计算机上有多个网卡（接口）时，使用 arp −a 接口的 IP 地址，就可以只显示与该接口相关的 ARP 缓存内容。

② 使用 arp −s 接口 IP 地址接口物理地址，可以向 ARP 高速缓存中人工输入一个静态项目，例如：　ARP　−S　192.168.1.2　00−25−86−52−3b−f6。参见图 9-4。

③ 使用 arp −d　IP 地址　可以删除 ARP 高速缓存中的一个静态的项目，例如：输入　ARP　−d　192.168.1.2，删除 ARP 中与 192.168.1.2 匹配的记录项。

9.2.4　tracert 命令

1. 命令介绍

使用 Tracert 命令可以跟踪通往远程主机路径，当数据报从我们的计算机经过多个网关传送到目的地时，tracert 命令可以用来跟踪数据报使用的路由。

2. Tracert 命令的使用

用法：tracert　　Hostname 或 URL

例如：tracert　www. sohu. com　　显示结果如图 9-5 所示。

参数：

tracert -d　不解析目标主机的名称

tracert -h　最大跟踪数量，指定搜索到目标地址的最大跳跃数

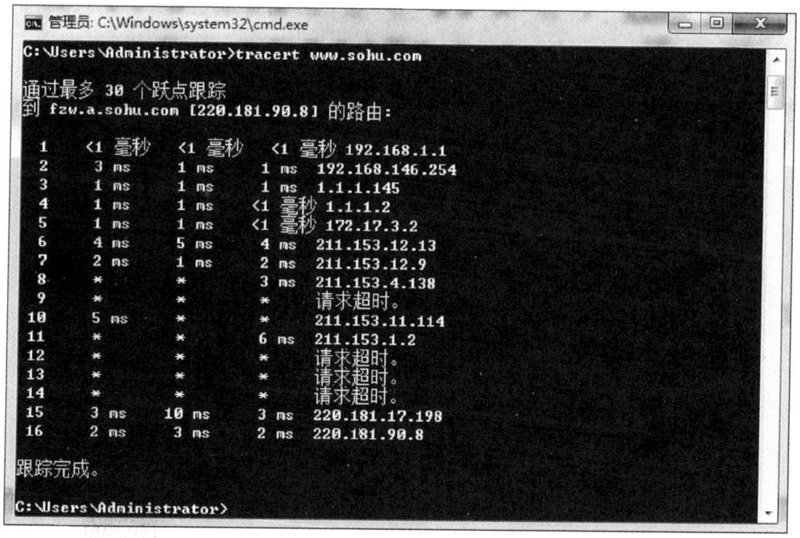

图 9-5　Tracert 命令的使用

9.2.5　netstat 命令

1. 命令介绍

netstat 命令可以了解网络的整体使用情况，显示当前正在活动的网络连接的详细信息，例如显示网络连接、路由表和网络接口信息，可以统计目前总共有哪些网络连接正在运行。

利用命令参数，netstat 命令可以显示所有协议的使用状态，这些协议包括 TCP、UDP 以及 IP 等，另外还可以选择特定的协议并查看其具体信息，还能显示所有主机的端口号以及当前主机的详细路由信息。

netstat 还可以检查一些常见的木马等黑客程序，因为任何黑客程序都需要通过打开一个端口来达到与其服务器进行通信的目的，不过这首先要使这台机连入互联网才行，不然这些端口是不可能打开的，而且这些黑客程序也不会起到入侵的本来目的。

2. netstat 命令的使用

（1）netstat -a

用来显示在本地机上的外部连接，也可以显示当前机器远程所连接的系统，本地和远程系统连接时使用和开放的端口，以及本地和远程系统连接的状态，如图 9-6 所示。这个参数通常用于获得本地系统开放的端口，可以用它检查系统

上有没有被安装木马。如果在机器上运行 Netstat 后发现有 Port 12345（TCP）Netbus、Port31337（UDP）Back Orifice 之类的信息，则机器上就很有可能感染了木马。

```
活动连接

协议  本地地址            外部地址            状态
TCP   0.0.0.0:80          PC-20160118GQFA:0   LISTENING
TCP   0.0.0.0:445         PC-20160118GQFA:0   LISTENING
TCP   0.0.0.0:5091        PC-20160118GQFA:0   LISTENING
TCP   0.0.0.0:8153        PC-20160118GQFA:0   LISTENING
TCP   0.0.0.0:49152       PC-20160118GQFA:0   LISTENING
TCP   0.0.0.0:49153       PC-20160118GQFA:0   LISTENING
TCP   0.0.0.0:49155       PC-20160118GQFA:0   LISTENING
TCP   0.0.0.0:49158       PC-20160118GQFA:0   LISTENING
TCP   0.0.0.0:49242       PC-20160118GQFA:0   LISTENING
TCP   127.0.0.1:4012      PC-20160118GQFA:0   LISTENING
TCP   127.0.0.1:4013      PC-20160118GQFA:0   LISTENING
TCP   127.0.0.1:7475      PC-20160118GQFA:0   LISTENING
TCP   127.0.0.1:10000     PC-20160118GQFA:0   LISTENING
TCP   127.0.0.1:49212     PC-20160118GQFA:49213  ESTABLISHED
TCP   127.0.0.1:49213     PC-20160118GQFA:49212  ESTABLISHED
TCP   127.0.0.1:49223     PC-20160118GQFA:49224  ESTABLISHED
TCP   127.0.0.1:49224     PC-20160118GQFA:49223  ESTABLISHED
TCP   192.168.1.101:139   PC-20160118GQFA:0   LISTENING
TCP   192.168.1.101:49163 106.120.166.94:http    ESTABLISHED
TCP   192.168.1.101:49239 180.149.131.209:5287   ESTABLISHED
TCP   192.168.1.101:49258 180.149.131.209:5287   ESTABLISHED
TCP   192.168.1.101:49300 220.181.163.130:http   ESTABLISHED
TCP   192.168.1.101:49796 180.149.145.241:http   CLOSE_WAIT
TCP   192.168.1.101:49797 58.217.200.62:8827     CLOSE_WAIT
TCP   192.168.1.101:49798 58.217.200.62:http     CLOSE_WAIT
TCP   192.168.1.101:49866 180.149.145.241:http   CLOSE_WAIT
TCP   192.168.1.101:49867 58.217.200.62:8827     CLOSE_WAIT
TCP   192.168.1.101:49868 58.217.200.62:http     CLOSE_WAIT
TCP   192.168.1.101:49870 58.217.200.62:http     CLOSE_WAIT
TCP   192.168.1.101:49966 180.149.145.241:http   CLOSE_WAIT
```

图 9-6　netstat -a 显示的信息

（2） netstat　-p protocol

用来显示特定的协议配置信息，格式为：netstat -p 协议，协议可以是 UDP、IP、ICMP 或 TCP，如要显示机器上的 TCP 配置情况则我们可以用：netstat -p tcp。

（3） netstat　-r

用来显示路由分配表。

9.2.6　nbstat 命令

1. 命令介绍

nbstat 命令用于获得远程或本地主机的组名和机器名。也可以获得其他计算机的网卡地址。

2. nbstat 命令的使用

（1） nbstat -a Remotename

使用远程计算机的名称列出其名称表，查看它的当前状态。

（2） nbstat -A IP address

使用远程计算机的 IP 地址并列出名称表，查看它的当前状态，如图 9-7 所示。

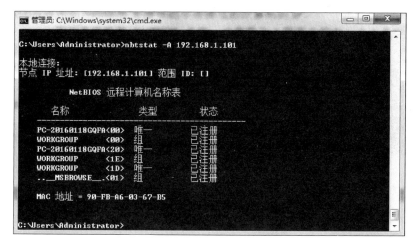

图 9-7 nbstat -A IP address 显示的信息

9.2.7 nslookup 命令

实验案例 9-4：
使用 nslookup 命令

1. 命令介绍

nslookup 是一个监测网络中 DNS 服务器是否能正确执行域名解析的命令。该命令可以显示当前计算机的 DNS 服务器配置和该服务器名称，如果给出一个域名，则可以查看域名解析的结果。nslookup 必须安装了 TCP/IP 的网络环境之后才能使用。

配置好 DNS 服务器，添加了相应的记录之后，只要 IP 地址保持不变，一般情况下就不再需要去维护 DNS 的数据文件了。不过在确认域名解析正常之前，最好测试一下所有的配置是否正常。简单地使用 Ping 命令主要检查网络联通情况，虽然在输入的参数是域名的情况下会通过 DNS 进行查询，但是它只能查询 A 类型和 CNAME 类型的记录，而且只会告诉域名是否存在，其他的重要信息却没有。如果需要对 DNS 的故障进行排错，就必须使用 nslookup。这个命令可以指定查询的类型，可以查到 DNS 记录的生存时间还可以指定使用哪个 DNS 服务器进行解释。

2. nslookup 命令的使用

（1）nslookup

显示当前默认 DNS 服务器名字和 IP 地址。

（2）nslookup 域名

显示当前默认 DNS 服务器名字和 IP 地址以及被解析的域名和它所对应的 IP 地址。

（3）nslookup 域名 DNS 服务器名或 IP 地址

由指定的 DNS 服务器来解析已知域名对应的 IP 地址。

例如：nslookup www.sohu.com 192.168.0.1

该命令是指定 192.168.0.1 这台 DNS 服务器来解析主机域名 www.sohu.com。结果如图 9-8 所示。

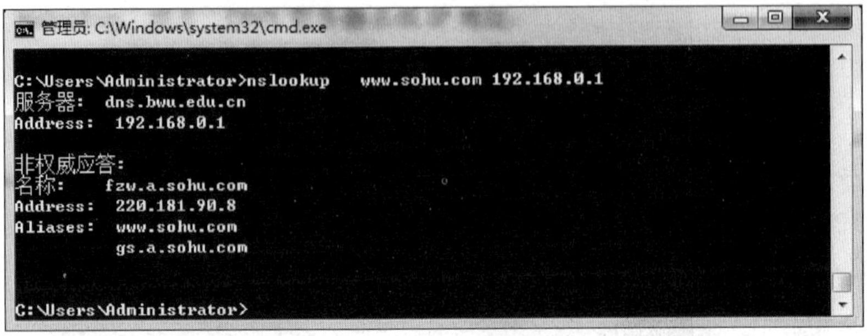

图 9-8　nslookup 的使用结果

9.3　常见硬件故障与处理

9.3.1　室内局域网接线故障

故障现象一：计算机无法上网，任务栏上的网络图标有红色的"×"，如图 9-9 所示。打开网络与共享中心，会发现"查看网络基本信息并设置连接"中的局域网侧，有红色的"×"，如图 9-10 所示。本地连接显示未连接（本地连接图标上有红色的"×"），如图 9-11 所示。单击任务栏上的网络图标，弹出网络连接不可用对话框，如图 9-12 所示。如果用一条双绞线直接连接计算机和墙上的网络端口（注意要使用优质网线），假如可以上网，则说明故障在室内网络设备和网线之间。

图 9-9　任务栏上的网络图标有红色的"×"

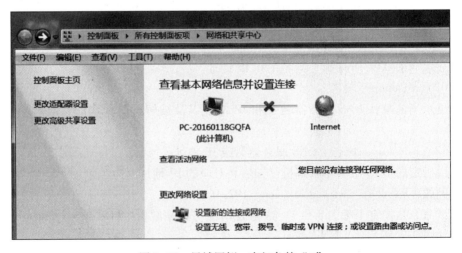

图 9-10　局域网侧，有红色的"×"

图 9-11 本地连接图标上有红色的"×"

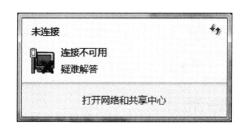

图 9-12 连接不可用对话框

判断：室内局域网接线出现故障。可能的原因是网线与网卡、路由器或交换机的连接出现松动，网线的 RJ-45 接头的连接不好，网线质量差或内部出现断裂，路由器或交换机没有插电源。

如果出现上述故障现象，可按以下步骤逐步排除。

① 检查路由器或交换机是否已经加电。

② 检查房间内网线的连接。检查各处接口是否松动，特别是裸露在外容易碰到的地方更要细心检查，将松动的接线拔掉后重新插上。

③ 检查 RJ-45 接头与网线的连接是否牢固，如果有测线仪，用测线仪测试一下接线是否联通了。

④ 如果手头有现成的优质网线，用这条网线替换原来的网线。

故障现象二：计算机可以上网，但网络连接时断时续或网速很慢。

判断：出现这类情况通常是因为网络线路故障。可能的原因是水晶头松动或者损坏，或是网线上有将要断的磨损严重的地方，或是使用了劣质网线。如果多台计算机共用了一个账号上网，由于外网会有带宽限制，也可能导致网速很慢。

如果出现上述故障现象，可按以下步骤逐步排除。

① 更换网线。

② 房间内有多个用户时，使用多个账户上网。

9.3.2 外网接线故障

故障现象：计算机无法上网，任务栏上的网络图标有黄色的"！"，如图 9-13

所示。打开网络与共享中心，会发现"查看基本网络信息并设置连接"中的
Internet 侧有红色的"×"，如图 9-14 所示。

图 9-13　任务栏上的网络图标有黄色的"!"

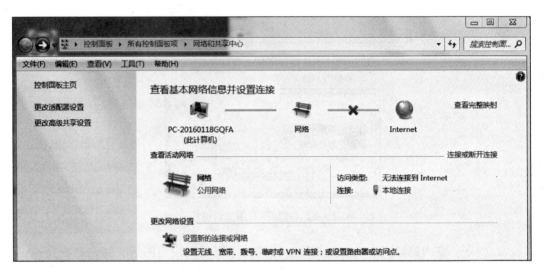

图 9-14　Internet 侧，有红色的"×"

判断：室内网络设备与外部网络设备之间的连接出现问题。可能的原因：墙
上的网络接口与室内路由器或交换机的连接出现松动；墙上的网络接口与建筑物
内的交换机之间的接线出现松动；这两段网线的 RJ-45 接头的连接不好；内部交
换机与墙内的接线模块之间的接线出现断裂；网线质量差或内部出现断裂。

如果出现上述故障现象，可按以下步骤逐步排除。

① 检查房间内路由器与墙上网络接口的连接是否松动，将松动的接线拔掉后
重新插上。检查墙上网络接口与外部交换机之间的连接是否松动（如果可以接触
到外部交换机的话）。

② 检查这两段网线 RJ-45 接头与网线的连接是否牢固，如果有测线仪，用测
线仪测试一下接线是否联通。

③ 如果手头有现成的优质网线，用这条网线替换原来的网线。

④ 检查墙内的接线模块与网线的连接是否断裂。

9.3.3　网络设备工作不正常导致的故障

故障现象一：计算机无法上网，屏幕右下角网络连接图标显示红色的"×"，
或没显示。

判断：网卡出现问题。可能的原因：本地连接已经被禁用；网卡驱动程序工

作不正常。

如果出现上述故障现象，可按以下步骤逐步排除。

① 打开"网络连接"的属性查看本地连接状态，如果显示禁用的话就双击启用，如果已经启用则尝试重启。

② 如果不能正常启用或甚至找不到本地连接，则在"计算机"属性里的硬件选项卡中打开设备管理器查看网卡驱动程序是否正常。若发现"网络适配器"显示叹号，则重装驱动程序。

故障现象二：计算机无法上网，桌面右下角本地连接图标显示在不断地获取 IP 地址。如果绕过设备（路由器、交换机）直接将计算机连接到墙上网络接口处，此时可以正常上网。

判断：室内网络设备出现故障。可能的原因：网络设备死机，不能正常工作；网络设备损坏。

如果出现上述故障现象，可按以下步骤逐步排除。

① 检查室内网络设备（室内路由器和交换机等）是否均已正常工作，先拔除电源，过一段时间后再插上电源，重启设备。

② 如果反复尝试重启设备，故障现象仍然不能消除，可以更换一个设备路由器，若故障现象消失，说明路由器已经损坏。

9.4　常见软件与配置故障与处理

9.4.1　网络配置与网络协议问题导致的网络故障

故障现象一：计算机无法上网，桌面右下角本地连接图标显示已连接。

判断：IP 地址分配或者网络协议的问题。可能的原因：用户没有获取到正确的 IP 地址；网络协议配置出现问题。

如果出现上述故障现象，可尝试按以下步骤逐步排除。

一般用户计算机的 IP 地址都是自动获取的，用户对自己平时获取的 IP 地址应该有所了解。当出现上述问题时，可以用 IPConfig 命令查看本机得到的 IP 地址，如果看到的是 169.254 开头的地址，说明没有得到 IP 地址（169.254.×.×是自动私有地址，当用户计算机配置成自动获取 IP 地址，而网络中又没有 DHCP 服务器时，系统就会自动给计算机分配这个地址）；如果得到的地址不是自己常用的地址，则这个地址可能不是自己的平时的 DHCP 服务器给分配的（如在使用宽带路由器用户中，平时这个地址是自己的路由器分配的，若由其他路由器给分配了 IP 地址，就可能导致不能上网）。

① 用 IPConfig /all　查看本机得到的 IP 地址。

② 如果这个地址不正确，可以用 IPConfig/release 释放，再用 IPConfig/renew 重新获取。

③ 如果 IP 地址正确了，还是不能上网，可以在命令提示符下输入 netsh winsock reset 命令，重置网络协议。

④ 尝试使用 360 安全卫士的断网急救箱和 LSP 修复功能对网络进行修复。

故障现象二：计算机无法上网，显示无法识别的网络，或者显示 IP 地址冲突，有发送数据包，但收到数据包为 0。

判断：没有配置正确的 IP 地址。可能的原因：这种现象常常出现在手动配置 IP 地址的场合，由于配置不正确或者是计算机感染了病毒所致。

如果出现上述故障现象，可尝试按以下步骤逐步排除。

① 正确配置 IP、子网掩码和默认网关。

② 查杀病毒或重装系统。

故障现象三：用网址或域名无法访问目的网站。

判断：DNS 配置不正确。可能的原因：由于 DNS 配置不正确，域名不能解析成 IP 地址，导致不能访问目的网站。

如果出现上述故障现象，可尝试按以下步骤逐步排除。

① 用 Ping 命令 Ping 默认网关，如果正常说明本机可以和外部网络正常通信。否则重新配置正确的网关。

② 如果知道某个网站的 IP 地址，用 HTTP：//目的网站 IP 地址去访问目的网站，如果能访问成功，而用网址却不能访问，就可以断定是 DNS 配置出现问题。

③ 用 nslookup 命令解析一个网址，若不能正确解析，可以断定 DNS 配置出现问题。

④ 配置正确的 DNS 地址。

还有一种可能，是本地 DNS 缓存出现了问题。为了提高网站访问速度，系统会自动将已经访问过并获取 IP 地址的网站存入本地的 DNS 缓存里，一旦再对这个网站进行访问，则不再通过 DNS 服务器而直接从本地 DNS 缓存取出该网站的 IP 地址进行访问。所以，如果本地 DNS 缓存出现了问题，会导致网站无法访问。可以在"运行"中执行 IPConfig /flushdns 来重建本地 DNS 缓存。

9.4.2 浏览器问题导致的网络故障

故障现象一：计算机能够连通网络，通过其他软件可以正常使用网络，但使用浏览器无法上网。

判断：浏览器配置错误。可能的原因：在浏览器设置中使用了代理服务器上网。

如果出现上述故障现象，可尝试按以下方法排除。

检查是否使用了代理服务器上网，如果之前设置过代理服务器上网的话，取消代理服务器上网方式即可。具体方法如下。

① 打开浏览器菜单栏中的"工具"菜单，找到"连接"标签，如图 9-15 所示。

② 单击"局域网设置"按钮，将"为 LAN 使用代理服务器"前面的"√"去掉，如图 9-16 所示。

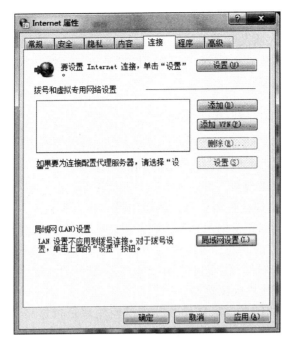

图 9-15　Internet 选项中的连接标签

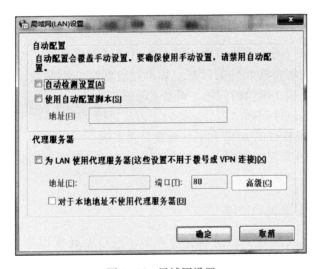

图 9-16　局域网设置

故障现象二：网络能够连通，但浏览器不能浏览网页，或浏览器出现异常（版面排列混乱、图片无法显示等）。

判断：属于浏览器劫持或浏览器自身出现了问题。可能的原因：浏览器感染了病毒或浏览器损坏。

如果出现上述故障现象，可尝试按以下方法排除。

① 可以使用 360 杀毒软件对计算机进行杀毒、清理痕迹、系统修复和浏览器修复。使用 360 安全卫士的功能大全中的"修复网络（LSP）"功能修复计算机 LSP 底层协议。

② 直接更换浏览器。

③ 如果网络防火墙设置不当，如安全等级过高、不小心把浏览器放进了阻止访问列表、错误的防火墙策略等，可尝试检查策略、降低防火墙安全等级或直接关掉试试是否可以恢复正常。

9.4.3　无法发送或接收电子邮件

故障现象一：使用网页方式无法发送或接收邮件。

判断：本机浏览器的问题，或者是邮箱的问题。

如果出现上述故障现象，可尝试按以下方法排除。

① 首先检查网络连接是否正常，然后用另一台计算机上登录邮箱。如果在其他计算机或客户端能够正常使用邮箱，则说明是本机浏览器的问题。

② 如果是浏览器的问题，可以使用 360 杀毒软件对计算机进行杀毒、清理痕迹、系统修复和浏览器修复。同时使用 360 安全卫士的功能大全中的"修复网络（LSP）"功能，或直接更换浏览器。

③ 如果是邮箱的问题，可以检查邮箱的使用率是否过高，假如使用率过高，占用邮箱空间过多，则邮箱不能发送或接收邮件。此时用户要注意清理邮箱，删除过时或垃圾邮件以便释放更多的邮箱空间。

故障现象二：使用电子邮箱客户端（Foxmail、Outlook 等）无法接收或发送邮件。

判断：首先检查网络连接是否正常，然后尝试网页登录，如果通过网页能够正常使用，说明是客户端软件的问题。如果通过网页亦不能登录，则应该属于邮箱的问题，如果是属于邮箱的问题，可参考故障现象一。

如果是客户端软件问题，可尝试按以下方法排除。

① 检查客户端软件的 smtp 和 pop 设置是否正确。

② 如果所有设置都正确但仍然无法使用，可以将客户端卸载后重新安装，然后将之前的邮件资料重新导入。

9.4.4　无法登录类的故障

故障现象一：无法登录路由器管理页面，想对家庭宽带路由器作有关设置，但却进不了管理界面。

判断：可能是以前设置的网络连接有误。

如果出现上述故障现象，可尝试按以下方法排除。

① 首先检查宽带路由器与计算机的硬件连接情况，检查路由器 LAN 口上的指示灯是否正常。

② 如果计算机中装有防火墙或实时监控的杀毒软件，都暂时先关闭。

③ 然后将本机 IP 地址设为与宽带路由器同一网段，再将网关地址设为路由器的默认 IP 地址。

④ 一般宽带路由器提供的都是 Web 管理方式，因此打开"Internet 选项"对话框，在"连接"选项中，如果曾经创建过连接则勾选"从不进行拨号连接"选

项；如果设置过"使用代理服务器上网"，则单击"局域网设置"按钮，将已勾选的选项全部取消选中。

故障现象二：使用 Dr.com 客户端（宽带认证客户端）登录，结果不能够登录或者登录后不能正常使用上网。

判断：可能是客户端软件受到其他攻击出现异常。

如果出现上述故障现象，可尝试按以下方法排除。

① 查看杀毒软件是否限制或隔离了客户端的使用。如果是，则更改防火墙的设置，从杀毒软件的隔离名单中去除 Dr.com，取消防火墙对客户端的限制。

② 改用网页方式登录。客户端登录因为涉及一些系统的底层协议，可能和部分软件之间存在着冲突，可以改用网页方式登录。

③ 先卸载客户端后，使用 360 安全卫士的功能大全中的"修复网络（LSP）"功能。修复 LSP 底层协议，然后再重新安装 Dr.com 客户端。

习题

习题答案：
第 9 章

一、选择题

1. 下列_____命令用于测试网络配置。

    A. arp   B. Ping   C. hostname   D. IPConfig

2. Ping 命令的作用是_____。

    A. 测试网络配置   B. 测试连通性
    C. 统计网络信息   D. 测试网络性能

3. 用于跟踪通往远程主机路径的命令是_____。

    A. nbstat   B. netstat   C. tracert   D. nslookup

4. 下面哪一项不是 Nslookup 命令的作用？_____

    A. 查看已知域名对应主机的 MAC 地址
    B. 查看已知域名对应主机的 IP 地址
    C. 查看本机配置的 DNS 服务器域名
    D. 查看本机配置的 DNS 服务器 IP 地址

5. 要了解网络的整体使用情况，显示当前正在活动的网络连接的详细信息，可以使用_____命令。

    A. Nbstat   B. Netstat   C. tracert   D. IPConfig

二、简答题

1. 网络故障分为哪几种类型？
2. 网络故障诊断常用哪些方法？
3. nslookup 命令有哪些作用？

○ 参 考 文 献

[1] 张博. 计算机网络技术与应用 [M]. 2 版. 北京：清华大学出版社，2015.

[2] 王洪，贾卓生，唐宏. 计算机网络应用教程 [M]. 3 版. 北京：机械工业出版社，2016.

[3] 杨忠孝，谢涛. 网络应用基础 [M]. 北京：清华大学出版社，2011.

[4] 王琨，马志欣. 网络故障诊断 [M]. 西安：西安电子科技大学出版社，2011.